高等学校"十三五"规划教材

U0313843

大学计算机基础

DAXUE JISUANJI JICHU

胡　健　许　艳　邓达平　编著

北　京

冶金工业出版社

2019

内 容 简 介

本书详细介绍了计算机基础的基本知识、基本应用和基本功能。全书内容主要分为 3 部分,共 10 章。第一部分为第 1～3 章,主要内容包括计算机的发展史和特点、微机的基本原理和硬件结构、数制的转换和运算。第二部分为第 4～8 章,以 Windows 7 操作系统和 Office 2010 办公软件为主线,深入浅出地叙述了 Windows 7 的基本操作与应用、Word 2010 文档的编辑与排版、Excel 2010 电子表格的制作、Powerpoint 2010 电子文稿的处理以及其他常用 Office 2010 办公软件的使用。第三部分为第 9、10 章,简单地介绍了计算机网络的基本概念和计算机病毒的知识与防治。

全书采用"案例教学法"的设计思想来组织教材内容,根据大学生实际学习和将来工作中需要用到的技能来筛选案例,使用通俗易懂的语言,由浅入深、由易到难地叙述计算机应用的相关知识。本书还针对办公软件实际使用情况,讲述了 Visio 2010、Outlook 2010 等软件的使用方法,以便读者更全面地掌握 Office 办公软件的使用。

本书适合作为高等学校"计算机基础"课程的教材,也可作为计算机基础知识的培训教材和计算机等级考试辅导用书。

图书在版编目(CIP)数据

大学计算机基础/胡健,许艳,邓达平编著. --北
京:冶金工业出版社,2019.5
高等学校"十三五"规划教材
ISBN 978-7-5024-6174-4

Ⅰ.①大… Ⅱ.①胡… ②许… ③邓… Ⅲ.①电子计
算机—高等学校—教材 Ⅳ.①TP3

中国版本图书馆 CIP 数据核字(2019)第 057115 号

出 版 人 谭学余
地 址 北京市东城区嵩祝院北巷 39 号 邮编 100009 电话 (010)64027926
网 址 www.cnmip.com.cn 电子信箱 yjcbs@cnmip.com.cn
责任编辑 纵晓阳 洪美员 美术编辑 易 帅 版式设计 刘 芬
责任校对 何立兵 责任印制 李玉山 张启敏
ISBN 978-7-5024-6174-4
冶金工业出版社出版发行;各地新华书店经销;三河市鑫鑫科达彩色印刷包装有限公司印刷
2019 年 5 月第 1 版,2019 年 5 月第 1 次印刷
787mm×1092mm 1/16;16 印张;408 千字;248 页
49.80 元

冶金工业出版社 投稿电话 (010)64027932 投稿信箱 tougao@cnmip.com.cn
冶金工业出版社营销中心 电话 (010)64044283 传真 (010)64027893
冶金工业出版社天猫旗舰店 yjgycbs.tmall.com
(本书如有印装质量问题,本社营销中心负责退换)

Preface

前　言

　　计算机技术的发展与普及,使人们的日常活动越来越离不开计算机及其他智能设备。而计算机知识可以说是所有智能设备的基础,所以学习和掌握计算机相关知识是大学各专业学生的基本要求。目前几乎所有高校都已将"计算机基础"作为各专业学生必修的基础课程。同时,"计算机基础"也是其他计算机相关课程的前导,是现今"计算机＋专业"时代的入门课程。该课程具有很强的实践性,主要内容包括计算机基础知识、Windows 操作系统、常用办公软件、计算机网络基础及网络安全知识等。对于应用型人才的培养,除了适当掌握计算机的基本常识和理论知识外,更强调熟练使用计算机和相关软件的实际操作能力。以此为出发点,在多年实际教学经验的基础上,作者结合近几年教学改革的实践编写了本书。

　　本书将"计算机基础"课程教学内容分成以下 3 部分:

　　第一部分(包括第 1～3 章)是计算机基础知识和基本应用,主要介绍计算机的发展、特点和分类、计算机系统的组成和工作原理、计算机的软硬件系统、数制与运算等。通过学习,读者可以了解计算机采用的数制及数值编码、个人计算机的硬件配置和计算机的基本体系结构等知识。

　　第二部分(包括第 4～8 章)是 Windows 操作系统和 Office 办公软件的基本操作与应用,主要介绍操作系统的基本概念、Windows 7 的基本操作与文件、磁盘和系统的管理、Word 2010 文字的编辑与排版、Excel 2010 电子表格的制作与数据处理、PowerPoint 2010电子文稿的制作、Visio 2010 绘图软件的使用以及 Outlook 2010 的使用方法。这部分内容是本书的重点内容,强调的是 Windows 7 操作系统和 Office 2010 办公软件的实际操作技能。通过学习,读者应该了解操作系统的基本概念,掌握 Windows 7 的使用与维护方法,熟练掌握 Office 2010 系列软件的使用方法。

　　第三部分(第 9、10 章)是网络技术的基本知识,主要介绍计算机网络的基础知识、Internet 的基本应用、计算机安全与病毒防治、计算机相关法规等。通过学习,读者可以了解计算机网络的基本理论,掌握 Internet 上网的设置方法与应用。

　　本书具有如下特色:

　　1. 案例教学,由浅入深

　　本书采用"案例教学法",在每章导入了大量的案例。读者通过案例的学习,可以掌握每一个知识点及其应用情况,从而达到理论联系实际的学习效果。

　　2. 简明实效,启发性强

　　本书采用通俗易懂的语言,尽量用简明扼要的描述方式来阐述每一个知识点,以追求实际操作技能为教学实效。每一个案例都留有进一步探讨的余地,给教师的教学留下了广阔的空间,也可以启发读者思考问题并提出新的解决方法,从而不断激发读者的学习兴趣和创新思维。

Preface

3. 内容全面,贴近实际

本书内容覆盖面广,如除了常用的 Word、Excel 和 PowerPoint 软件外,还针对大学生今后学习和工作中应用比较多的 Visio、Outlook 等软件进行了介绍。在案例选择上,尽量贴近大学生实际,如在 Word 中讲解"样式和格式"内容时以大学生毕业论文的格式设置和排版为例,详细地讲述了如何格式化文字和段落、如何设置目录、如何为同一个 Word 文档设置不同的页眉和页脚、如何自动生成文章目录等内容。

与本书配套的《大学计算机基础上机指导与习题》一书给出了学生上机实验内容和每章的练习题。读者通过各章练习题的训练,可以巩固所学知识,再通过实验操作,可熟练掌握计算机的各项操作技能。

"计算机基础"课程的建议课时为 64 学时,其中课堂教学和上机实验学时各为 32 学时,各章课堂教学的参考学时见下表,上机实验部分每个实验为 2 学时,实际教学中可以根据具体情况予以调整。

章	内容	课堂教学学时数
1	计算机基础概述	1
2	计算机系统	3
3	数制与运算	2
4	Windows 7 操作与应用	4
5	文字处理软件 Word 2010	6
6	电子表格制作软件 Excel 2010	6
7	演示文稿制作软件 PowerPoint 2010	3
8	其他 Microsoft Office 2010 软件	4
9	计算机网络基础	2
10	计算机病毒与安全	1
合计		32

本书由胡健、许艳和邓达平编写。其中,第 1~4 章由胡健编写,第 5~8 章由许艳编写,第 9~10 章由邓达平编写。全书由胡健统稿。本书在编写过程中得到了邓小鸿、陈亮、卢欣荣等老师的大力帮助,在此表示衷心的感谢! 此外,本书的出版获得了江西理工大学应用科学学院的资助,在此一并表示感谢!

由于作者水平所限,书中不妥之处,敬请广大读者批评指正。

作 者
2019 年 1 月

Contents

目 录

第1章 计算机基础概述

第2章 计算机系统

第3章 数制与运算

第4章 Windows 7 操作与应用

第 5 章　文字处理软件 Word 2010

第 6 章　电子表格制作软件 Excel 2010

第 7 章　演示文稿制作软件 PowerPoint 2010

第 8 章　其他 Microsoft Office 2010 软件

第 9 章　计算机网络基础

第 10 章　计算机病毒与安全

参考文献

第1章 计算机基础概述

1.1 计算机发展简史

1.1.1 早期的计算机

公元前5世纪,中国人发明了算盘,广泛应用于商业贸易中。算盘被认为是最早的计算设备,并一直使用至今。

直到17世纪,计算设备才有了第二次重要的进步。1642年,法国人布莱士·帕斯卡(Blaise Pascal,1623—1662)发明了自动进位加法器,称为 Pascaline。1694年,德国数学家戈特弗里德·威廉·莱布尼茨(Gottfried Wilhelm Leibniz,1646—1716)改进了 Pascaline,使之可以计算乘法。后来,法国人查尔斯·泽维尔·托马斯·科尔马(Charles Xavier Thomas de Colmar)发明了可以进行四则运算的计算器。

现代计算机的真正起源来自英国数学家查尔斯·巴贝奇(Charles Babbage)。查尔斯·巴贝奇发现通常的计算设备中有许多错误,在剑桥学习时,他认为可以利用蒸气动力进行运算。最初他设计差分机(见图1-1)用于计算导航表,后来他发现差分机只是专门用途的机器,于是放弃了原来的研究,开始设计包含现代计算机基本组成部分的分析机(Analytical Engine)。

图 1-1 差分机

Babbage的蒸气动力计算机虽然最终没有完成,以今天的标准看也是非常原始的,然而,它勾画出了现代通用计算机的基本功能部分,在概念上是一个突破。

在接下来的若干年中,许多工程师在另一些方面取得了重要的进步。美国人赫尔曼·何乐礼(Herman Hollerith,1860—1929)根据提花织布机的原理发明了穿孔片计算机,并带入商业领域建立公司。

1.1.2 第一台电子计算机

1946年2月,第一台电子计算机问世,它的全称为电子数值积分和计算机(Electronic Numerical Integrator and Computer,ENIAC),如图1-2所示。它于1946年2月14日在美国宾夕法尼亚大学宣告诞生,长 30.48m,宽 1m,占地面积为 $70m^2$,有 30 个操作台,约 10 间普通房间的大小,重达 30t,功率为 150kW,造价是 48 万美元。ENIAC 使用 18 000 个电子管、70 000 个电阻、10 000 个电容、1500 个继电器和 6000 多个开关,每秒执行 5000 次加法或 400 次乘法运算,其运算速度是继电器计算机的 1000 倍、手工计算的 20 万倍。

图 1-2　ENIAC

1.1.3　计算机的发展阶段

按照计算机所使用的逻辑元件、功能、体积、应用等划分,计算机大致可分为以下 4 个发展阶段:

1. 第一代(1945—1958 年),电子管计算机

这一代计算机采用的主要逻辑元件是电子管,体积大、功耗大、运算速度慢(每秒几千万次)、成本高、可靠性差;采用电子射线管、磁鼓存储信息,容量很小;输入/输出设备落后;使用机器语言和汇编语言编程,主要用于数值计算。

2. 第二代(1959—1964 年),晶体管计算机

这一代计算机采用的主要逻辑元件是晶体管,与第一代计算机相比,其体积缩小了,成本降低了,可靠性和运算速度明显提高;普遍采用磁芯作为主存储器,采用磁盘和磁鼓作为外存储器;开始提出了操作系统的概念,出现了高级程序设计语言。它不仅在军事与尖端技术方面得到了广泛应用,而且在工程设计、数据处理、事务管理及工业控制等方面也开始得到应用。

3. 第三代(1965—1970 年),数字集成电路计算机

这一代计算机的主要逻辑元件是中、小规模集成电路。这一时期,计算机设计的基本思想是标准化、模块化、系列化,计算机的兼容性更好、成本进一步降低、体积进一步缩小、应用范围更加广泛。这一代计算机采用了半导体存储器作为主存储器;系统软件有了很大的发展,出现了分时操作系统,实现了多用户共享计算机资源;在程序设计方法上,采用了结构化程序设计,为开发更加复杂的软件提供了技术保证。

4. 第四代(1971 年至今),大规模、超大规模集成电路计算机

这一代计算机的主要逻辑元件是大规模和超大规模集成电路,计算机体积更小、功能更强、成本更低,运算速度可达每秒万亿次。计算机由此进入了大发展的全新时期,应用的深度和广度有了很大的发展。

目前,很多国家都在致力于第五代计算机的研制,这一代计算机最大的特点是把信息采集、存储处理、通信、多媒体技术和人工智能结合在一起,从根本上突破传统的冯·诺依曼体系结构,采用新的计算机设计思想。

1.2 计算机的特点与分类

1.2.1 计算机的特点

1. 运算速度快

电子计算机的工作基于电子脉冲电路原理,由电子线路构成其各个功能部件,其中电场的传播扮演主要角色。电磁场传播的速度是很快的,现在巨型机的处理速度已达到每秒数百亿次。很多场合下,运算速度起决定作用。例如,计算机控制导航要求"运算速度比飞机飞得还快";气象预报要分析大量资料,如用手工计算需要 10 天甚至半个月,失去了预报的意义,而用计算机几分钟就能算出一个地区数天的气象预报。

2. 计算精度高

电子计算机的计算精度在理论上不受限制,一般的计算机均能达到 15 位有效数字,通过一定的技术手段,可以实现任何精度的计算。

3. 记忆能力强

计算机中有许多存储单元,用于记忆信息。内部记忆能力是电子计算机和其他计算工具的一个重要区别。由于计算机具有内部记忆信息的能力,在运算过程中可以不必每次都从外部取数据,而只需事先将数据输入到内部的存储单元中,运算时直接从存储单元中获得数据,从而大大提高了运算速度。计算机存储器的容量可以做得很大,而且其记忆能力特别强。

4. 具有逻辑判断能力

计算机能进行各种逻辑判断,以文字、符号、大小、异同等进行判断和比较,还可以进行逻辑推理和证明等。有了这种能力,计算机就能够实现自动控制,快速完成多种任务。

5. 具有按程序自动工作的能力

一般的机器是由人控制的,人给机器一个指令,机器就完成一个操作。计算机的操作也是受人控制的,但由于计算机具有内部存储能力,可以将指令事先输入计算机中存储起来,在计算机开始工作以后,从存储单元中依次取指令,用来控制计算机的操作,从而使人们可以不必干预计算机的工作,实现操作的自动化。这种工作方式称为程序控制方式。

6. 通用性强

计算机的通用性体现在它能把任何复杂、繁重的信息处理工作分解为大量的基本算术和逻辑运算,甚至进行推理和证明。这使得它可以应用于各个领域,并渗透到社会生活的各个方面。

1.2.2 计算机的分类

随着计算机技术的发展,为了适应各方面的需要,人们制造出了多种多样的计算机,因此可以从不同角度对计算机进行分类。

1. 按信息的表示形式和对信息的处理方式分类

(1)模拟计算机(Analogue Computer)

模拟计算机所处理的数据是连续的模拟量,以电信号的幅值来模拟数值或某个物理量的大小,如电压、电流、温度等,通过用运算放大器构成的各类运算电路来实现基本运算。模拟计算机解题速度快,适合求解高阶微分方程,在模拟计算和控制系统中应用较多。

（2）数字计算机（Digital Computer）

数字计算机所处理数据都是以 0 和 1 表示的二进制数字,是不连续的离散数字,即脉冲信号,具有运算速度快、准确、存储量大等优点,因此适用于科学计算、信息处理、过程控制和人工智能等,具有广泛的用途。

（3）混合计算机（Hybrid Computer）

混合计算机是将数字计算机和模拟计算机联合在一起的计算机,兼具两者的优点。

2. 按计算机的用途分类

（1）通用计算机（General Purpose Computer）

通用计算机是指为通用目的而设计的计算机,广泛适用于一般科学计算、学术研究、工程设计和数据处理等,具有功能多、配置全、用途广、通用性强的特点。市场上销售的计算机多属于通用计算机。

（2）专用计算机（Special Purpose Computer）

专用计算机是为解决一个或一类特定问题而设计的计算机,通常增强了某些特定功能,忽略一些次要要求,所以专用计算机能高速度、高效率地解决特定问题,具有功能单一、使用面窄甚至专机专用的特点。

3.按计算机规模分类

目前,计算机最常用的分类方法是按计算机的字长、运算速度、存储容量等性能指标来分类,可以分为巨型机、大中型机、小型机、微机、工作站与服务器等。

（1）巨型机（Giant Computer）

巨型机又称超级计算机（Super Computer）,是指运算速度超过每秒 1 亿次的高性能计算机。它是目前综合性能最强、速度最快、软硬件配套齐备、价格最贵的计算机,主要用于解决诸如气象、太空、能源、医药等尖端科学研究中的复杂计算。具有生产巨型机能力的国家主要有美国、中国、日本等。如美国 Cray 公司研制的 Cray 系列机中,Cray-Y-MP 的运算速度为每秒20 亿～40 亿次;我国自主生产研制的"银河"系列巨型机,运算速度为每秒几十亿到几百亿次;日本富士通公司研制了每秒可进行 3000 亿次运算的计算机;我国研制的曙光 4000A 的运算速度可达每秒 10 万亿次,标志着我国计算机的生产水平已接近世界先进水平。

（2）大中型机（Large-scale Computer and Medium-scale Computer）

这种计算机在量级上虽不及巨型机,结构上也较巨型机简单,价格相对巨型机便宜,但它通用性强、综合处理能力强、性能覆盖面广,使用的范围较巨型机普遍,是事务处理、商业处理、信息管理、大型数据库和数据通信的主要支柱。大中型机通常都形成了系列,如 IBM370 系列、美国 DEC 公司的 VAX 8000 系列、日本富士通公司的 M-780 系列。

（3）小型机（Minicomputer）

小型机具有体积小、价格低、性能价格比高、易于操作、便于维护等优点,适合中小企业、事业单位用于工业控制、数据采集、分析计算、企业管理以及科学计算等,也可用作巨型机或大中型机的辅助机。典型的小型机是 DEC 公司的 PDP 系列计算机、IBM 公司的 AS/400系列计算机,以及我国的 DJS-130 计算机等。

（4）微机（Microcomputer）

微机是当今使用最普及、产量最大的一类计算机,具有轻、小、廉价、易用的特点,性能价格比高,兼容性好,因而得到了广泛应用。微机可以按结构和性能划分为单片机、单板机、个人计算机等几种类型。

1)单片机(Single Chip Computer)。它是在一块芯片中集成微处理器、存储器及输入/输出接口电路等,使之具有计算机的功能。它具有体积小、功耗低、使用方便的特点,但存储容量较小,一般用作专用机或用来控制高级仪表、家用电器等。

2)单板机(Single Board Computer)。它是把微处理器、存储器、输入/输出接口电路安装在一块印制电路板上。一般在这块板上还有简易键盘、液晶和数码管显示器及外存储器接口等。单板机价格低廉且易于扩展,广泛用于工业控制、微机教学和实验。此外,它还可作为计算机控制网络的前端执行机。

3)个人计算机(Personal Computer,PC)。供单个用户使用的微机一般称为个人计算机,是目前用得最多的一种微机。个人计算机配置有一个紧凑的机箱、显示器、键盘、打印机及各种接口,可分为台式和便携式两种。

台式个人计算机可以将全部设备放置在书桌上,因此又称为桌面型计算机。当前流行的机型有 Apple 公司的 Macintosh、联想系列计算机等。此外,还有各种组装的台式兼容机,应用较为广泛。

便携式个人计算机包括笔记本电脑、袖珍计算机及个人数字助理(Personal Digital Assistant,PDA)、平板电脑等。便携式个人计算机将主机和主要外部设备集成为一个整体,显示屏为液晶显示,可以直接用电池供电。

(5)工作站(Work Station)

工作站是介于个人计算机和小型机之间的高档微机,通常配备有大屏幕显示器和大容量存储器,具有较高的运算速度和较强的网络通信能力,有大型机或小型机的多任务和多用户功能,同时兼有微机操作便利和人机界面友好的特点。工作站的独到之处是具有很强的图形交互能力,因此在工程设计领域得到了广泛使用。HP、SGI 等公司都是著名的工作站生产厂家。

(6)服务器(Server)

随着计算机网络的普及和发展,一种可供网络用户共享的高性能计算机应运而生,这就是服务器。服务器一般具有大容量的存储设备和丰富的外部接口,运行网络操作系统,要求较高的运行速度,为此很多服务器都配置双 CPU。服务器常用于存放各类资源,为网络用户提供丰富的资源共享服务。常见的资源服务器有 DNS(Domain Name System,域名解析)服务器、E-mail(电子邮件)服务器、Web(网页)服务器、BBS(Bulletin Board System,电子公告板)服务器等。

1.3　计算机的发展趋势

从 1946 年第一台计算机问世至今,经过几十年的发展,计算机技术成为了世界上发展最快的科学技术之一,产品不断升级换代。当前计算机正朝着多极化、智能化、网络化、多媒体化等趋势发展。

1. 多极化

如今,个人计算机已席卷全球,但由于计算机应用的不断深入,对巨型机、大型机的需求也稳步增长,巨型、大型、小型、微型计算机各有自己的应用领域,形成了一种多极化的形势。

例如,巨型计算机的运算速度更快、存储容量更大和功能更强,主要应用于天文、气象、地质、核反应、航天飞机和卫星轨道计算等尖端科学技术领域和国防事业领域,它是一个国家计算机技术发展水平的标志。目前,微机的处理能力与传统的大型机不相上下,加上众多新技术的支持,微机的性价比越来越高,促进了计算机的普及与应用。

2. 智能化

智能化使计算机具有模拟人的感觉和思维过程的能力,使计算机成为智能计算机。这也是目前正在研制的新一代计算机要实现的目标。智能化的研究包括模式识别、图像识别、自然语言的生成和理解、定理自动证明、自动程序设计、专家系统、学习系统和智能机器人等。目前,已研制出多种具有人的部分智能的机器人。

3. 网络化

网络化是计算机发展的又一个重要趋势。从单机走向联网是计算机应用发展的必然结果。所谓计算机网络化,是指用现代通信技术和计算机技术把分布在不同地点的计算机互联起来,组成一个规模大、功能强、可以互相通信的网络结构。网络化的目的是使网络中的软件、硬件和数据等资源能被网络上的用户共享。目前,大到世界范围的通信网,小到实验室内部的局域网已经很普及,因特网(Internet)已经连接包括我国在内的 150 多个国家和地区。计算机网络实现了多种资源的共享和处理,提高了资源的使用效率,因而深受广大用户的欢迎,得到了越来越广泛的应用。

4. 多媒体化

多媒体计算机是当前计算机领域中最引人注目的高新技术之一。多媒体计算机就是利用计算机技术、通信技术和大众传播技术,来综合处理多种媒体信息的计算机。这些信息包括文本、视频图像、图形、声音、文字等。多媒体技术使多种信息建立了有机联系,并集成为一个具有人机交互性的系统。多媒体计算机将真正改善人机界面,使计算机朝着人类接受和处理信息的方式发展。

随着新一代计算机研制的不断深入,各种突破传统计算机体系结构的计算机将不断出现,如量子计算机,神经网络计算机,化学、生物计算机,光计算机等。

1.4 计算机科学与技术

计算机科学与技术领域中所运用的技术方法和技术手段具有明显的综合特性,它与电子工程、应用物理、机械工程、现代通信技术和数学等紧密结合,但是它不是简单地应用某些学科的知识,而是经过高度综合形成一整套有关信息表示、变换、存储、处理、控制和利用的理论、方法和技术。

第一台通用电子计算机 ENIAC 就是以雷达脉冲技术、核物理电子计数技术、通信技术等为基础的。电子技术,特别是微电子技术的发展,对计算机技术产生了重大影响,两者相互渗透,密切结合。应用物理方面的成就,为计算机技术的发展提供了条件,如真空电子技术、磁记录技术、光学和激光技术、超导技术、光导纤维技术、热敏和光敏技术等,均在计算机中得到了广泛应用。机械工程技术,尤其是精密机械及其工艺和计量技术,是计算机外部设备的技术支柱。随着计算机技术和通信技术的进步,以及社会对于将计算机结成网络以实现资源共享的需求的日益增长,计算机技术与通信技术也已紧密地结合起来,将成为社会强大的物质技术基础。离散数学、算法论、语言理论、控制论、信息论、自动机理论等,为计算机技术的发展提供了重要的理论基础。计算机技术在许多学科和工业技术的基础上产生和发展，又在几乎所有科学技术和国民经济领域中得到广泛应用。

计算机科学是研究计算机及其周围各种现象与规模的科学，主要包括理论计算机科学、计算机系统结构、软件和人工智能等。计算机技术则泛指计算机领域中所应用的技术方法和技术手段，包括计算机的系统技术、软件技术、部件技术、器件技术和组装技术等。计算机科学与技术由此可分为以下 5 个分支：理论计算机科学、计算机系统结构、计算机组织与实现、计算机软件和计算机应用。

1. 理论计算机科学

理论计算机科学是关于计算和计算机械的数学理论，也称为计算理论或计算机科学的数学基础。理论计算机科学主要包括：自动机理论与形式语言理论、程序理论、形式语义学、算法分析和计算复杂性理论等。

2. 计算机系统结构

计算机系统结构（Computer Architecture）也称为计算机体系结构，它是由计算机结构外特性、内特性以及微外特性组成的。经典的计算机系统结构的定义是指计算机系统多级层次结构中机器语言级的结构，它是软件和硬件/固件的主要交界面，是由机器语言程序、汇编语言源程序和高级语言源程序翻译生成的机器语言目标程序能在机器上正确运行所应具有的界面结构和功能。计算机系统结构是计算机的机器语言程序员或编译程序编写者所看到的外特性。所谓外特性，就是计算机的概念性结构和功能特性，主要研究计算机系统的基本工作原理，以及在硬件、软件界面划分的权衡策略，建立完整的、系统的计算机软硬件整体概念。

3. 计算机组织与实现

计算机系统结构作为从程序设计者角度所看到的计算机属性，在计算机系统的层次结构中处于机器语言级；而计算机组织作为计算机系统结构的逻辑实现和物理实现，其任务是围绕提高性能价格比的目标，实现计算机在机器指令级的功能和特性。研究和建立各功能部件间的相互连接和相互作用，完成各个功能部件内部的逻辑设计等是逻辑实现的内容；把逻辑设计深化到元件、器件级，则是物理实现的内容。有时把前者称为计算机组织，把后者称为计算机实现。但是随着集成电路规模的日益增大，这两步实现的内容很难分开，因此将它们统称为计算机组织。

4. 计算机软件

计算机软件（Computer Software）是指计算机系统中的程序及其文档。程序是计算任务的处理对象和处理规则的描述；文档是为了便于了解程序所需的阐明性资料。程序必须装入机器内部才能工作，文档一般是给人看的，不一定装入机器。软件是用户与硬件之间的接口界面。用户主要是通过软件与计算机交流。软件是计算机系统设计的重要依据。为了方便用户，并使计算机系统具有较高的总体效用，在设计计算机系统时，必须通盘考虑软件与硬件的结合，以及用户的要求和软件的要求。

5. 计算机应用

计算机应用主要研究计算机应用于各个领域的理论、方法、技术和系统等，是计算机学科与其他学科相结合的边缘学科，是计算机学科的组成部分。计算机应用分为数值计算和非数值应用两大领域。非数值应用又包括数据处理、知识处理，如信息系统、工厂自动化、办公室自动化、家庭自动化、专家系统、模式识别、机器翻译等领域。计算机应用系统分析和设计是计算机应用研究普遍需要解决的课题。应用系统分析主要是系统地调查、分析应用环境的特点和要求，建立数学模型，按照一定的规范化形式描述它们，形成计算机应用系统的技术设计要求。应用系统设计包括系统配置设计、系统性能评价、应用软件总体设计及其他工程设计，最终以系统产品的形式提供给用户。

第2章 计算机系统

计算机系统由计算机硬件和软件两部分组成。硬件包括中央处理器、存储器和外部设备等;软件是计算机的运行程序和相应的文档。计算机系统具有接收和存储信息、按程序快速计算和判断并输出处理结果等功能。

计算机从规模上可分为巨型机、大型机、小型机和微机。微机是大规模/超大规模集成电路和计算机技术相结合的产物。IBM 公司于 1981 年推出它的微机后,微机以其体积小、功能强、价格低、使用方便等优点迅速发展,现在已成为国内外应用最为广泛、最为普及的一类计算机。

2.1 计算机系统组成概述

一套完整的计算机系统由硬件系统和软件系统两大部分组成,硬件是组成计算机系统的各种物理设备的总称;软件是为了运行、管理和维护计算机而编制的各种程序、数据、文档等。其各部分组成如图 2-1 所示。

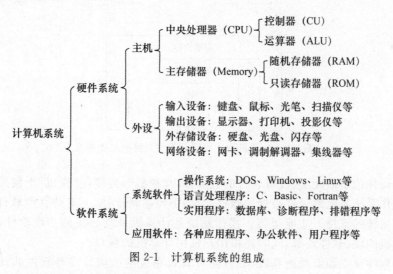

图 2-1 计算机系统的组成

2.1.1 计算机的硬件系统

计算机的硬件是由电子、电气及机械物理器件和部件按计算机体系结构组成的系统,是计算机实现各种信息处理的物质基础。硬件由主机和外部设备组成,主机由 CPU 和主存储器组成,CPU 由运算器和控制器组成,外部设备由输入设备、输出设备、外存储器和网络设备组成。

硬件的基本功能是由输入设备接收外界的数据信息,将信息存储在计算机存储器中,并按照程序规定的要求对信息进行处理。在处理信息的过程中,运算器负责对数据进行算术和逻辑运算,控制器负责控制整个系统的协调和调度,最后通过输出设备直观地显示或打印处理结果。

2.1.2 计算机的软件系统

软件系统运行于硬件系统之上,是需要处理的信息以及处理程序、规则、方法、文档等的集合。软件系统和硬件系统不同,它是看不见、摸不着的程序和数据,但用户总能感觉到它的存在。软件系统的范围非常广泛,一般包括系统软件和应用软件两大类。系统软件是为了提高硬件的使用效率并方便用户使用而专门设计的软件,其中最主要的是操作系统(如DOS、Windows、UNIX 等)。应用软件是实现某个或某类专门功能的软件(如 Office)。用户通过不同的应用软件实现不同的目的,如利用 Office 组件中的 Word 可以实现文字的处理,利用 Office 组件中的 Excel 可以实现电子表格的处理。

2.1.3 计算机硬件系统与软件系统的层次关系

硬件系统是计算机系统的物理基础,没有硬件,软件就无从谈起。图 2-2 简单描述了计算机硬件系统与软件系统的层次关系。

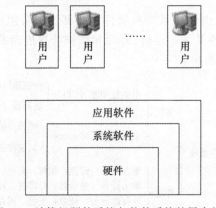

图 2-2　计算机硬件系统与软件系统的层次关系

计算机硬件位于最底层,没有软件的机器称为"裸机",直接在"裸机"上使用计算机是不可能的。操作系统是距离硬件最近的软件,它向下控制硬件,向上支持其他软件。其他软件必须在操作系统的支持下才能运行。操作系统是计算机系统必备的系统软件,其主要作用是管理计算机的硬、软件资源,同时提供用户使用计算机的接口。

硬件是软件建立和依托的基础,软件是计算机系统的灵魂。没有软件的计算机不能供用户直接使用;而没有硬件对软件的物质支持,软件的功能则无从谈起。所以应把计算机系统当作一个整体来看,它既包括硬件,也包括软件,两者不可分割。硬件和软件相结合才能充分发挥计算机系统的功能。

2.2　计算机的基本原理和性能指标

美籍匈牙利科学家冯·诺依曼于 1946 年首先提出了计算机的基本结构和工作原理,并确定了现代计算机硬件体系结构的 5 个基本部件:运算器、控制器、存储器、输入设备、输出设备。人们把冯·诺依曼的这一理论称为冯·诺依曼体系结构。70 多年过去了,虽然现在计算机的设计及制造技术有了很大的发展,但其基本结构仍属于冯·诺依曼体系结构。

2.2.1 计算机的基本结构

冯·诺依曼的主要思想可概括为 3 点:硬件上计算机主要由五大部件构成,采用二进制形式表示数据和指令,存储程序。

1. 冯·诺依曼体系结构计算机模型

冯·诺依曼体系结构计算机主要包括运算器、控制器、存储器、输入设备、输出设备五大组成部分,它们之间的关系如图 2-3 所示。

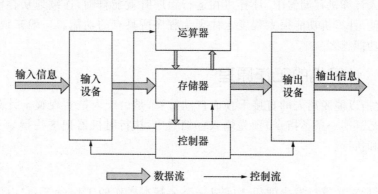

图 2-3 冯·诺依曼体系结构计算机模型

(1)运算器

运算器也称算术逻辑部件(ALU),是对信息进行加工和运算的部件,其主要功能是对二进制数进行算术运算和逻辑运算。在控制器的控制下,运算器从存储器中取出数据进行运算,然后将运算结果写回存储器中。

(2)控制器

控制器主要用来控制程序的数据的输入/输出,以及各个部件之间的协调运行。控制器由程序计数器、指令寄存器、指令译码器和其他控制单元组成。控制器工作时,它根据程序计数器中的地址,从存储器中取出指令,送到指令寄存器中,经译码单元译码后,再由控制器发出一系列命令信号,送到有关硬件部位,引动相应动作,完成指令所规定的操作。

(3)存储器

存储器就是俗称的内存,主要功能是存放运行中的程序和数据。存储器中有成千上万个存储单元,每个存储单元存放一组二进制信息。为了便于存入或取出数据,存储器中所有存储单元均按顺序依次编号,每个存储单元的编号称为内存地址。当运算器需要从存储器中的某个存储单元读取或写入数据时,控制器必须提供存储单元的地址。

(4)输入设备

输入设备主要有两个功能:其一是用来将现实世界中的数据输入计算机中,如输入数字、文字、图形、电信号等,并且转换成计算机能识别的二进制码;其二是由用户对计算机进行操作控制。常见的输入设备有键盘、鼠标等设备。还有一些设备既可以作为输入设备,也可以用作输出设备,如 U 盘、硬盘等。

(5)输出设备

输出设备用于将计算机处理的结果显示出来,如数字、文字、图形、声音等。常用的输出设备有显示器、打印机、绘图仪、音箱等。

2. 数据和指令的表示形式

计算机内部所有信息都是用二进制来表示的。这些信息不仅包括需要处理的数据,也包括处理这些数据的指令。

3. 存储程序

存储程序是冯·诺依曼思想的核心内容。程序是人们为解决某一实际问题而写出的指令集合,指令设计及调试过程称为程序设计。存储程序意味着事先将编制好的程序(包含指令和数据)存入计算机存储器中,计算机在运行程序时就能自动、连续地从存储器中依次取出指令并执行。计算机功能很大程度上体现为程序所具有的功能。一般来说,计算机程序越多,计算机功能越多。

2.2.2 计算机的工作原理

计算机之所以能脱离人的直接干预而自动计算,是由于人把实现整个计算的一步步操作用命令的形式(即一条条指令)预先输入存储器中,执行时机器把这些指令一条条地取出来,加以分析和执行。

1. 指令

指令是人们对计算机发出的用来完成一个最基本操作的工作命令,它由计算机硬件来执行。指令也是由 0 和 1 组成的二进制代码序列,它规定了计算机能完成的某一种操作。一条指令通常由两个部分组成:操作码和操作数,如图 2-4 所示。

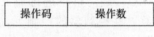

| 操作码 | 操作数 |

图 2-4　指令的组成

1)操作码:指明该指令要完成的操作的类型或性质,如取数、做加法或输出数据等。

2)操作数:指明参与操作的数的内容或操作所在的存储单元地址(地址码)。操作数在大多数情况下是地址码,从地址码得到的仅是数据所在的地址,可以是源操作数的存放地址,也可以是操作结果的存放地址。

例如,有汇编指令:

ADD　AX,100

其中,ADD 就是操作码,指明加法运算;AX 和 100 都是操作数。这条指令的作用是将寄存器 AX 中的数与 100 相加,结果再存放在 AX 中。

一台计算机所有指令的集合称为该计算机的指令系统。不同类型的计算机,其指令系统的指令条数有所不同,这是由设计人员在设计计算机时决定的。但无论哪种类型的计算机,其指令系统都应具有以下功能的指令:

1)数据传送指令:将数据在内存与 CPU 之间进行传送。

2)数据处理指令:对数据进行算术、逻辑或关系运算。

3)程序控制指令:控制程序中指令的执行顺序,如条件转换、无条件转移、调用子程序、返回、停机等。

4)输入/输出指令:用来实现外部设备与主机之间的数据传输。

5)其他指令:对计算机的硬件进行管理等。

2. 工作原理

在冯·诺依曼的思想下,计算机的工作过程为:人们预先编制程序,利用输入设备将程序输入计算机内,同时转换成二进制代码,计算机在控制器的控制下,从内存中逐条取出程序中的每一条指令交给运算器去执行,并将运算结果送回存储器中的指定单元,当所有的运算任务完成后,程序执行结果利用输出设备输出。所以计算机的工作原理可以概括为存储程序和程序控制。换言之,计算机的工作过程实际上是快速执行指令的过程。当计算机工作时,有两种信息在执行指令的过程中流动:数据流和控制流。数据流是指原始数据、中间结果、结果数据、源程序等。控制流是由控制器对指令进行分析、解释后向各部件发出的控制命令,指挥各部件协调地工作。

◉ 2.2.3 计算机的主要性能指标

计算机性能指标标志着计算机的性能优劣及应用范围的广度。在实际使用中,比较常用的评价指标有以下几种:

1. 字长

字长是计算机运算部件一次能处理的二进制数据的位数。字长越长,计算机的处理能力就越强。微机的字长取 8 的整数倍,早期的微机字长为 16 位(如 Intel 公司的 8086、80286等),从 80386、80486,直到 Pentium II、Pentium III 和 Pentium IV 芯片,字长都为 32 位。

对于数据,字长越长,则运算速度越高;对于指令,字长越长,则功能越强,可寻址的存储空间也越大。所以,字长是评价计算机性能的一个非常重要的技术指标。

2. 速度

不同配置的计算机按相同的算法执行相同的任务所需要的时间可能是不同的,这和计算机的速度有关。计算机的速度指标可以用主频及运算速度来加以评价。

主频也称时钟频率,是决定计算机速度的重要指标之一。主频一般以兆赫兹(MHz)为单位,主频越高,计算机的速度越快。目前中档微机的主频为 2000MHz 左右,高档的可达到5000MHz,甚至更高。

运算速度以每秒百万指令数(MIPs)为单位,这个指标比主频更能直观地反映微机的速度。

运算速度是一个综合指标,影响微机运算速度的因素还有许多,如存储器的存储时间、系统总线的时钟频率等。

3. 存储系统容量

微机的处理能力不仅与字长、速度有关,而且很大程度上还取决于存储系统的容量。存储系统主要包括主存储器(也称内存)和辅存储器(也称外存,主要指硬盘)。存储容量以字节(B)为单位,1 个字节由 8 位二进制数组成。因为存储容量一般都很大,所以单位一般为兆字节(MB)或吉字节(GB)。注意,千、兆、吉用在存储系统容量上与它们的本意稍有差别。

目前常见的微机配置的内存容量有 8GB 或更大;硬盘容量有 1TB 或更大;一张 CD 光盘容量为 650MB 左右;一张 DVD 光盘容量为 4.7GB 或 8.5GB 或 9.4GB。

4. 可靠性

计算机的可靠性用平均无故障时间($MTBF$)表示:

$$MTBF = \sum_{i=1}^{N} \frac{t_i}{N}$$

式中，t_i 为第 i 次无故障时间，N 为故障总次数。显而易见，$MTBF$ 越大，系统性能越好。

5. 可维护性

计算机的可维护性用平均修复时间（$MTTR$）表示：

$$MTTR = \sum_{i=1}^{M} \frac{t_i}{M}$$

式中，t_i 为第 i 次故障从发生到修复的时间，M 为修复总次数。显而易见，$MTTR$ 指标越小越好。

6. 性能价格比

性能价格比也是一种用来衡量计算机产品优劣的概括性指标。性能代表计算机系统的使用价值，包括计算机的运算速度、内存容量和存取周期、通道信息流量速率、输入/输出设备的配置、计算机的可靠性等。价格则是指计算机的售价。性能价格比的性能指数由专门的公式计算，性能价格比越大，表明该计算机系统越好。

评价微机性能的指标还有兼容性、存取周期和网络功能等。

2.3 计算机硬件系统

随着大规模集成电路技术的不断发展，微机功能部件的体积越来越小，性能不断提高，价格不断降低，使用非常广泛。微机系统（见图 2-5）主要由主机和外部设备两部分组成。其中，主机包括 CPU 和内存等，外部设备包括输入设备、输出设备及外存储器等。

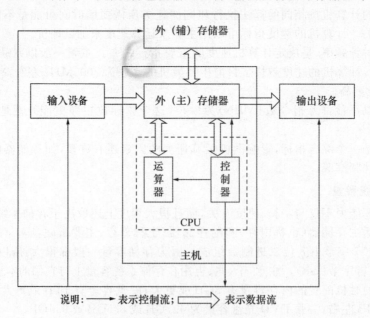

图 2-5 微机系统的基本结构

2.3.1 主板

主板，又称主机板（Main-board）、系统板（System-board）或母板（Mother-board），它安装

在机箱内,是微机最基本的、最重要的部件之一。主板一般为矩形电路板,上面安装了组成计算机的主要电路系统,一般有 BIOS 芯片、I/O 控制芯片、键盘和面板控制开关接口、指示灯插接件、扩充插槽、主板及插卡的直流电源供电插接件等元件。图 2-6 所示是一款典型的主板。

图 2-6 一款典型的主板

主板是微机中重要的部件,微机性能是否能够充分发挥、微机硬件功能是否足够以及微机硬件兼容性如何,都取决于主板的设计。主板制造质量的好坏,也决定了硬件系统的稳定性。主板与 CPU 的关系密切,每一次 CPU 的重大升级,必将导致主板的换代。

主板的主要功能是传输各种电子信号,部分芯片也负责初步处理一些外围数据。从系统结构的观点看,主板由芯片组和各种总线构成,微机通过主板将 CPU 等各种器件和外部设备有机地结合起来,形成一套完整的系统。

主板采用了开放式结构。主板上大都有 6～8 个扩展插槽,供微机外部设备的控制卡(适配器)插接。通过更换这些控制卡,可以对微机的相应子系统进行局部升级,使厂家和用户在配置机型方面有更大的灵活性。总之,主板在整个微机系统中扮演着举足轻重的角色。可以说,主板的类型和档次决定着整个微机系统的类型和档次,主板的性能影响着整个微机系统的性能。

主板可根据不同特点进行分类:

1. 按主板芯片分类

按主板的芯片不同可分为 Intel 主板(如 Socket 系列主板)和 AMD 主板。

2. 按主板上 I/O 总线的类型分类

1)ISA(Industry Standard Architecture):工业标准体系结构总线。

2)EISA(Extension Industry Standard Architecture):扩展标准体系结构总线。

3)MCA(Micro Channel):微通道总线。

此外,为了解决 CPU 与高速外部设备之间传输速度慢的"瓶颈"问题,出现了以下两种局部总线:

1)VESA(Video Electronic Standards Association):视频电子标准协会局部总线。

2)PCI(Peripheral Component Interconnect):外部设备互连局部总线。

3. 按主板结构分类

按主板的结构不同,可分为 AT、Baby-AT、ATX、Micro ATX、LPX、NLX、Flex ATX、EATX、WATX 及 BTX 等主板。其中,AT 和 Baby-AT 是多年前的老主板结构,现在已经淘汰;而 LPX、NLX、Flex ATX 则是 ATX 的变种,多见于国外的品牌机,国内尚不多见;EATX 和 WATX 则多用于服务器/工作站主板;ATX 是目前市场上最常见的主板结构,扩展插槽较多,PCI 插槽数量为 4～6 个,大多数主板都采用此结构;Micro ATX 又称 Mini ATX,是 ATX 结构的简化版,就是常说的"小板",扩展插槽较少,PCI 插槽数量为 3 个或 3 个以下,多用于品牌机并配备小型机箱;而 BTX 是 Intel 公司制定的最新一代主板结构。

不同类型的 CPU,往往需要不同类型的主板与之匹配。主板性能的高低主要由北桥芯片决定,北桥芯片性能的高低对主板总体性能有举足轻重的影响。主板功能的多少,往往取决于南桥芯片与主板上的一些专用芯片。主板上的 BIOS 芯片将决定主板兼容性的好坏。此外,主板上元件的选择和主板的生产工艺将决定主板的稳定性。

2.3.2 CPU

CPU(Central Processing Unit,中央处理器)是计算机运行程序、处理数据的核心部件,其功能主要是解释计算机指令以及处理计算机软件中的数据。CPU 体积很小,一般只有火柴盒那么大,几十张纸那么厚(见图 2-7),但它是一台计算机的运算核心和控制核心。

图 2-7　Intel 公司 Core i7 CPU

1. CPU 的基本结构

一个完整的 CPU 由运算器、控制器和寄存器三大部分构成。CPU 从存储器或高速缓冲存储器中取出指令,放入指令寄存器,并对指令译码。它把指令分解成一系列的微操作,然后发出各种控制命令,执行系列微操作,从而完成一条指令的执行。

(1)运算器

运算器由算术逻辑单元(ALU)、通用或专用寄存器和内部总线组成。ALU 可以执行定点或浮点的算术运算操作、移位操作及逻辑运算操作,也可执行地址的运算和转换。通用和专用寄存器主要用于存放运算的数据和结果。总线是 CPU 内部传送数据和结果的通道。

(2)控制器

控制器是整个计算机系统的控制和指挥中心,主要负责对指令译码,并且发出为完成每条指令所要执行的各个操作的控制信号。控制器主要由程序计数器、指令寄存器、指令译码器、时钟和微操作控制部件等组成。

(3)寄存器

寄存器组包括通用寄存器、专用寄存器和控制寄存器。

通用寄存器主要用来保存指令中的寄存器操作数和操作结果,大多数指令都要访问通用寄存器。通用寄存器的宽度决定计算机内部的数据通路宽度,其端口数目往往可影响内部操作的并行性。专用寄存器是为了执行一些特殊操作所使用的寄存器,常用的专用寄存器包括指令寄存器、程序计数器和标志寄存器。控制寄存器通常用来指示机器执行的状态,或者保持某些指针,有处理状态寄存器、页目录基地址寄存器、特权状态寄存器、条件码寄存器、处理异常事故寄存器及检错寄存器等。

2. CPU 的主要性能指标

CPU 是计算机的核心,其重要性好比大脑对于人一样,因为它负责处理、运算计算机内部的所有数据,而主板芯片组更像是"心脏",它控制着数据的交换。CPU 的种类决定了使用的操作系统和相应的软件。下面简要介绍影响 CPU 性能的几个主要指标。

(1)主频

CPU 的主频也叫 CPU 的工作频率或 CPU 内部总线频率,它是 CPU 内核工作的时钟频率(CPU Clock Speed),也是 CPU 内核(整数和浮点运算器)电路的实际运行频率。例如,某计算机采用的处理器是 Intel Core 2 Duo E6600 2.40GHz,表示 CPU 型号为 Intel 的酷睿 2 双核 E6600,主频是 2.40GHz,即 CPU 内核工作的时钟频率为 2.4×10^9 个脉冲/秒。

通常来讲,在同系列的 CPU 中,主频越高就代表计算机的速度越快,但对于不同类型的处理器,它就只能作为一个参数来参考。主频并不直接代表运算速度,在一定情况下,很可能会出现主频较高的 CPU 实际运算速度较低的现象。CPU 的性能不仅取决于主频,二级缓存容量、外频、前端总线频率、支持的指令集以及支持的特殊技术等也对 CPU 性能有很大的影响。

(2)双核和双 CPU 技术

双核处理器(Dual Core Processor)是指在一个处理器上集成两个运算核心,从而提高计算能力。它是 CMP(Chip Multi Processors,单芯片多处理器)中最基本、最简单、最容易实现的一种类型。双核处理器在一片 CPU 上集成两个相同功能的处理器核心,并通过并行总线将各处理器核心连接起来,这样在任务繁重时,两个核心能相互配合,让 CPU 发挥最大效力。

需要注意的是,双核是在一个处理器里拥有两个运算核心,并非两个 CPU,其他硬件还都是两个核心在共同拥有。而双 CPU 则是真正意义上的双核,不仅运算核心是两个,而且其他(如缓存等)硬件配置也都是双份的。双 CPU 处理器的性能比双核处理器高,但是价格相对也更加昂贵。

(3)CPU 外频

CPU 的外频是指 CPU 从主板上获得的工作频率。它是主板上晶体振荡电路为 CPU 提供的基准时钟频率,也就是主板的工作频率。CPU 主频和外频的关系为:

$$CPU\ 主频 = CPU\ 外频 \times 倍频系数$$

(4)前端总线频率

前端总线(Front Side Bus,FSB)是主板芯片组中北桥芯片与 CPU 之间传输数据的通道,也是 CPU 的外部总线。其频率高低直接影响 CPU 访问内存的速度。

(5)字长

CPU 在单位时间内(同一时间)能一次处理的二进制数的位数称为字长。通常把能处理 8 位字长的 CPU 称为 8 位 CPU,能处理 32 位字长的 CPU 称为 32 位 CPU。注意字节和字长的区别。由于常用的英文字符用 8 位二进制数就可以表示,所以通常将 8 位称为一个字节。字长的长度是不固定的,对于不同的CPU,字长也不一样。8位CPU一次只能处理1个字节,而32位CPU一次就能处理4个字节,同理字长为64位的CPU一次可以处理8个字节。一般地,字长越大,CPU的处理速度越快。

(6)高速缓存(Cache)

目前大部分计算机内使用三级Cache:一级缓存(L1 Cache)由SRAM制作,封装于CPU内部,存取速度与CPU主频相同;二级缓存(L2 Cache)和三级缓存(L3 Cache)通常位于CPU外部,存取速度与CPU主频相同或与前端总线频率相同。

(7)指令集与兼容性

如前所述,计算机自动处理的过程实际上就是逐条执行指令的过程,这个过程是由CPU完成的。一个CPU能够执行多种多样的指令,这些指令的集合就是该CPU的指令集(Instruction Set),又称这台计算机的指令系统。

由于各种CPU都有自己的指令集,所以为某种计算机编写的程序有可能无法在另一种计算机上运行。如果某个非本机应用程序也能在一台计算机上运行,则称这个程序与该计算机的CPU兼容。CPU制造商一般都遵循一个原则,即使推出的新型CPU能够执行先前推出的芯片上的程序,这种性能称为向下兼容性。

3. CPU的主要生产厂商

(1)Intel公司

它占有80%以上的市场份额,生产的CPU已成为事实上的x86 CPU技术规范和标准。

(2)AMD公司

目前使用的CPU有好几家公司的产品,除了Intel公司外,最有力的挑战者就是AMD公司,该公司的Athlon64 X2和闪龙具有较高的性价比,而且采用了3DNOW+技术,使CPU在3D上有很好的表现。

▶ 2.3.3 内存

内存是计算机中重要的部件之一,它是与CPU进行沟通的桥梁。计算机中所有程序的运行都是在内存中进行的,因此内存的性能对计算机的影响非常大。内存用于暂时存放CPU中的运算数据,以及与硬盘等外存储器交换的数据。只要计算机在运行中,CPU就会把需要运算的数据调到内存中进行运算,当运算完成后CPU再将结果传送出来,内存的运行也决定了计算机的稳定运行。

按存放数据的类型和所采用的技术可将内存分为随机存储器(Random Access Memory,RAM)、只读存储器(Read Only Memory,ROM)、闪存(Flash Memory)、CMOS及高速缓存等。

1. 随机存储器

随机存储器表示既可以从中读取数据,也可以写入数据。当机器电源关闭时,存于其中的数据就会丢失。计算机的内存条是将随机存储器集成块集中在一起的一小块电路板,它插在计算机的内存插槽上,可以减少随机存储器集成块占用的空间。

目前微机大都使用半导体随机存储器。半导体随机存储器是一种集成电路,其中有成千上万个存储元件。依据其存储元件结构的不同,随机存储器可分为动态随机存储器(Dynamic RAM,DRAM)和静态随机存储器(Static RAM,SRAM)。人们所说的随机存储器通常是指DRAM。DRAM是用半导体器件中分布电容上有无电荷来表示"1"和"0"的。因为保存在分布电容上的电荷会随着电容器的漏电而逐渐消失,所以需要周期性地给电容充电(称为刷新)。这种存储器集成度较高、价格较低,但由于需要周期性地刷新,存取速度较慢。有一种名为 SDRAM 的新型 DRAM,由于采用了与系统时钟同步的技术,所以比 DRAM 快得多。当今,多数计算机用的都是 SDRAM。图 2-8 所示是内存条的外形。

图 2-8　内存条的外形

SRAM 是利用其中触发器的两个稳态来表示所存储的"1"和"0"的,"静态"的意思是指它不需要像 DRAM 那样经常刷新。因此,SRAM 比任何形式的 DRAM 都快得多,也稳定得多。但 SRAM 的价格比 DRAM 贵得多,所以只用在特殊场合。

2. 只读存储器

只读存储器不能写入而只能读出数据,其中的信息是在制造时一次写入的。只读存储器常用来存放固定不变的可重复使用的程序、数据或信息,如存放汉字库、各种专用设备的控制程序等。最典型的是 ROM BIOS(基本输入/输出系统),其中部分内容是用于启动计算机的指令,内容固定但每次开机时都要执行。

此外,还有其他形式的只读存储器。可编程只读存储器(Programmable ROM,PROM),这是一种空白只读存储器,用户可按照自己的需要对其编程。输入 PROM 的指令称为微码,一旦微码输入成功,PROM 的功能就和普通 ROM 一样,内容不能消除和改变。可擦除的可编程只读存储器(Erasable Programmable ROM,EPROM),可以从计算机上取下来,用特殊的设备擦除其内容后重新编程。

3. 闪存

闪存是一种长寿命的非易失性(在断电情况下仍能保持所存储的数据信息)的存储器,数据删除不是以单个的字节为单位而是以固定的区块为单位,区块大小一般为 256KB～20MB。闪存是电子可擦除只读存储器(EEPROM)的变种,EEPROM 与闪存不同的是,它能在字节水平上进行删除和重写而不是整个芯片擦写,而闪存是块擦除,这样闪存就比 EEPROM 的更新速度快。由于其断电时仍能保存数据,闪存通常被用来保存设置信息,如 PDA(个人数字助理)、数码相机中保存资料等。

闪存卡(Flash Card)是利用闪存技术达到存储电子信息的存储器,一般应用在 U 盘、数码相机、掌上电脑、MP3 等小型数码产品中作为存储介质。

4. CMOS 存储器

计算机需要保存一些配置信息,如硬盘驱动器和键盘的类型、日期、时间以及其他启动计算机所需的信息等。它们不需要频繁变化,又不能一成不变,在需要时(升级或更换设备)要适当变化。CMOS 存储器可以满足这种要求,它是 Complementary Metal Oxide Semiconductor 的缩写,中文含义是"互补金属氧化物半导体"。

CMOS 用锂电池供电,需要的电能很少,所以计算机关机后仍能保持其中存储的信息。

CMOS 中的信息可以改变，如计算机更换硬盘后，可以通过执行 CMOS 配置程序与机器交互，更改 CMOS 中的信息。

5. 高速缓冲存储器

为了提高 CPU 的处理速度，计算机中大都配有高速缓冲存储器。高速缓冲存储器也称缓存，实际上是一种特殊的高速存储器。启动一个程序后，计算机不断地将 CPU 经常使用的指令和数据放入缓存。这样当 CPU 需要指令或数据时首先在缓存中查找，能找到就无须访问内存了。缓存的存取速度比内存要快，所以也提高了处理速度。

多数现代计算机都配有三级缓存。一级缓存又称主缓存或内部缓存，直接设计在 CPU 芯片内部。一级缓存容量很小，通常为 8～64KB。二级缓存、三级缓存的速度比一级缓存稍慢，但容量较大。人们讨论缓存时，通常是指外部缓存。

当 CPU 需要指令或数据时，实际检索存储器的顺序是：首先检索一级缓存，然后检索二级缓存和三级缓存，最后是内存。只有在前者中找不到所需内容时才继续检索后者，而且每多检索一级都有明显的延迟。如果在内存中都没能找到，就对存取速度较慢的存储设备（如硬盘或光盘）进行检索。

▶ 2.3.4 外存储器

外存储器又称辅存储器，用于存放各种后备的数据，其存储介质主要有磁介质、光介质及半导体介质。外存储器的特点有：断电后不丢失数据，可以长期保存数据；外存储器容量可以配置得非常大，但存取速度较慢，一般是成批存取数据。

根据外存储器构成和工作原理的不同，可以分为磁存储设备、光存储设备和固态存储设备等 3 种。

1. 磁存储设备

磁存储设备采用磁性材料来存储和保存信息，存储的信息断电后能够保存，并且一般不会由于外界干扰而丢失，也不会因长时间保存而衰亡，比较常见的磁存储设备有硬盘、移动硬盘等。

微机中绝大部分的程序和数据都是以文件的形式保存在硬盘上，当需要时调入内存，如操作系统、应用程序、几乎所有的用户数据等。硬盘（见图 2-9）是微机系统不可缺少的存储设备之一。

图 2-9　某型号磁盘的正面和反面

硬盘是将若干张盘片安装在同一个旋转轴上（见图 2-10），此旋转轴可沿某一个方向高速旋转；系统内部有一个移动臂，可在驱动装置的带动下水平移动；移动臂上安装有若干个磁头，每一个磁头的臂长相等。每个盘片都有上下两个磁面，自上向下编号为 0 面、1 面、2 面、3 面……为了便于管理，硬盘在格式化时盘片会被划成许多同心圆，这些同心圆的轨迹称为磁道(Track)。磁道从外向内从 0 开始顺序编号。所有盘面上同一编号的磁道构成一个圆柱面,称为柱面(Cylinder),柱面编号也是从 0 开始的,从外向内依次编号。每一个柱面的每个磁道,又从圆心开始划分为许多扇形的区域,每个区域称为一个扇区(Section),如图 2-11 所示。

硬盘的容量计算公式为:

$$硬盘容量=磁面数×磁道数/面(柱面数)×扇区数/磁道×字节数/扇区$$

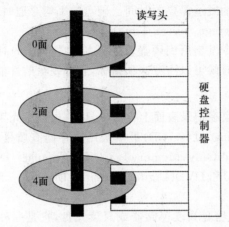

图 2-10 磁盘的读写

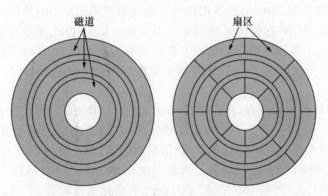

图 2-11 磁盘的磁道和扇区

磁盘的读写装置控制磁盘做轴向旋转,磁头做径向运动。由于每面都含有磁头,因此,可以保证读写每个盘面的每一个磁道的每一个扇区。磁盘工作需要经过以下 4 个步骤:

1)移动移动臂以选择信息所在的柱面。此时磁头在移动臂的带动下做机械的水平运动,所用时间为寻道时间。

2)旋转轴旋转以选择信息所在的扇区。此时旋转轴做的是机械的旋转运动,所用时间为延迟时间。

3)选通磁头,由电信息选中信息所在的盘面。此时做的是电子运动,其时间可忽略不计。

4)旋转轴旋转以读取信息本身。此时旋转轴做的是机械旋转运动,所用时间为传送时间。

硬盘的性能取决于很多因素,其中最重要的包括:

(1)主轴转速(Rotational Speed)

硬盘的主轴转速是决定硬盘内部数据传输速率的决定因素之一,它在很大程度上决定了硬盘的速度,同时也是区别硬盘档次的重要标志。从目前的情况来看,7200r/min 的硬盘是国内市场上的主流。

(2)寻道时间(Seek Time)

寻道时间是指硬盘磁头移动到数据所在磁道而所用的时间,单位为毫秒。平均寻道时间则为磁头移动到正中间的磁道需要的时间。硬盘的平均寻道时间越小,性能越高。

(3)平均访问时间(Average Access Time)

平均访问时间是指指令发出后到硬盘真正开始读写操作的时间,可以通过测试软件检测。大家在看结果数据的时候可以注意这项指标,它和硬盘的性能有着重要的关系。

2. 光存储设备

光存储设备利用激光束在记录表面上存储信息,并根据激光束及反射光的强弱不同,进行信息的读写。光盘(Compact Disc,CD)最早被用来存储高质量、数字化的音乐,包括 CD-ROM(Compact Disc Read-Only Memory)、CD-R(Compact Disc Recordable)、CD-RW(Compact Disc Rewritable)和 DVD(Digital Versatile Disc)等。下面逐一做简单介绍。

(1)CD-ROM

CD-ROM,一般称为致密盘只读存储器或只读光盘,它是一种只读光存储介质,能在直径 120mm(4.72in)、厚 1.2mm(0.047in)的单面盘上保存 74～80min 的高保真音频,或 682MB(74min)/737MB(80min)的数据信息。微机中使用的 CD-ROM 与普通常见的 CD 光盘外形相同,但 CD-ROM 存储的是数据而不是音频。CD-ROM 驱动器读取数据的方法和 CD 播放器的相似,主要区别在于前者的可靠性更高。这是因为 CD-ROM 驱动器电路中引入了错误检测和纠正技术(标准),以保障读取数据时不发生错误。

(2)CD-R

由于 CD-ROM 是只读光盘,用户自己无法利用 CD-ROM 对数据进行备份。在此需求上出现了 CD-R 技术,用户可以一次写入数据到 CD-R,之后数据可被反复读出,就是平常说的可以刻录的空白光盘。CD-R 光盘写入数据后,该光盘就不能再次刻写了,刻录得到的光盘可以在 CD-DA 或 CD-ROM 驱动器上读取。读 CD-R 与 CD-ROM 的工作原理相同,都是通过激光照射到盘片上"凹陷"和"平地"的反射光的变化来读取的;不同之处在于 CD-ROM 的"凹陷"是印制的,而 CD-R 是由刻录机烧制而成的。

(3)CD-RW

虽然 CD-R 廉价且使用方便,颇受用户欢迎,但是毕竟只能写一次,为了能重新多次写入信息,又出现了一种新的技术,即 CD-RW,它的特点是可以重复读写。CD-RW 也是可以刻录的空白光盘,它和 CD-R 的不同之处在于 CD-R 是一次性刻录的,刻录一次后就不能再刻录了;而 CD-RW 是可重复擦写的光盘,即光盘写入内容之后,又可将内容擦除重新写入新的内容。

(4)DVD-RAM

DVD-RAM 是一种由先锋、日立及东芝公司联合推出的可写 DVD 标准,它使用类似 CD-RW 的技术。由于在介质反射率和数据格式上的差异,多数标准的 DVD-ROM 光驱都不能读取 DVD-RAM 盘。可以读取 DVD-RAM 盘的 DVD-ROM 光驱最早于 1999 年初被推出,符合 MultiRead2 标准的 DVD-ROM 和 DVD 播放器都可以读取 DVD-RAM 盘。

DVD-RAM 的优点是格式化时间很短,不足 1min,格式化好的光盘无须特殊的软件就可进行写入和擦写。也就是说,它可以像软盘一样轻松使用,而且价格便宜。

(5)DVD-RW

DVD-RW 标准是由先锋公司于 1998 年提出的,并得到了 DVD 论坛的大力支持,其成员包括苹果、日立、NEC、三星和松下等厂商,并于 2000 年年中完成 1.1 版本的正式标准。DVD-RW 产品最初定位于消费类电子产品,主要提供类似 VHS 录像带的功能,可为消费者记录高品质多媒体视频信息。然而随着技术发展,DVD-RW 的功能也慢慢扩充到了计算机领域。DVD-RW 的刻录原理和 CD-RW 的类似,也采用相位变化的读写技术,同样是固定线性速度 CLV 的刻录方式。

DVD-RW 的优点是兼容性好,而且能够以 DVD 视频格式来保存数据,因此可以在影碟机上播放。但是它的一个很大的缺点是格式化需要花费 1.5h 的时间。另外,DVD-RW 提供了两种记录模式:一种称为视频录制模式;另一种称为 DVD 视频模式。前一种模式功能较丰富,但与 DVD 影碟机不兼容。用户需要在这两种格式中进行选择,使用不方便。

(6)DVD+RW

DVD+RW 是目前最易用、与现有格式兼容性最好的 DVD 刻录标准,而且价格便宜。DVD+RW 标准由理光(Ricoh)、飞利浦(Philips)、索尼(Sony)、雅马哈(Yamaha)等公司联合开发。DVD+RW 不仅可以作为个人计算机的数据存储,还可以直接以 DVD 视频的格式刻录视频信息,这在 DVD 工业上是一大突破。随着 DVD+RW 的发展和普及,DVD+RW 已经成为将 DVD 视频和个人计算机上 DVD 刻录机紧密结合在一起的可重写 DVD 标准。

DVD+RW 单面容量为 4.7GB,双面容量为 9.4GB;单面最长刻录时间为 4h 视频,双面为 8h;激光波长为 650nm,与 DVD 视频相同。DVD+RW 标准也是目前唯一获得 Microsoft 公司支持的 DVD 刻录标准。

当前,个人计算机配置的光驱一般是 DVD 刻录光驱,如图 2-12 所示。

图 2-12 某款 DVD 刻录光驱

3. 固态存储设备

固态存储器是新一代存储器,它采用闪存作为存储介质,内部不存在可动部分,访问数据时不需要查找时间、延迟时间和寻道时间,因而更快且更可靠,而且读写数据时没有噪声。另外,固态存储器体积通常很小,便于实现移动存储。由于这些特点,它经常被用来制作 U 盘和各式各样的闪存卡。

2.3.5 总线

总线(Bus)是计算机各种功能部件之间传送信息的公共通信干线,它是由导线组成的传输线束。按照计算机所传输的信息种类,计算机的总线可以划分为数据总线、地址总线和控制总线,分别用来传输数据、数据地址和控制信号。总线是一种内部结构,它是 CPU、内存、输入设备、输出设备传递信息的公用通道。主机的各个部件通过总线相连接,外部设备通过相应的接口电路再与总线相连接,从而形成了计算机硬件系统。微机是以总线结构来连接各个功能部件的。

1. 总线的分类

按照总线所连接的部件不同,总线可分为片内总线(C-Bus)、内部总线(I-Bus)和外部总线(E-Bus)。这 3 种总线在微机中的地位和关系如图 2-13 所示。

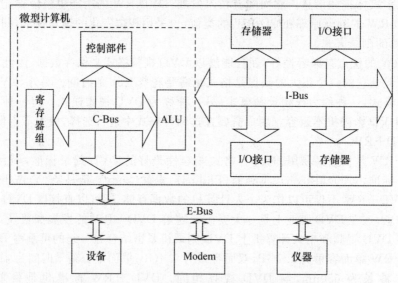

图 2-13　3 种总线在微机系统中的地位和关系

(1)片内总线

片片总线又称元件级总线,是把 CPU 中各种不同的芯片连接在一起构成特定功能模块的信息传输通路。

(2)内部总线

内部总线又称系统总线或板级总线,是微机系统中各插件(模块)之间的信息传输通路,如 CPU 模块和存储器模块或 I/O 接口模块之间的传输通路。

内部总线上传送的信息包括数据信息、地址信息和控制信息,因此,系统总线分为 3 个功能组:地址总线(Address Bus,AB)、数据总线(Data Bus,DB)和控制总线(Control Bus,CB),如图 2-14 所示。

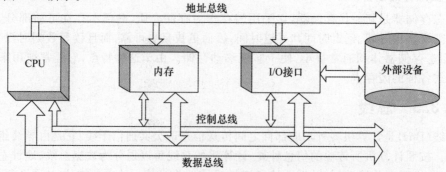

图 2-14　3 种系统总线

1)地址总线:用于传送由 CPU 发出的地址信息,该地址信息或为 CPU 要访问的内存单元地址,或为 CPU 要访问的输入/输出接口的地址信息。地址总线是单向总线,其位数决定了 CPU 可直接寻址的内存空间大小,如 16 位微机的地址总线宽度(位数)为 20bit,则其可寻址空间为 $2^{20}=1MB$。一般来说,若其地址总线为 n 位,则最大可寻址空间为 2^n 字节。

2)数据总线:用于传送数据信息,是 CPU 与内存、CPU 与输入/输出接口之间传输数据的通道,是双向总线。数据总线的位数通常与 CPU 的字长一致,是微机的一个重要的性能指标。

3)控制总线:用于传送控制信息和时序信息。控制信息中,有的是 CPU 向内存或 CPU 向 I/O 接口电路发出的信号,如读写信息、片选信号、中断响应信号等;有的是外部设备等部件通过接口发送给 CPU 的信息,如中断申请信号、复位信号、准备就绪信号等。因此控制总线上的信息传送方向由具体控制信号而定,一般是双向的。控制总线的位数要根据系统的实际需要确定。

(3)外部总线

外部总线是微机和外部设备之间的总线。微机作为一种设备,通过该总线和其他设备进行信息与数据交换。

2. 总线的主要技术指标

(1)总线的带宽(总线数据传输速率)

总线的带宽指单位时间内总线上传送的数据量,即每秒钟传送兆字节的最大稳态数据传输速率。与总线密切相关的两个因素是总线的位宽和总线的工作频率,它们之间的关系是:

$$总线的带宽=总线的工作频率\times总线的位宽/8$$

(2)总线的位宽

总线的位宽指总线能同时传送的二进制数据的位数,或数据总线的位数。总线的位宽越大,则数据传输速率越大,总线的带宽越高。

(3)总线的工作频率

总线的工作频率以 MHz 为单位,工作频率越高,总线工作速度越快,总线带宽越高。

2.3.6 输入/输出设备

计算机通过外部设备及其接口才能完成信息的输入与输出,从而实现人机通信。外部设备的种类繁多,工作原理各异,是计算机系统中最具多样性的设备。按其作用,外部设备可以分为输入设备、输出设备和既可以输入也可输出的设备。

输入设备用于将数据输入到主机,如键盘、鼠标、扫描仪、触摸屏、光笔等。输出设备用于结果的显示和打印,如显示器、打印机、绘图仪等。有些设备既可以作为输入设备,也可以作为输出设备,如各种磁盘存储器。当用户打开(读出)磁盘上的文件时,磁盘作为输入设备使用;当用户将文件写入(保存)磁盘时,磁盘作为输出设备使用。

1. 输入设备

输入设备用于把原始数据和处理这些数据的程序输入到计算机中。计算机能够接收各种各样的数据,既可以是数值型的数据,也可以是各种非数值型的数据,如图形、图像、声音等都可以通过不同类型的输入设备输入计算机中进行存储、处理和输出。下面对几种常见的输入设备进行简单介绍。

(1)键盘

键盘是最常见的计算机输入设备,广泛应用于微机和各种终端设备。计算机操作者通过键盘向计算机输入各种指令、数据,指挥计算机工作。计算机的运行情况输出到显示器,操作者可以很方便地利用键盘和显示器与计算机对话,对程序进行修改、编辑,控制和观察计算机的运行。

不同的计算机键盘键位布局及键个数有所差异,常见的 101 键盘(见图 2-15)分为字符键区、功能键区、编辑键区、数字小键盘等 4 个区。字符键区是键盘的主体,字符包括字母键(A～Z)、数字键(0～9)、符号键(如逗号、句号、加号、减号)及控制键等。功能键区包括常用的功能键,如 Esc、F1～F12、Print Screen、Scroll Lock、Pause/Break。编辑键区的按键主要用于文件的编辑,如 Insert、Delete、Home、End、Page Up、Page Down。数字小键盘包括数字、加减乘除运算符、回车键等,当 Num Lock 键被按下,Num Lock 灯亮时,数字小键盘才能输入数字,否则,它相当于编辑键。

图 2-15　一种常见的键盘

近年来出现的是新兴多媒体键盘,它在传统键盘的基础上又增加了不少常用快捷键或音量调节装置,使个人计算机的操作进一步简化,对于收发电子邮件、打开浏览器软件、启动多媒体播放器等都只需要按一个特殊按键即可,同时在外形上也做了重大改善,着重体现了键盘的个性化。起初这类键盘多用于品牌机,如惠普、联想等品牌机都率先采用了这类键盘,受到广泛的好评,并曾一度被视为品牌机的特色。随着时间的推移,市场上也渐渐地出现了独立的具有各种快捷功能的产品单独出售,并带有专用的驱动和设置软件,在兼容机上也能实现个性化的操作。

(2)鼠标

鼠标是一种手持式坐标定位输入装置,英文名为 Mouse。鼠标的使用是为了使计算机的操作更加简便,代替键盘繁琐的指令。

鼠标按接口类型可分为串行鼠标、PS/2 鼠标、总线鼠标、USB 鼠标(多为光电鼠标)等 4 种。串行鼠标是通过串行口与计算机相连的,有 9 针接口和 25 针接口两种;PS/2 鼠标通过一个 6 针微型 DIN 接口与计算机相连,它与键盘的接口非常相似,使用时应注意区分;总线鼠标的接口在总线接口卡上;USB 鼠标通过一个 USB 接口,直接插在计算机的 USB 口上。

鼠标按其工作原理的不同可以分为机械鼠标(见图 2-16)和光电鼠标(见图 2-17)。机械鼠标主要由滚球、辊柱和光栅信号传感器组成。当拖动鼠标时,带动滚球转动,滚球又带动辊柱转动,装在辊柱端部的光栅信号传感器产生的光电脉冲信号反映出鼠标器在垂直和水平方向的位移变化,再通过程序的处理和转换来控制屏幕上鼠标指针的移动。光电鼠标是通过检测鼠标的位移,将位移信号转换为电脉冲信号,再通过程序的处理和转换来控制屏幕上鼠标指针的移动。光电鼠标用光电传感器代替了滚球。这类传感器需要特制的、带有条纹或点状图案的垫板配合使用。

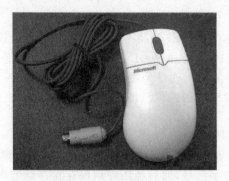 

图 2-16　一种机械鼠标　　　　　　　　图 2-17　一种光电鼠标

（3）摄像头

摄像头是一种视频输入设备，被广泛运用于视频聊天、视频会议、远程医疗及实时监控等方面。普通人也可以彼此通过摄像头在网络上进行有影像、有声音的交谈和沟通。另外，人们还可以将其用于当前各种流行的数码影像、影音处理。图 2-18 所示是一种常见的摄像头。

摄像头分为数字摄像头和模拟摄像头两大类。数字摄像头可以将视频采集设备产生的模拟视频信号转换成数字信号，进而将其存储在计算机中。模拟摄像头捕捉到的视频信号必须经过特定的视频捕捉卡将模拟信号转换成数字信号，并加以压缩后才可以传输到计算机上运用。数字摄像头可以直接捕捉影像，然后通过串、并口或者 USB 接口传到计算机中。现在市场上的摄像头基本以数字摄像头为主，而数字摄像头中又以使用新型数据传输接口的 USB 数字摄像头为主。

（4）扫描仪

扫描仪是一种计算机外部仪器设备，通过捕获图像并将之转换成计算机可以显示、编辑、存储和输出的数字化输入设备。

扫描仪按色彩来分，可分成单色和彩色两种；按操作方式分，可分为手持式和台式扫描仪两种。图 2-19 所示是一种常见的扫描仪。

（5）触摸屏

随着计算机技术的普及，在 20 世纪 90 年代初，出现了一种新的人机交互技术——触摸屏技术。利用这种技术，使用者只要用手指轻轻地碰计算机显示屏上的符号或文字就能实现对主机的操作，这样摆脱了键盘和鼠标操作，使人机交互更为直截了当。目前，触摸屏已经广泛应用于银行、医院、学校和宾馆等场所，同时在手机、微机上有了新的应用。图 2-20 所示是一款触摸屏计算机。

图 2-18　一种常见的摄像头　　　图 2-19　一种常见的扫描仪　　　图 2-20　一款触摸屏计算机

(6)数码相机

数码相机是集机械、光学、电子技术于一体的高科技产品。像其他计算机输入设备一样,它包括硬件和软件两大都分。硬件结构包括外壳、镜头、CCD 或 CMOS 图像传感器、A/D 转换器、影像存储器、显示器和电源电路等部件。软件为图像处理软件,功能之一是把存储在数码相机存储器或可移动式 PCMCIA 卡中的图像信息传送给计算机;功能之二是对拍摄的图像进行处理,提高照片艺术性和质量。

数码相机与传统相机不同,它不用胶卷,而是用 CCD 感光。CCD 由许多小的光电二极管构成,这些光电二极管可以寄存模拟电荷量,而该值正比于其感应到的光强度。经 CCD 输出的模拟电信号再经过 A/D 转换器转换成数字信号,然后经压缩后保存在存储器内形成数码影像文件。

2. 输出设备

输出设备是人与计算机交互的一种部件,用于数据的输出。它把各种计算结果(数据或信息)以数字、字符、图像、声音等形式表示出来。下面对常见的输出设备,如显示器、打印机、绘图仪、投影仪等进行简单介绍。

(1)显示器

显示器用来显示图像、文字或影像。目前市场上常用的显示器为液晶显示器(LCD),如图 2-21 所示。

图 2-21 液晶显示器

液晶显示器是平面超薄的显示设备,它由一定数量的彩色或黑白像素组成,放置于光源或者反射面前方。液晶显示器功耗很低,因此倍受工程师青睐,适用于使用电池的电子设备。它的主要原理是以电流刺激液晶分子产生点、线、面,配合背部灯管构成画面。

LCD 显示器的主要优点有:机身薄节省空间,功耗低不产生高温,低辐射益健康,画面柔和不伤眼。

显示器的质量主要取决于分辨率、点距和刷新频率。

1)分辨率。显示器屏幕上的图像实际上是由许许多多的小点组成的,这样的小点称为像素。显示器的分辨率与所能显示的像素个数直接相关,并用 $C \times R$ 的形式表示。其中,C 是每行中像素的个数,即列数;R 表示像素的行数。例如,某显示器的分辨率是 640 像素×480 像素,那么可显示 480 行,每行 640 列的像素。分辨率越高,能显示的像素越多,图像就越清晰。

2)点距。两个相邻像素之间的水平距离称为点距。点距越小,显示的图像越清晰。为减轻眼睛的疲劳程度,应当采用点距不大于 0.28mm 的显示器。

3)刷新频率。当电子束在屏幕的背面前后移动时会激发像素发光,从而在屏幕上形成图像。但是这些发光像素只能维持几分之一秒便会褪色,因此必须在每秒钟内多次重画图像才能阻止褪色。显示器每秒钟重画图像的次数称为刷新频率,用赫兹(Hz)表示。实际上,显示器的刷新频率要足够高,才能维持图像不变化、不闪烁。刷新频率过低会导致图像褪色,下次刷新时便发生闪烁,使用户感到头痛。对于液晶显示器来说,刷新频率一般是 60Hz。

(2)打印机

打印机是将计算机中的信息打印到纸张或其他介质上的一种输出设备。常见的打印机有针式打印机(见图 2-22)、喷墨打印机(见图 2-23)和激光打印机(见图 2-24)等 3 种。衡量打印机好坏的指标有 3 项:打印分辨率、打印速度和噪声。

图 2-22 针式打印机　　　　图 2-23 喷墨打印机　　　　图 2-24 激光打印机

1)针式打印机:通过打印头中的 24 根针击打复写纸,从而形成字体。在使用中,用户可以根据需求来选择多联纸张,一般常用的多联纸有 2 联、3 联、4 联纸,也有使用 6 联纸的打印机。只有针式打印机能够快速完成多联纸一次性打印,喷墨打印机、激光打印机无法实现多联纸打印。

对于医院窗口、银行窗口、邮局窗口等行业用户来说,针式打印机是他们的必备设备之一,因为只有通过针式打印机才能快速地完成各项单据的复写,为用户提供高效的服务,而且还能为这些用户存底。

2)喷墨打印机:是在针式打印机之后发展起来的,采用非打击的工作方式。比较突出的优点有体积小、操作简单方便、打印噪声低、使用专用纸张时可以打出和照片相媲美的图片等。目前,喷墨打印机按打印头的工作方式可以分为压电喷墨技术和热喷墨技术两大类型。按照喷墨的材料性质又可以分为水质料、固态油墨和液态油墨等类型的打印机。

3)激光打印机:是将激光扫描技术和电子照相技术相结合的打印输出设备。其基本工作原理是将计算机传来的二进制数据信息,通过视频控制器转换成视频信号,再由视频接口/控制系统把视频信号转换为激光驱动信号,然后由激光扫描系统产生载有字符信息的激光束,最后由电子照相系统使激光束成像并转印到纸上。

(3)投影仪

投影仪可以将计算机屏幕上显示的图像同时投射到银幕上,以便让更多的人能看清,如图 2-25 所示。有些投影仪体积较大,可以固定在天花板或墙上;有些投影仪是便携式的。目前市场上体积较小、价格较低的投影仪有两类:LCD 和 DLP 投影仪。

图 2-25 投影仪

(4)音箱和耳机

音箱和耳机是多媒体计算机不可缺少的音频输出设备。所谓音频,是指音乐、语音或其他声音。音频输出设备是指能够产生音乐、语音或其他声音的计算机部件,扬声器和耳机是常用的两种音频输出设备。一般的笔记本电脑都带有一个内置的扬声器,但输出声音质量不高,所以人们常配置大一些的音箱,如图 2-26 所示。此外,为了不影响机器周围的人,还可以配置耳机。普通的耳机都是有线的,但是有时使用不是很方便。目前无线耳麦也使用比较广泛,但价格比普通耳机高。图 2-27 所示是一款无线耳麦。无线耳麦采用无线接收技术,由发射端和接收装置组成。无线耳麦分为 3 个部分:第一部分是发声源;第二部分是接收器;第三部分是耳机部分,这部分的功能主要是用来将传送来的信号转换为声音再传到人的耳朵里。按照信号的传送方式不同,无线耳麦可以分为蓝牙无线耳机、红外线无线耳机和2.4G 无线耳机等 3 种。

图 2-26 音箱

图 2-27 无线耳麦

2.4 计算机软件系统

硬件和软件一起构成计算机系统,硬件和软件的关系如图 2-1 和图 2-2 所示。计算机中没有硬件,软件就失去了工作的物质基础。如果只有硬件而没有软件,硬件是无法发挥其作用的。既有性能良好的硬件,又有功能完善的软件,计算机才能充分发挥它应有的作用。

2.4.1 计算机软件概述

软件是计算机中所有的程序、数据和各种文档资料的总称。软件系统是指由系统软件、支撑软件和应用软件组成的计算机软件系统,它是计算机系统中由软件组成的部分。

1. 系统软件

系统软件是指控制和协调计算机及外部设备,支持应用软件开发和运行的系统,是无须用户干预的各种程序的集合。系统软件的主要功能是调度、监控和维护计算机系统,负责管理计算机系统中各种独立的硬件,使它们可以协调工作。系统软件使计算机使用者和其他软件将计算机当作一个整体,而不需要顾及底层每个硬件是如何工作的。

系统软件的主要特征如下:

- 与硬件有很强的交互性。
- 能对资源共享进行调度管理。
- 能解决并发操作处理中存在的协调问题。
- 其中的数据结构复杂,外部接口多样化,便于用户反复使用。

系统软件包括操作系统、语言处理程序、数据库管理程序、诊断程序等。

2. 应用软件

应用软件包括办公软件、图像处理软件等。下面简要介绍几类常用的应用软件。

- 办公软件:如 Microsoft Office、WPS 等。
- 图像处理软件:如 Photoshop、CorelDraw 等。
- 媒体播放器:如 RealPlayer、Windows Media Player、暴风影音等。
- 图像浏览工具:如 ACDSee 等。
- 截图工具:如 HyperSnap 等。
- 通信工具:如 QQ、MSN、飞信等。
- 网页设计工具:如 Dreamweaver 等。
- 翻译软件:如金山词霸等。
- 防火墙和杀毒软件:如卡巴斯基、瑞星、诺顿、360 等。
- PDF 阅读器:如 CAJViewer、Adobe Reader 等。
- 输入法软件:如极品五笔、紫光输入法、QQ 拼音、搜狗输入法等。
- 系统优化工具:如 Windows 优化大师、360 安全卫士、EasyRecovery、EVEREST 等。
- 下载软件:如迅雷、FlashGet 等。
- 其他常用软件:如 WinRAR、DAEMON Tools 等。

▶ 2.4.2　程序设计语言

程序设计语言简称编程语言,是一组用来定义计算机程序的语法规则。它是一种被标准化的交流技巧,用来向计算机发出指令。一种程序设计语言让程序员能够准确地定义计算机所需要使用的数据,并精确地定义在不同情况下所应采取的操作。

程序设计语言通常包括机器语言、汇编语言和高级语言三大类。

1. 机器语言

计算机只能识别"0"和"1"两种信号,也只能处理由"0"和"1"表示的二进制数码。因此,人们用"0"和"1"的不同排列组合表示不同的功能,再通过译码电路产生各种控制信号,进而指挥计算机完成相应的操作。例如,在某种计算机中,表示加法和减法的机器指令分别为"10000111"和"10010111"。

机器语言(Machine Language)是直接使用机器指令表达的计算机语言,机器指令是用"0"和"1"组成的一串代码,它们有一定的位数,并分成若干段,各段的编码表示不同的含义。

例如,某种计算机的字长为 16 位,即有 16 个二进制数组成一条指令或其他信息。16 个"0"和"1"可组成各种排列组合,通过线路变成电信号,让计算机执行各种不同的操作。显然,采用机器语言编写的程序,计算机可直接执行,且执行速度快。但是对于人们来说,机器指令难以记忆、难以识别、难以编写,且编写出来的程序不直观、难调试,编写的效率也极低。另外,机器语言是面向特定机器的,因此其程序的通用性及可移植性较差。

2. 汇编语言

汇编语言(Assembly Language)是面向机器的程序设计语言。在汇编语言中,用助记符代替操作码,用地址符号或标号代替地址码。这样用符号代替机器语言的二进制数码,就把机器语言变成了汇编语言。因此,汇编语言又称为符号语言。例如,在汇编语言中可用助记符 ADD 表示加法,用 SUB 表示减法,这显然比机器指令要容易记得多。

使用汇编语言编写的程序,机器不能直接识别,要由一种程序将汇编语言翻译成机器语言,这种起翻译作用的程序称为汇编程序。汇编程序把汇编语言翻译成机器语言的过程称为汇编。汇编语言也是依赖某一特定机器的,因此其程序的通用性及可移植性也较差。

机器语言和汇编语言都是面向机器的语言,都属于低级语言。

3. 高级语言

由于汇编语言依赖于硬件体系,且助记符量大难记,于是人们又发明了更加易用的高级语言。高级语言主要是相对于低级语言而言的,它是较接近自然语言和数学公式的程序设计语言,基本脱离了机器的硬件系统,用人们更易理解的方式编写程序。在这类语言下,其语法和结构更类似普通英文,且不需要对硬件进行直接操作,使编程更简便。

高级语言与计算机的硬件结构及指令系统无关,它有更强的表达能力,可方便地表示数据的运算和程序的控制结构,能更好地描述各种算法,而且容易学习掌握。但高级语言编译生成的程序代码一般比用汇编语言设计的程序代码要长,执行的速度也较慢。所以汇编语言适合编写一些对速度和代码长度要求高的程序和直接控制硬件的程序。

高级语言程序"看不见"机器的硬件结构,不方便用于编写直接访问机器硬件资源的系统软件或设备控制软件。为此,一些高级语言提供了与汇编语言之间的调用接口。用汇编语言编写的程序,可作为高级语言的一个外部过程或函数,利用堆栈来传递参数或参数的地址。

高级语言并不是特指某一种具体的语言,而是包括很多种程序设计语言,如目前流行的高级语言有 C 语言、Pascal、Java 等。

▶ 2.4.3 操作系统

操作系统是"裸机"上的第一层软件。它是对硬件系统功能的首次扩充。它在计算机系统中占据非常重要的地位,所有其他的软件(如其他的系统软件、应用软件)都依赖于操作系统的支持。从用户的角度看,当计算机配置操作系统后,用户不再直接使用计算机系统硬件,而是利用操作系统所提供的命令和服务来操纵计算机。

操作系统是控制其他程序运行,管理系统资源并为用户提供操作界面的系统软件的集合。操作系统身负诸如管理与配置内存、决定系统资源供需的优先次序、控制输入/输出设备、操作网络与管理文件系统等基本事务。

第3章 数制与运算

计算机在目前的社会中发挥的作用越来越重要,计算机的功能也得到了很大的改进,从最初的科学计算、数值处理发展到现在的过程检测与控制、信息管理、计算机辅助系统等方面。计算机不仅要对数值进行处理,还要对语言、文字、图形、图像和各种符号进行处理,但因为计算机内部只能识别二进制数,所以这些信息都必须经过数字化处理后,才能进行存储、传送等操作。

计算机采用二进制的原因如下:

1)容易实现:二进制在硬件技术上容易实现,只需两个状态。

2)运算简单:二进制运算规则简单,操作实现简便。

3)工作可靠:由于采用两种稳定的状态来表示数字,使数据的存储、传送和处理都变得更加可靠。

4)逻辑判断方便。

二进制数据更容易用逻辑线路处理,更接近计算机硬件能直接识别和处理的电子化信息,而使用计算机的人更容易接受十进制数据。因此,两者之间的进制转换是经常会遇到的问题,应熟练掌握。

3.1 数制

按进位的原则进行计数称为进位计数制,简称"数制"。在日常生活中,除了采用十进制计数外,有时也采用其他进制来计数。例如:十二进制(12个月就是1年)、六十进制(60分钟就是1个小时)等。

进位计数制中有两个重要的概念:基数和位权。基数是指用来表示数据的数码的个数,超过(等于)此数后就要向相邻高位进一。同一数码处于数据的不同位置时所代表的数值是不同的,它所代表的实际值等于数字本身的值乘以一个确定的与位置有关的系数,这个系数称为位权。位权是以基数为底的指数函数。

例如,$128.7 = 1 \times 10^2 + 2 \times 10^1 + 8 \times 10^0 + 7 \times 10^{-1}$。即"128.7"这个数值中,"1"的位权是$10^2$,"7"的位权是$10^{-1}$。

计算机中常用的进位计数制有二进制、八进制、十进制和十六进制。在日常生活中,通常使用十进制,而计算机内部采用的是二进制,有时为了简化二进制数据的书写,也采用八进制和十六进制来表示二进制数据。为了区别不同进制的数据,可在数的右下角进行标注。人们一般用B或2表示二进制数,O或8表示八进制数,H或16表示十六进制数,D或10表示十进制数。如果省略,则默认为十进制数。

3.1.1 二进制

二进制(Binary Notation):用"0"和"1"两个数码表示,逢二进一。运算规则有:

$$0+0=0 \qquad 0 \times 0 = 0$$
$$0+1=1 \qquad 0 \times 1 = 0$$
$$1+0=1 \qquad 1 \times 0 = 0$$

$1+1=10 \qquad 0 \times 0=1$

表示方法：$(11011)_2$ 或 11011B。

权表示法：$(11011)_2=1 \times 2^4+1 \times 2^3+0 \times 2^2+1 \times 2^1+1 \times 2^0$。

3.1.2 八进制

八进制(Octal Notation)：用"0、1、2、3、4、5、6、7"等 8 个数码表示,逢八进一。

表示方法：$(5127)_8$ 或 5127O。

权表示法：$(5127)_8=5 \times 8^3+1 \times 8^2+2 \times 8^1+7 \times 8^0$。

3.1.3 十进制

十进制(Decimal Notation)：用"0、1、2、3、4、5、6、7、8、9"等 10 个数码表示,逢十进一。

表示方法：$(5927)_{10}$ 或 5927D。

权表示法：$(5927)_{10}=5 \times 10^3+9 \times 10^2+2 \times 10^1+7 \times 10^0$。

3.1.4 十六进制

十六进制(Hexadecimal Notation)：用"0、1、…、9、A、B、C、D、E、F"等 16 个数码表示,逢十六进一。

表示方法：$(5A0D7)_{16}$ 或 5A0D7H。

权表示法：$(5A0D7)_{16}=5 \times 16^4+10 \times 16^3+0 \times 16^2+13 \times 16^1+7 \times 16^0$。

常用进制的表示方法见表 3-1。

表 3-1　常用进制的表示方法

十进制	二进制	八进制	十六进制
0	0000	0	0
1	0001	1	1
2	0010	2	2
3	0011	3	3
4	0100	4	4
5	0101	5	5
6	0110	6	6
7	0111	7	7
8	1000	10	8
9	1001	11	9
10	1010	12	A
11	1011	13	B
12	1100	14	C
13	1101	15	D

十进制	二进制	八进制	十六进制
14	1110	16	E
15	1111	17	F
16	10000	20	10

3.2 各种进制数之间的转换

对于各种进制数之间的转换,要掌握转换的方法和规则。

▶ 3.2.1 二进制数、八进制数、十六进制数之间的转换

1. 二进制数转换为八进制数、十六进制数

由于 $8^1 = 2^3$(八进制数的 1 位等于二进制数的 3 位)、$16^1 = 2^4$(十六进制数的 1 位等于二进制数的 4 位),它们之间的转换比较简单。其转换规则是以小数点为中心,左右"按位组合",前后不够补 0。即八进制数是按 3 位组合,十六进制数是按 4 位组合。

例如,把 $(11010111.01111)_2$ 转换为八进制数、十六进制数。

$(11010111.01111)_2 = (011,010,111.011,110)_2 = (327.36)_8$

$(11010111.01111)_2 = (1101,0111.0111,1000)_2 = (D7.78)_{16}$

2. 八进制数、十六进制数转换为二进制数

其转换规则仍是以小数点为中心,"按位展开"(八进制数的 1 位等于二进制数的 3 位,十六进制数的 1 位等于二进制数的 4 位),最后去掉前后的 0。

例如,把 $(327.36)_8$、$(D7.78)_{16}$ 转换为二进制数。

$(327.36)_8 = (011,010,111.011,110)_2 = (11010111.01111)_2$

$(D7.78)_{16} = (1101,0111.0111,1000)_2 = (11010111.01111)_2$

▶ 3.2.2 二进制数、八进制数、十六进制数与十进制数之间的转换

1. 二进制数、八进制数、十六进制数转换为十进制数

二进制数、八进制数、十六进制数转换为十进制数,其转换规则相同,即"按权展开相加"。同十进制数的展开一样,只是其权位不同。

例如,把 $(101.01)_2$、$(257)_8$、$(32CF.4)_{16}$ 转换为十进制数。

$(101.01)_2 = 1 \times 2^2 + 0 \times 2^1 + 1 \times 2^0 + 0 \times 2^{-1} + 1 \times 2^{-2} = (5.25)_{10} = 5.25$

$(257)_8 = 2 \times 8^2 + 5 \times 8^1 + 7 \times 8^0 = (175)_{10} = 175$

$(32CF.4)_{16} = 3 \times 16^3 + 2 \times 16^2 + 12 \times 16^1 + 15 \times 16^0 + 4 \times 16^{-1} = (13007.25)_{10} = 13007.25$

2. 十进制数转换为二进制数、八进制数、十六进制数

前面已介绍了二进制数、八进制数、十六进制数之间的转换,当将十进制数转换成八进制数、十六进制数时,可以将二进制数作为"桥梁"。因此,这里先介绍十进制数转换成二进制数的方法。

十进制数转换成二进制数分两种情况进行,即整数部分和小数部分,具体规则如下:

1)整数部分:除2取余倒排。即采用除2取余法,直到商为0,先得的余数排在低位,后得的余数排在高位。

2)小数部分:乘2取整顺排。即采用乘2取整法,直到值为0或达到精度要求,先得的整数排在高位,后得的整数排在低位。

例3.1 把$(105.625)_{10}$转换成二进制数。

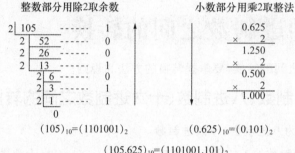

整数部分用除2取余数 小数部分用乘2取整法

$(105)_{10}=(1101001)_2$　　　$(0.625)_{10}=(0.101)_2$

$(105.625)_{10}=(1101001.101)_2$

3. 十进制数转换成八进制数

1)十进制整数转换成八进制整数采用"除8取余法",所得余数倒排。

例3.2 将十进制整数277转换成八进制整数。

$$\begin{array}{c|c} 8 & 277 \\ \hline 8 & 34 \quad 余数为5 \\ \hline 8 & 4 \quad 余数为2 \\ \hline & 0 \quad 余数为4 \end{array}$$

$$277=(425)_8$$

2)十进制小数转换成八进制小数采用"乘8取整法",所得整数顺排。

例3.3 将十进制小数0.140625转换成八进制小数。

$$\begin{array}{r} 0.140625 \\ \times \quad 8 \\ \hline 1.125000 \end{array}$$ 整数部分为1,即$a_{-1}=1$

0.125000 余下的小数部分

$$\begin{array}{r} \times \quad 8 \\ \hline 1.000000 \end{array}$$ 整数部分为1,即$a_{-2}=1$

0.000000 余下的小数部分为0,结束

$$0.140625=(0.a_{-1}a_{-2})=(0.11)_8$$

4. 十进制数转换成十六进制数

1)十进制整数转换成十六进制整数采用"除16取余法",所得余数倒排。

2)十进制小数转换成十六进制小数采用"乘16取整法",所得整数顺排。

例3.4 十进制数91.75转换成十六进制数

$91.75=(5B.C)_{16}$

▶ 3.2.3 不同进制数相互转换的进一步讨论

当把一个十进制整数转换为二进制整数时,如果十进制整数比较大,这样做非常麻烦且容易出错。

简单的做法是先将十进制整数转换为十六进制数,然后利用十六进制数和二进制数的

简单换算关系,1 位十六进制数用 4 位二进制数来取代,即可得到结果。

例 3.5　将十进制数 65 534 转换为二进制数。

　　　　　商　　　　　　　　　　　余

1)$65534 \div 16 = 4095$－－－－－－－E(14)

2)$4095 \div 16 = 255$－－－－－－－－F(15)

3)$255 \div 16 = 15$－－－－－－－－F(15)

　　　　　　　　　15－－－－－－－－F(15)

65 534 = $(FFFE)_{16}$ = $(1111\ 1111\ 1111\ 1110)_2$

例 3.6　将十进制数 100 转换为二进制数。

1)$(100)_{10} \div 16 = (64)_{16}$

2)$(64)_{16} = (0110\ 0100)_2$

当要将一个二进制数转换为十进制数时,也可先将 4 位二进制数用 1 位十六进制数代替,二进制数不够 4 位时,前面加 0,然后将此十六进制数各位乘权相加即可。

例 3.7　将二进制数$(1111\ 1111\ 1111\ 1111)_2$转换为十进制数。

1)$(1111\ 1111\ 1111\ 1111)_2 = (FFFF)_{16}$

2)各位乘权相加:$15 \times 16 + 15 \times 16 + 15 \times 16 + 15 \times 16 = (65\ 535)_{10}$

例 3.8　将二进制数$(1111\ 1111\ 1111\ 1100)_2$转换为十进制数。

1)$(1111\ 1111\ 1111\ 1100)_2 = (FFFC)_{16}$

2)各位乘权相加:$12 \times 16 + 15 \times 16 + 15 \times 16 + 15 \times 16 = (65\ 532)_{10}$

3.3　位、字节、字和字长

计算机中的信息是用二进制表示的,那么反映这些二进制信息的量有位、字节、字和字长等指标。

3.3.1　位

计算机中的存储信息是由许多个电子线路单元组成的,每一个电子线路单元称为一位(Bit)。它有两个稳定的工作状态,分别以"0"和"1"表示。位是计算机中最小的数据单位。两个二进制位可表示 4 种状态:00、0、10、11。n 个二进制位可以表示 2^n 种状态。

3.3.2　字节

在计算机中,8 位二进制数称为一个字节(Byte,简写为 B),构成一个字节的 8 位被看作一个整体。它是计算机存储信息的基本单位,也是计算机存储空间大小的基本容量单位。计算机存储信息的容量单位还有千字节(KB)、兆字节(MB)、吉字节(GB)和太字节(TB)等。

$1KB = 1024B = 2^{10}B$　　$1MB = 1024KB = 2^{20}B$

$1GB = 1024MB = 2^{30}B$　　$1TB = 1024GB = 2^{40}B$

3.3.3　字

若干个字节组成一个字(Word)。一个字可以存放一条计算机指令或一个数据。

3.3.4 字长

CPU 内每个字可包含的二进制数据的长度称为字长。它是计算机存储、传送、处理数据的信息单位,是衡量和比较计算机的功能精确度及运算速度的主要性能指标之一。字长越长,在相同时间内就能传送越多的信息,从而使计算机的运算速度更快、寻址空间更大、内存储器容量更大、计算机支持的指令数量更丰富。早期微机的字长为 8 位(1 个字节),后来微机的字长有 16 位(2 个字节)、32 位(4 个字节)等,目前最新的微机基本都是 64 位字长。

3.4 字符的二进制编码

在计算机中对非数值信息(如文字、符号、图形、图像、语音、音乐等)进行处理时,先要对这些非数值信息进行数值化处理。西文是由拉丁字母、数字、标点符号及一些特殊符号所组成的,它们统称为字符。所有字符的集合称为字符集。字符集中每一个字符都有一个二进制编码,因此构成了字符集的编码表。目前计算机中使用最广泛的西文字符集及其编码是美国信息交换标准代码(American Standard Code for Information Interchange,ASCII)。

3.4.1 基本 ASCII 码

国际上通用的是 ASCII 码的 7 位版本,7 位版本的 ASCII 码有 128 个元素,只需要用 7 个二进制位($2^7 = 128$)表示,其中包括 10 个数字、26 个小写字母、26 个大写字母、运算符号、标点符号及 34 个控制符号。标准 ASCII 码字符编码见表 3-2。

表 3-2 标准 ASCII 码字符编码表

b6b5b4 / b3b2b1b0	000	001	010	011	100	101	110	111
0000	NUL	DLE	SP	0	@	P	、	p
0001	SOH	DC1	!	1	A	Q	a	q
0010	STX	DC2	"	2	B	R	b	r
0011	ETX	DC3	#	3	C	S	c	s
0100	EOT	DC4	$	4	D	T	d	t
0101	ENQ	NAK	%	5	E	U	e	u
0110	ACK	SYN	&	6	F	V	f	v
0111	BEL	ETB	'	7	G	W	g	w
1000	BS	CAN	(	8	H	X	h	x
1001	HT	EM	)	9	I	Y	i	y
1010	LF	SUB	*	:	J	Z	j	z
1011	VT	ESC	+	;	K	\[	k	{

b6b5b4 b3b2b1b0	000	001	010	011	100	101	110	111
1100	FF	FS	,	<	L	\	l	|
1101	CR	GS	—	=	M	\]	m	}
1110	SO	RS	.	>	N	^	n	~
1111	SI	US	/	?	O	_	o	DEL

　　虽然 ASCII 码采用 7 位编码,但由于字节是计算机的基本处理单元,故一般仍以 1 个字节来存放 1 个 ASCII 码字符。每个字节中多出的 1 位(最高位),在计算机内部一般保持为 0 或在编码传输中用作奇偶校验位。

　　表 3-2 列出了全部 128 个字符的 ASCII 码,第 000 列和第 001 列共 32 个字符称为控制字符,它们在传输、打印或显示输出时起控制作用。第 010 列~第 111 列(共 6 列)共有 96 个可打印或显示的字符,称为图形字符。这些字符有确定的结构形状,可在显示器或打印机等输出设备上输出。它们在计算机键盘上能找到相应的键,按键后就可将对应字符的二进制编码送入计算机内。

3.4.2　扩展 ASCII 码

　　ASCII 码的 8 位二进制数的最高位(最左边一位)为数字 1 的称为扩展 ASCII 码,扩展部分的范围为 128~255,代表 128 个扩展字符。8 位 ASCII 码总共代表 256 个字符。其扩展部分(128~255)在不同的计算机上可能会有不同的字符定义。例如,中国把 ASCII 码扩展部分作为汉字的编码。

3.5　汉字编码

　　汉字也是字符,与西文字符相比,汉字数量大,字形复杂,同音字多,这给汉字在计算机中的输入、输出、存储和传输带来了一系列问题。为了能直接使用标准键盘输入汉字,必须为汉字设计相应的编码。

3.5.1　汉字信息交换码

　　经过对汉字使用频度的研究,可把汉字划分为高频字(约 100 个)、常用字(约 3000 个)、次常用字(约 4000 个)、罕见字(约 8000 个)和"死"字(约 45 000 个)。

　　在字频统计的基础上,参照有关国际标准,我国于 1980 年颁布了《信息交换用汉字编码字符集 基本集》(GB/T 2312—1980),是我国规定的用于汉字信息处理的代码依据。在《信息交换用汉字编码字符集 基本集》的字符集中把高频字、常用字和次常用字归结为汉字基本集(共 6763 个),再按出现的频度分为一级汉字 3755 个(按拼音排序)和二级汉字 3008 个(按偏旁部首排序)。这样一级、二级汉字占累计使用频度的 99.99% 以上。汉字基本集中还包括西文字母、日文假名、俄文字母、数字及一些特殊的图符记号,这些字母、符号和汉字组成一个 94×94 的矩阵,如图 3-1 所示。

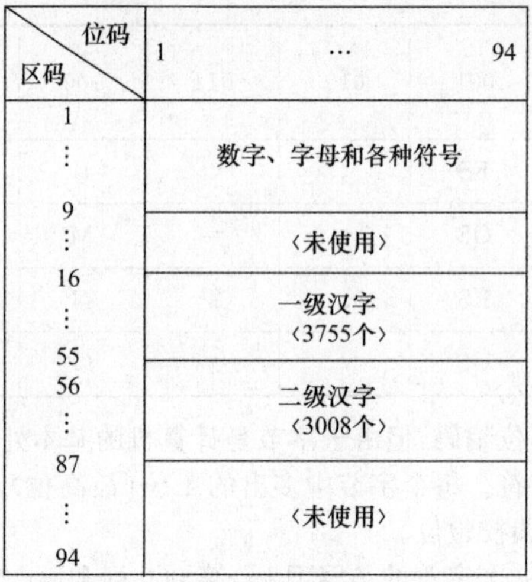

图 3-1　国标码矩阵

在此矩阵中,每一行称为一个区(区码为 1~94),每一列称为一个位(位码为 1~94),编码表分成 94 个区,每区 94 位。每个字符采用 2 个字节(高位为 0)表示,区编号为第一个字节,位编号为第二个字节。第一个字节的 21H 开始为第 1 区,7EH 结束为第 94 区;第二个字节的 21H 开始为第 1 位,7EH 结束为第 94 位。整个编码空间达 8836 个字符位置,汉字从第 16 区开始,一个字符的区码和位码表示该字符在编码空间中的位置,两者可组合成该字符的国标区位码(简称区位码)。

每一个汉字或字符与区位码是一一对应的,而两个字节均从 21H 开始的编码称为汉字信息交换码,简称国标码,这样就存在区位码和国标码之间的转换。转换的具体方法是:将一个汉字的十进制区号和十进制位号分别转换成十六进制数,然后分别加上 20H,就成为此汉字的国标码,即字符的国标码＝字符的区位码＋2020H。

例如:16 区第 1 位所对应的汉字"啊",其区位码为 1001H,其国标码为 3021H。

▶ 3.5.2　汉字内码

国标码实际上是用 2 个字节的各 7 位二进制代码来表示的,而西文字符是用一个字节来表示的。因此,为了解决在计算机内部如何表示汉字与西文字符的问题,引进了汉字内部码(或称汉字内码)。目前,计算机采用的汉字内码绝大部分采用高位为 1 的两字节码,即把某汉字的国标码的第一、二字节的最高位均置 1,就是该汉字的机内码(简称内码),即汉字机内码＝汉字国标码＋8080H。

例如:汉字"啊",其国标码为 3021H,其机内码为 B0A1H。

由于《信息交换用汉字编码字符集 基本集》为简体字,且字数不多,因此对于中医药管理、古籍管理和户籍管理等领域的计算机处理就显得不足。为此我国又先后推出了多个汉字编码辅助集,即《信息交换用汉字编码字符集 辅助集》(GB/T 12345—1990)、《信息交换用汉字编码字符集 第三辅助集》(GB/T 7589—1987)和《信息交换用汉字编码字符集 第五辅助集》(GB/T 7590—1987)。

3.5.3 汉字输入码

汉字也是字符,但它比西文字符量多且复杂,给计算机处理带来了困难。汉字处理技术首先要解决的是汉字输入、输出及计算机内部的编码问题。根据汉字处理过程中的不同要求,有多种编码形式,主要可分为4类:汉字输入码、汉字交换码、汉字机内码和汉字字形码。

汉字输入码的作用是让用户能直接使用西文键盘输入汉字。

1)汉字输入码必须具有易学、易记、易用的特点,且编码与汉字的对应性要好。因而,汉字输入码的产生往往都结合了汉字某一方面的特点,如读音、字形等。由于产生编码时兼顾的汉字特点不同,所以汉字输入码编码方案也有多种,通常将其分为如下4类:

①流水码:根据汉字的排列顺序形成汉字编码,如区位码、国标码、电报码等。

②音码:根据汉字的"音"形成汉字编码,如全拼码、双拼码、简拼码等。

③形码:根据汉字的"形"形成汉字编码,如王码、郑码、大众码等。

④音形码:根据汉字的"音"和"形"形成汉字编码,如表形码、钱码、智能 ABC 等。

2)汉字交换码是指在汉字信息处理系统之间或汉字信息处理系统与通信系统之间进行汉字信息交换时所使用的编码。设计汉字交换码编码体系时应该考虑到被编码的字符个数尽量多,编码的长度尽可能短,编码具有唯一性,码制的转换尽可能方便。

我国已发布的汉字交换码标准以及与此有关的字符集标准有:《信息技术 交换用七位编码字符集》(GB/T 1988—1998)、《信息技术 字符代码结构与扩充技术》(GB/T 2311—2000)、《信息交换用汉字编码字符集 基本集》(GB/T 2312—1980)。

3)汉字字形码用在显示或打印输出汉字时产生的字形,这类编码是通过点阵形式产生的。不论汉字的笔画多少,都可以在同样大小的方块中书写,从而把方块分割为许多小方块,组成一个点阵,每个小方块就是点阵中的一个点,即二进制的一个位,每个点由"0"和"1"表示"白"和"黑"两种颜色。这样就得到了字模点阵的汉字字形,如图3-2所示。

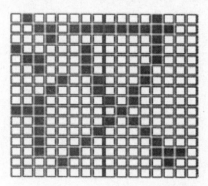

图 3-2 字模点阵汉字字形

目前计算机上显示使用的汉字字形大多采用 16×16 点阵,这样每个汉字的汉字字形码要占 32 个字节(16×16÷8),书写时常用十六进制表示。而打印使用的汉字字形大多为 24×24 点阵,即一个汉字要占用 72 个字节,更为精确的还有 32×32 点阵和 48×48 点阵等。点阵的密度越大,汉字输出的质量也就越好。

有了汉字字形码,计算机就能够将输入的汉字编码在统一成汉字内码存储后,在输出时将它还原成汉字。一个汉字信息处理系统具有的所有汉字字形码的集合构成了该系统的汉字库。

4）各种汉字编码的关系。从汉字编码转换的角度，图 3-3 显示了 4 种编码之间的关系，其间都需要通过各自的转换程序来实现。

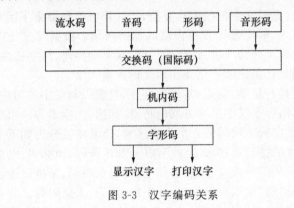

图 3-3　汉字编码关系

第4章　Windows 7 操作与应用

操作系统(Operating System)是计算机系统中最重要的系统软件,是整个计算机系统的控制中心,管理着计算机的所有资源。它的设计思想就是要充分利用计算机的资源,最大限度地发挥计算机各部分的作用。因此,要熟练使用计算机的操作系统,首先需要了解操作系统的基本概念。

Windows 7 集安全技术、可靠性和管理功能及即插即用功能、简易用户界面和创新支持服务等各种功能于一身,是一款非常优秀的操作系统。其特性具有系统运行速度快、智能化的窗口缩放功能、更具个性化的桌面和任务栏设计、无处不在的搜索框、超强的软硬件兼容性以及实用的 Windows XP 模式。因此,Windows 7 能够使用户在工作生活中方便地交流,提高效率。

4.1　操作系统概述

在计算机系统中,处理器、内存、磁盘、网卡等硬件资源通过主板连接构成了看得见、摸得着的计算机硬件系统。为了能使这些硬件资源高效地、尽可能并行地供用户程序使用,同时,为了给用户提供使用这些硬件的通用方法,必须为计算机配备操作系统软件。

在计算机系统中,操作系统位于硬件和用户之间,一方面它能向用户提供接口,方便用户使用;另一方面它能管理计算机软硬件资源,并充分合理地利用这些资源。正是因为有了操作系统,用户才可能在不了解计算机内部构造及原理的情况下,方便自如地使用计算机。

4.1.1　操作系统的概念

计算机系统可以看作由硬件和软件按层次结构组成的系统,如图 4-1 所示。

硬件系统是指构成计算机系统所必须配置的硬件设备。现代计算机硬件系统一般都包含一个或多个处理器、内存、磁盘驱动器、光盘驱动器、打印机、鼠标、键盘、显示器、网络接口及其他输入/输出设备。计算机硬件系统构成了计算机本身和用户作业赖以活动的物质基础。只有硬件系统而无软件系统的计算机称为"裸机"。只有安装了操作系统的计算机才能进行信息处理。

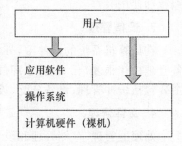

图 4-1　计算机系统组成

软件系统是一个为计算机系统配置的程序和数据的集合。软件系统有应用软件和系统软件之分。应用软件是为解决某一具体应用问题而开发的软件,如财务软件、字处理软件等;系统软件是专门为计算机系统所配置的,如操作系统、各种语言处理程序等。操作系统是以硬件为基础的系统软件,并提供了相应的接口,各种应用软件都是在操作系统的基础上开发出来的。用户可以使用各种程序设计语言,在操作系统的支持下,编写并运行满足自己需要的各种应用程序。

由此可见,操作系统的工作就是管理计算机的硬件资源和软件资源,并组织用户尽可能方便地使用这些资源。操作系统是软、硬件资源的控制中心,它以尽量合理有效的方法组织用户共享计算机的各种资源。

4.1.2 操作系统的功能

从资源管理的角度来说,操作系统是一组资源管理模块的集合,每个模块完成一种特定的功能,主要功能有处理器管理、存储管理、设备管理、文件管理、作业管理和用户接口管理。

1. 处理器管理

在多道程序或多用户的环境下,要组织多个作业同时运行,就要解决处理器管理的问题。处理器管理的目的是让处理器有条不紊地工作并得到充分利用,同时使各道程序的需求也能够得到满足。处理器是计算机系统中最重要的资源,所以对处理器的管理也是操作系统中最重要的管理。

为了实现处理器管理的功能,操作系统引入了进程(Process)的概念,处理器的分配和运行都是以进程为基本单位的,因而对处理器的管理可归结为对进程的管理。进程管理包括进程控制、进程同步、进程通信、进程调度等。随着并行处理技术的发展,为了进一步提高计算机系统的并行性,操作系统又引入了线程(Thread)的概念。因此,对处理器的管理最终可归结为对进程和线程的管理。

2. 存储管理

存储管理是指操作系统对计算机系统内存的管理,其主要任务是为多道程序的运行提供良好的环境,方便用户使用存储器,并提高内存的利用率。存储管理的主要功能包括存储分配、存储保护、地址映射、存储扩充。

存储分配:根据用户需要把程序或存储资源分配到指定存储单元的过程。

存储保护:把各个用户程序相互隔离起来互不干扰,保护用户程序存放在存储器中的信息不被破坏。

地址映射:为了保证处理器执行指令时可正确地访问存储单元,需要将用户程序中的逻辑地址转换为运行时由其直接寻址的物理地址。

存储扩充:从逻辑上扩充存储器,为用户提供一个比内存更大的存储空间,方便用户的编程和使用。

3. 设备管理

在计算机系统的硬件中,外部设备种类繁多,物理特性相差很大。因此,操作系统的设备管理往往很复杂。设备管理的主要任务是对计算机系统内的所有设备实施有效的管理,主要包括缓冲管理、设备分配、设备处理、设备传输控制、设备独立性和虚拟设备等。

4. 文件管理

处理器管理、存储管理和设备管理都属于硬件资源的管理。对系统信息资源的管理称为文件管理。现代计算机系统总是把程序和数据以文件的形式存储在存储器(如磁盘、光盘、磁带等)中供用户使用。因此,操作系统必须具有文件管理功能。文件管理的主要任务是对用户文件和系统文件进行有效管理,按名存取并保证文件的安全性;实现文件的共享、保护和保密;提供一套能方便使用文件的操作和命令。文件管理包括文件存储空间的管理、目录管理、文件存取控制及文件保护等。

5. 作业管理

作业管理是反映用户在一次计算或数据处理中要求计算机所做的工作集合。作业管理的主要任务是作业调度和控制。

6. 用户接口管理

提供方便、友好的用户界面,使用户无须了解过多的软硬件细节就能方便灵活地使用计算机。操作系统通常以两种接口方式提供给用户使用,分别是命令接口和程序接口。

4.1.3 操作系统的分类

不同的硬件结构,尤其是不同的应用环境,应有不同类型的操作系统,以实现不同的目标。根据操作系统在用户界面的使用环境和功能特征的不同,操作系统一般可分为3种基本类型,即批处理操作系统、分时操作系统和实时操作系统。随着计算机体系结构的发展,又出现了许多其他类型的操作系统,如嵌入式操作系统、个人计算机操作系统、网络操作系统和分布式操作系统。

1. 批处理操作系统

批处理(Batch Processing)操作系统的基本特征是批量处理,其主要工作方式是:用户将作业交给系统操作员,系统操作员将许多用户的作业组成一批作业,之后输入计算机中,在系统中形成一个自动转接的、连续的作业流,然后启动操作系统,系统自动执行每个作业,最后由操作员将作业结果交给用户。

批处理操作系统又可分为单道批处理操作系统和多道批处理操作系统两大类,前者比较简单,类似于单用户操作系统。

2. 分时操作系统

分时(Time Sharing)操作系统的工作方式是:一台主机连接了若干个终端,每个终端由一个用户使用;用户向系统提出命令请求,系统接收每个用户的命令,采用时间片轮转方式处理服务请求,并通过交互方式在终端上向用户显示结果;用户根据上一步的处理结果发出下一道命令。在这种系统中,各终端用户可以独立地工作而不互相干扰,宏观上好像每个终端独占处理器资源,而微观上是各终端对处理器的分时共享。

分时操作系统侧重于及时性和交互性,比较典型的分时操作系统有 UNIX、XENIX 等。

3. 实时操作系统

实时操作系统(Real Time Operating System,RTOS)是使计算机能及时响应外部事件的请求,在严格规定的时间内完成对该事件的处理,并控制所有实时设备和实时任务协调一致地工作的系统软件。实时操作系统大都具有专用性,种类多,用途各异,其主要目标是在严格的时间范围内对外部请求做出反应,具有高可靠性和完整性,多用于生产过程控制和事务处理。

4. 嵌入式操作系统

嵌入式操作系统(Embedded Operating System)是运行在嵌入式系统环境中,对整个嵌入式系统以及由它所操作、控制的各种部件装置等资源进行统一协调、调度、指挥和控制的系统软件。

5. 个人计算机操作系统

个人计算机操作系统是一种单用户多任务的操作系统。个人计算机操作系统主要供个人使用,功能强、价格便宜,可以在几乎任何计算机上安装使用。个人计算机操作系统的主要特点是:计算机在某一时间内为单个用户服务;采用图形界面进行人机交互,界面友好;使用方便,用户无须专门学习也能熟练操作计算机。

6. 网络操作系统

网络操作系统是基于计算机网络,在各种计算机操作系统上按网络体系结构协议标准开发,管理一台或多台主机的软硬件资源,支持网络通信,并且提供网络服务的系统软件。它包括网络管理、通信安全、资源共享和各种网络应用。其目标是实现网络通信及资源共享。

7. 分布式操作系统

通过高速互联网络将多台计算机连接起来形成一个统一的计算机系统,可以获得极高的运算能力及广泛的数据共享,这种系统称为分布式系统(Distributed System)。运行于分布式系统中的操作系统称为分布式操作系统。引入分布式系统的主要目的是增强系统的处理能力,提高系统的可靠性。

4.1.4 常用操作系统介绍

目前常见的操作系统有 Windows、UNIX 和 Linux。

1. Windows 系列

Windows 是一种基于图形界面的操作系统,用户可通过鼠标来执行一系列的操作。Windows 操作系统版本较多,目前最新的版本是 Windows 10。此外,随着计算机技术的发展,Windows 也发展出了专门用于服务器和掌上电脑的版本。由于使用了风格统一的图形界面,各个版本的 Windows 的操作方法大同小异。

2. UNIX 概述

UNIX 是一种多用户操作系统,是目前除 Linux 和 Windows 以外的三大主流操作系统之一。它 1969 年诞生于贝尔实验室,因其简洁、易于移植等特点而很快得到关注、发展和普及。除了贝尔实验室的 UNIX 版本外,UNIX 还有大量变种,如 SUN Solaris、IBM AIX 和 HP UX 等。

3. Linux

Linux 是一个多用户操作系统,它提供 UNIX 的界面,但内部实现完全不同。它是一个自由软件,免费且源代码开放。

Linux 被许多公司和 Internet 服务提供商用于 Internet 网页服务器或电子邮件服务器,并已开始在很多企业计算领域中大显身手。

4.2 Windows 7 概述

Windows 7 除了具有用户界面良好新颖、菜单简化、使用简单等优点外,还使个人计算机桌面的使用变得更加个性化。它不仅具备更人性化的用户账号控制(UAC)、超强的软件兼容性,而且具有更好的可信任性和安全性。

4.2.1 Windows 7 的新特性

Windows 7 的新技术和新功能主要体现在以下方面:

1. 个性化的桌面

在 Windows 7 中,用户能够对自己的桌面进行更多操作和个性化设置。Windows 7 通过自定义主题、桌面背景、桌面幻灯片等功能，可以让用户轻松地表现自我。Windows 7 个性化库提供了新的下载资源，用户可以下载更多有趣内容，为自己的计算机赋予个性化风格。其一，Windows Vista 中的侧边栏被取消，原来依附在侧边栏中的各种小插件现在可由用户自由放置在桌面的任何角落，释放了更多桌面空间，视觉效果也更加直观。其二，Windows 7 内置主题是整体风格的统一，可根据用户喜好来定义壁纸、面板调色等。

2. 系统运行更加快速

Windows 7 不仅在系统启动时间上进行了大幅改进，而且对从休眠模式唤醒系统的速度也进行了改善，是一款反应更加快速、令人神清气爽的操作系统。

Windows 7 带来了重大的性能改进，占用更少内存，并且后台服务只在需要时才会运行。这样可以更快地运行用户的程序，并能更迅速地休眠、恢复和重新连接到无线网络。

3. 无微不至的帮助与技术支持

选择"开始"菜单中的"帮助和支持"命令，用户可在打开窗口的搜索栏中输入要查找的内容，很容易就可找到所需的帮助信息，其中有许多常见问题的实际解决方法和步骤。此外，通过联机帮助，用户还可在 Microsoft 公司的相关网站中寻求解决方法。

Windows 7 诊断工具为 Sysinternals Process Monitor，旨在记录进程相关信息。用户可以通过一些详细的信息来准确洞察应用程序的活动状态。命令行工具（如 Netdom 和 IPconfig）可以帮助用户以简单直接的方式收集系统信息或者进行故障检测。使用内存诊断程序能快速检测内存状态，在"管理工具"窗口中双击"Windows 内存诊断"选项，即可启动该程序。

4. 无缝的多媒体体验

Windows 7 远程媒体流控制功能支持从家庭以外的 Windows 7 个人计算机安全地远程访问家里 Windows 7 计算机中的数字媒体中心。Windows 7 中强大的综合娱乐平台和媒体库——Windows Media Center，不但可以让用户轻松管理计算机硬盘上的音乐、图片和视频，它更是一款可定制的个人电视。只要将计算机与网络连接或者插上一块电视卡，就可以随时享受 Windows Media Center 上丰富多彩的互联网视频。

Device Stage 是 Windows 7 中的全新功能，其作用类似于便携式音乐播放器、智能手机和打印机等设备的主页。在计算机中插入兼容设备时，您将看到一个菜单，上面显示类似电池使用时间、可下载的照片数以及打印选项等相关信息和常见任务。

Windows 7 使用 Windows Media Player 12 中的新功能，您可以在家中或城镇区域内欣赏您的媒体库。播放到功能可以让您以媒体流方式将音乐、视频和照片从您的计算机传输到立体声设备或电视上（可能需要其他硬件）。它让用户可以方便地在任何图像处理软件中直接获取数码相机或扫描仪中的图片资源，图片的存放位置对用户来说几乎是透明的，使用"扫描仪和相机向导"可以使用户方便地将图片下载到硬盘上的指定目录中，并可对图片进行编辑，最后输出或发布到互联网上。如果 Windows Image Acquisition（WIA）服务未开启，也可能导致不能正常打开照相机应用程序。

5. 全面革新的用户安全性机制

Windows 7 沿用了 Windows Vista 的用户账户控制功能。虽然它能够提供更高级别的安全保障，但是频繁弹出的提示对话框让一些用户感到不便。Windows 7 在此基础上做了一定的扩展，不仅大幅降低了提示对话框出现的频率，用户在设置方面还将拥有更大的自由度。而 Windows 7 自带的 Internet Explorer 8 也在安全性方面较之前版本提升了不少,诸如 SmartScreen Filter、InPrivate Browsing 和域名高亮等新功能让用户在互联网上能够更有效地保障自己的安全。用户可借助加密文件系统对自己的重要文件进行加密,其他登录同一台机器的用户是打不开这些加密文件的。但要使用这项加密功能,存放待加密文件的分区必须是 NTFS 格式的。

Windows 7 为防止恶意性的黑客入侵,加入了 Internet 连接防火墙,进行动态数据包筛选,禁止所有源自 Internet 的未经要求的连接,从而保护了联网机器的资源不被非法访问和删改。Windows 7 中的软件限制策略为隔离和使用不受信任、有潜在危险的代码提供了一个透明的方法,使用户免遭通过电子邮件和 Internet 传播的各类病毒、特洛伊木马程序或蠕虫病毒的威胁。

6. 强大的系统还原性和兼容性

Windows 7 在发生重大系统事件(如安装应用程序或驱动程序)时能够自动创建还原点,当系统出现问题后,允许用户将计算机还原到出现问题之前的状态(也就是先前创建的还原点处)。当然,用户也可以在任何时候创建和命名自己的还原点。

Windows 7 兼容 Windows XP 及 Windows 2000 下运行的几乎所有应用程序,只有防病毒程序、系统工具和备份应用程序除外(这些程序的制造商会提供相应的更新程序)。

4.2.2 Windows 7 的启动、睡眠和退出

Windows 7 系统的启动、睡眠和退出与其他版本的 Windows 不同。这是因为 Windows 7 是多用户操作系统,允许多个用户同时登录一台计算机。虽然在同一时刻只有一个用户能够使用计算机,但登录 Windows 7 的所有用户都可以运行程序,Windows 7 在切换了用户后,原来的用户仍然在执行任务。即在 Windows 7 操作系统下,多用户可以同时使用计算机资源。

1. Windows 7 系统的启动

按下主机上的电源按钮,即可启动安装了 Windows 7 系统的计算机。在计算机正常执行硬件测试后,系统出现欢迎界面。

第一种情况:如果系统没有创建计算机系统管理员用户,则无须进行任何操作,就会直接进入 Windows 7 桌面,完成系统的启动。第二种情况:如果系统创建了系统管理员用户,而且是多用户,启动过程中将出现如图 4-2 所示的画面,这时需要选择用户,并输入用户名和密码,然后系统会进入指定的用户桌面,完成系统的启动。

图 4-2 Windows 7 启动状态

2. Windows 7 系统的睡眠

Windows 7 的睡眠功能能够以最小的能耗保证计算机处于锁定状态。从"睡眠"状态恢复到正常模式不需要按主机的电源按钮,启动速度比"休眠"更快,即使在"睡眠"时供电出现异常,内存中丢失的数据还可以在硬盘上恢复。让计算机睡眠的具体操作步骤为:单击"开始"按钮 ,弹出"开始"菜单,单击"关机"右侧的 按钮,在弹出的"关机选项"列表中选择"睡眠"命令。

3. Windows 7 系统的退出

退出是指结束 Windows 7 系统的运行,使计算机处于待机状态或重新启动计算机或关机。使用完 Windows 7 后,必须正确退出系统,而不能直接在 Windows 7 仍运行时直接关闭,以避免直接关闭计算机电源可能出现的文件未保存或系统紊乱等问题。正确的关机步骤如下:

1)关闭所有程序文档和窗口,如果用户忘记关闭,系统会自动提示用户是否取消关机。

2)单击"开始"按钮 ,弹出"开始"菜单,将鼠标移动到"关机"按钮处,单击"关机"按钮,可关闭 Windows 7,如图 4-3 所示。

搜索框 ———— 关闭选项按钮

图 4-3 "关机"按钮

用户在使用计算机的过程中,如果遇到突然"死机""花屏""黑屏"等情况,无法通过"开始"菜单将计算机正常关闭,此时用户需要按下主机箱电源按钮并持续一段时间,直到计算机关闭,然后将显示器的电源关闭。

4.2.3 帮助系统

Windows 7 帮助系统提供系统帮助、疑难解答和联机帮助等,是学习和掌握 Windows 7 操作系统的重要工具和手段。Windows 7 帮助系统以搜寻主题或关键字的方式快速、方便地获得帮助信息,即从中选择一个帮助主题,并输入相应的关键字,便可快速得到相应的帮助信息。

4.3 Windows 7 的界面与基本操作

进入 Windows 7 系统后,出现在屏幕上的是用户操作计算机的工作界面,称为桌面。桌面是用户与计算机进行交流的窗口界面。

4.3.1 鼠标与键盘的操作

Windows 7 是图形操作系统,其大部分操作是用鼠标来完成的,当然也会使用键盘进行操作。

1. 鼠标的使用

鼠标是 Windows 环境下最常用的定位设备。普通鼠标是一种带有两键或三键的输入设备。当移动鼠标时,屏幕上会有一个小的图形跟着同步移动,这个小的图形称为鼠标指针。

（1）鼠标的基本操作

在 Windows 操作系统中，无论是 Windows 操作系统本身还是 Windows 下的应用程序，鼠标的操作都非常相似。Windows 环境下鼠标的基本操作见表 4-1。

表 4-1　鼠标的基本操作

操作	功能
移动	移动鼠标，鼠标指针将随着鼠标的移动而移动
指向	将鼠标移动到所要操作的对象上，若停留片刻，屏幕上会显示当前对象的功能解释信息
单击	将鼠标指向操作对象，按下鼠标左键，一般用于选中对象
右击	将鼠标指向操作对象，按下鼠标右键，打开所选对象的快捷菜单
双击	快速连续按下鼠标左键两次，用于运行程序或打开对象
左键拖动	按住左键拖动鼠标，常用于所选对象的复制和移动
右键拖动	按住右键拖动鼠标，常用于所选对象的复制、移动和创建快捷方式

（2）鼠标指针的形状及其含义

通常情况下，鼠标指针的形状是一个小箭头，它会随着所在位置的不同而发生变化，指针形状的变化代表着可以进行相应的操作。鼠标指针的形状及其含义见表 4-2。在 Windows 操作系统中，鼠标和键盘可以配合操作来实现不同的功能。与鼠标一起操作的键主要有 Ctrl、Alt 和 Shift 等，当鼠标与这些键同时使用时，鼠标指针会呈现特殊的形状。例如，在鼠标指针的右下角出现加号，代表目前的操作是复制性质的操作。

表 4-2　鼠标指针的形状及其含义

指针形状	形状说明	含义
⮭	箭头指针	表示鼠标处于闲置状态，随时可执行任务
⮭?	帮助指针	单击对话框问号按钮后的鼠标指针形状，此时单击某个对象，可显示关于该对象的解释说明
⮭⧖	后台运行	表示系统正在执行任务，但还可以执行其他任务
⧖	忙	表示系统正在执行任务，暂时不能执行其他任务
I	选定文本	表示鼠标指针处可进行字符操作
↕	垂直调整	指向窗口上、下边框时的鼠标指针形状，拖动鼠标可改变窗口高度
↔	水平调整	指向窗口左、右边框时的鼠标指针形状，拖动鼠标可改变窗口宽度
↖ ↗	沿对角线调整	指向窗口四角时的鼠标指针形状，拖动鼠标可同时改变窗口的高度和宽度
✥	移动对象	表示此时移动鼠标可移动所选对象
☝	链接选择	表示单击该对象可打开相应的链接

需要说明的是，鼠标指针的形状很多，用户应该在操作过程中关注鼠标指针形状的改变，这样可提高工作效率。此外，同一种操作会因操作的对象不同而产生不同的结果。

2. 键盘的使用

在 Windows 系统中，利用键盘也可以完成对 Windows 系统的操作。键盘上每一个键的功能没有统一的规定，是由应用程序自己定义的，但是大部分应用程序对部分键的定义是相同或类似的，如 F1 键通常用于打开帮助窗口。

键盘上还有两个专为 Windows 操作系统设计的专用键，即▦键和▦键。前者用于打开选中对象的快捷菜单，相当于右击。后者用于打开"开始"菜单，相当于单击"开始"按钮。在 Windows 7 中，该键可以与某些键组合成为快捷键，以实现一定的功能。利用键盘可以实现 Windows 7 提供的一切操作功能，掌握表 4-3 中的基本快捷键，可以加快操作速度。

表 4-3　Windows 常用按键（快捷键）及其功能

按键	功能	按键	功能
▦	打开或关闭"开始"菜单	▦+R	打开"运行"对话框
▦+D	显示桌面	▦+Break	打开"系统"窗口
▦+E	打开"计算机"窗口	▦+M	最小化所有窗口
F1	显示帮助信息	Esc	取消当前任务
F2	文件或文件夹重命名	Delete	删除选中的对象
Alt 或 F10	激活当前应用程序的菜单	Shift+Delete	永久删除选中的对象
Alt+F4	关闭当前活动窗口或应用程序	Ctrl+C	将选中的对象复制到剪贴板
Ctrl+F4	关闭当前文档	Ctrl+X	将选中的对象剪切到剪贴板
Alt+Tab	切换任务	Ctrl+V	将剪贴板中的内容复制到当前位置
Alt+Esc	切换窗口	Ctrl+Z	撤销上一次操作
Alt+Space	打开当前活动窗口的控制菜单	Ctrl+Space	中英文输入法之间的切换
Alt+Enter	打开选中对象的属性对话框	Ctrl+Shift	各种输入法之间的切换
Ctrl+Esc	打开"开始"菜单	Shift+Space	全角/半角之间的切换

4.3.2　桌面的组成

启动 Windows 7 后，首先出现的是 Windows 7 桌面，系统称为 Desktop。Windows 7 的所有操作都是从桌面开始的。桌面上可以放置用户经常使用的应用程序、文件和文件夹的图标，双击图标就能快速启动相应的程序和文件。桌面由桌面图标、"开始"按钮、任务栏和桌面背景等组成，如图 4-4 所示。

图 4-4　Windows 7 桌面

1. 桌面图标

桌面上的每一个图标代表一个对象,一个图标的图形含义是给用户提供一条理解该图标所代表的内容的直观线索。这些图标有些是由系统提供的,有些是由用户设定添加的。因此桌面图标分为系统图标、快捷图标、文件夹图标及文件图标等。

(1)系统图标

系统图标是指安装完成并启动 Windows 7 后,系统自动加载到桌面上的图标,主要有用户文件夹、"计算机"、"网络"、"回收站"等。

1)用户文件夹:一个桌面文件夹,主要用来存放和管理用户文档和数据(包括图片文件和音乐文件)。该文件夹是 Windows 7 及其应用程序用于保存文档和数据的默认文件夹,其中通常包含"我的文档""我的图片""我的视频"和"我的音乐"等多个子文件夹。

2)计算机:包含用户正在使用的计算机内置的所有资源,是浏览和使用计算机资源的快捷途径,它显示的窗口其实就是"资源管理器"窗口。双击"计算机"图标可打开其窗口,其中显示硬盘、移动存储设备等。

3)网络:双击"网络"图标可打开其窗口,用户可以浏览和使用具有使用权的计算机的共享资源,以及浏览网络设备。

4)回收站:硬盘中的一块区域,用于暂时存放用户删除的硬盘上的文件或文件夹。当删除硬盘上的文件或文件夹时,它们并没有真正地从硬盘上删除,而是暂时存放在"回收站"中,仍占用硬盘空间,即逻辑删除。此时,如果用户发现是误操作,则可以在"回收站"中将其恢复。如果将文件或文件夹从"回收站"中删除或清空"回收站",则文件或文件夹将被彻底删除并释放硬盘空间,即物理删除。此时,文件或文件夹将不能再恢复。

(2)快捷图标

快捷图标是一种特殊的图标,其本身并不是具体的文件或文件夹等对象,而只是链接指针。通过快捷图标可以快速访问某个对象,即双击快捷图标可快速打开与其链接的对象。用户可以根据需要创建或删除快捷图标,删除快捷图标对其所链接的对象没有任何影响。这类图标的左下角带有一个很小的箭头,如☑。

(3)文件夹图标

文件夹图标统一用🗀图形表示,双击它即可打开文件夹来显示下一层文件夹或文件列表。如果删除文件夹图标,则会将该文件夹及其所有内容全部删除。

(4)文档图标

文档图标是对应于某个应用程序的文档文件的图标,双击它即可打开对应的应用程序及该文档文件。如果删除文档图标,则会将该文档文件删除。

2. 任务栏

Windows 7 的任务栏通常位于屏幕的底部,从左至右由"开始"按钮、快速启动按钮区、应用程序最小化区和系统通知区等组成,为用户提供了快速启动应用程序、已打开窗口的途径。

(1)"开始"按钮

"开始"按钮位于任务栏的左端,单击"开始"按钮就会弹出"开始"菜单。另外,按 Windows 键或 Ctrl+Esc 键也可以打开"开始"菜单。对计算机的所有操作都可以通过"开始"菜单进行,包括运行各种应用程序和访问系统中的所有资源。

（2）快速启动按钮区

在快速启动按钮区中显示了安装系统时自动生成的常用应用程序的快捷图标,包括"启动 Internet Explorer 浏览器""显示桌面"等,用户可以自行增删。单击其中的某个图标,可以快速打开该对象。

（3）应用程序最小化区

Windows 7 是一个支持多任务的操作系统,可以同时打开多个应用程序或窗口,并以图标的形式显示在任务栏的"应用程序最小化区"。如果其中某个图标的颜色较深,并且凹陷下去,则表示这个图标代表当前的活动窗口,而颜色较淡且凸出显示的图标表示非活动窗口。单击"应用程序最小化区"中的图标,可以进行应用程序间和窗口间的切换,即只要单击对应的图标,即可使之成为当前的活动窗口。

（4）系统提示区

系统提示区位于任务栏的右端,通常显示一些常驻内存的小工具程序,如"时钟""输入法状态指示器"等,便于用户查看和设置。此外,任务栏右侧为系统通知区,有输入法▥、声音◄、网络▤、当前日期与时间 2017/12/22 等指示器;根据计算机安装组件和系统设置的不同,具体显示信息有所变化。该区域中不经常使用的图标,系统将自动隐藏,而一旦使用就会重新显示。

3. 桌面背景

屏幕主体显示部分的图像称为桌面背景,它的作用是使屏幕美观。用户可以根据自己的喜好选择不同的图像来修饰。

4. 桌面图标的管理

桌面图标的管理主要包括创建快捷方式和文件夹图标,以及对桌面图标的排列、重命名和删除等。

（1）创建快捷方式图标

它是指在桌面上建立一个新图标对象,该对象可以是文件或文件夹、程序或磁盘等。创建快捷方式图标的方法如下:

1）右击文件或文件夹并拖动到桌面,然后释放鼠标右键,在打开的快捷菜单中选择"在当前位置创建快捷方式"命令。

2）右击桌面空白处,在打开的快捷菜单中选择"新建"命令,然后在其级联菜单中选择"快捷方式"命令来创建快捷方式图标,如图 4-5 所示。

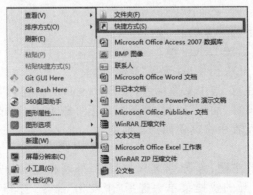

图 4-5 选择"快捷方式"命令

（2）创建文件夹图标

右击桌面空白处，打开快捷菜单，选择"新建"→"文件夹"命令。

（3）排列桌面图标

右击桌面空白处，打开快捷菜单，选择"排列方式"命令，然后在其级联菜单中选择相应的排列方式，如图 4-6 所示。

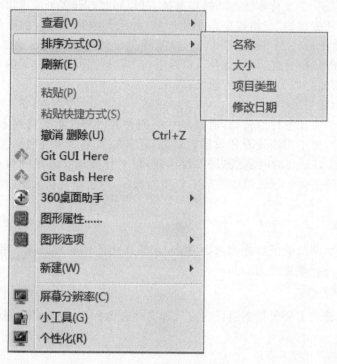

图 4-6　排列桌面图标

（4）重命名桌面图标

重命名桌面图标有如下 3 种方法：

1）单击桌面图标，按 F2 键，然后输入新的名字。

2）右击桌面图标，打开快捷菜单，选择"重命名"命令，然后输入新的名字。

3）鼠标缓慢单击桌面图标两次，然后输入新的名字。

（5）删除桌面图标

删除桌面图标有如下两种方法：

1）单击桌面图标，然后按 Delete 键。

2）右击桌面图标，打开快捷菜单，选择"删除"命令。

删除桌面图标时应注意，选中某图标后，按 Shift＋Delete 键，删除对象后不可恢复。一般情况下不应删除系统图标，而且"回收站"图标是不可删除的。如果删除了系统图标，可在"控制面板"的"个性化"设置中将其还原到桌面上。

（6）桌面属性的设置

桌面属性是指桌面的主题、背景、屏幕保护程序、外观和显示分辨率等。其设置方法是：在桌面空白处右击，在打开的快捷菜单中选择"个性化"命令，打开"个性化"窗口，如图 4-7 所示。在其中用户可根据需要进行相关调整。

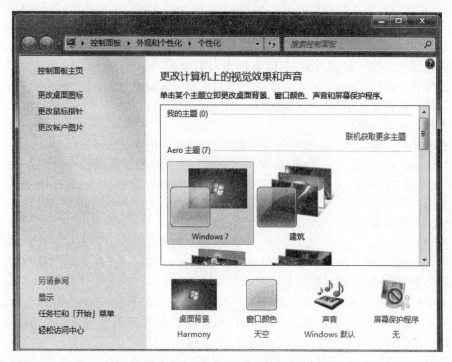

图 4-7 "个性化"窗口

5. 设置任务栏和"开始"菜单

用户可以按自己的要求和习惯自行设置任务栏和"开始"菜单。其设置方法是在任务栏的空白处右击,在打开的快捷菜单中选择"属性"命令,打开"任务栏和『开始』菜单属性"对话框。通过该对话框,用户便可自行设置任务栏和"开始"菜单,如图4-8所示。

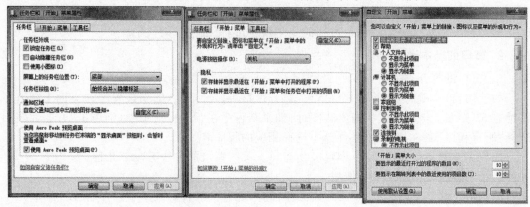

图 4-8 设置任务栏和"开始"菜单

4.3.3 窗口的操作

窗口是用户与应用程序交换信息的界面,是 Windows 7 系统最重要的组成部分。当打开文件夹或运行应用程序时,桌面上就会出现与之对应的窗口。用户可以通过窗口与正在运行的应用程序进行互动、交换数据等。

1. 窗口的基本组成

窗口分为对话窗口、应用程序窗口和文档窗口3类,无论哪一类窗口,其组成基本相同。

1)标题栏。它位于窗口的第一行,有的窗口有文字,可用于显示正在运行的窗口的名称。当窗口处于还原状态时,拖动标题栏可以在桌面上移动窗口。当打开多个窗口时,其中一个窗口的标题栏比其他窗口的标题栏显示出更亮的颜色,该窗口为当前活动窗口。注意:不是所有窗口都有标题栏。

2)控制按钮。窗口的右上角有3个控制按钮,各按钮的功能如下:

①"最小化"按钮 ▭ :单击此按钮,窗口可变成一个图标放在任务栏中。

②"最大化"按钮 ▢ :单击此按钮,可将窗口放大至整个屏幕,此时该按钮变成"向下还原"按钮 ▣ 。单击"向下还原"按钮,窗口将变回放大前的大小和位置。

③"关闭"按钮 ✕ :单击此按钮,将关闭该窗口。

3)控制菜单图标。它位于窗口的左上角,单击此图标(或按 Alt+Space 键)可弹出窗口控制菜单,通过该菜单中的命令可对窗口进行还原、移动、最小化、最大化、关闭窗口及改变窗口大小等操作。另外,双击控制菜单图标可直接关闭窗口。

4)菜单栏。它位于标题栏的下方,提供了用户在操作过程中要用到的各种命令。

5)工具栏。它位于菜单栏的下方,由图标和按钮组成,是按类别组合的图形化菜单。工具栏是执行应用程序命令的快速方式。注意:不是所有窗口都有工具栏。

6)状态栏。它位于窗口的底部,用于显示与窗口有关的状态信息或用户当前的操作信息等。

7)滚动条。当一个窗口无法完全显示全部内容时,窗口中将自动出现垂直或水平滚动条。单击滚动条上的箭头或空白处,或拖动滚动条上的滑块,可以滚动窗口,以浏览窗口内的信息。

8)编辑区或浏览区。文档或应用程序窗口有一个编辑区,供用户编辑文档,通常称为正文区。在文件夹窗口中,类似的区域称为浏览区。

9)边框。用鼠标拖动边框及边框的4个角,可以更改窗口的大小。

2. 窗口的基本操作

(1)窗口的打开与关闭

要使用窗口,就需要打开一个窗口。打开窗口有多种形式,如果该程序在桌面上建立了快捷方式,则双击该程序或快捷方式图标;如果某程序在"开始"菜单中,则单击"开始"按钮,选择"所有程序"命令,在其级联菜单中选择相应的程序名。

用户完成对窗口的操作后,即可关闭窗口。关闭窗口的方法有以下几种:

1)在标题栏上单击"关闭"按钮。

2)双击控制菜单图标;或单击控制菜单图标,在打开的控制菜单中选择"关闭"命令。

3)如果用户打开的窗口是应用程序窗口,可以在"文件"菜单中选择"退出"命令;或按 Ctrl+Alt+Delete 键,选择"启动任务管理器"命令,打开"Windows 任务管理器"对话框,选择"应用程序"选项卡中要关闭的任务,单击"结束任务"按钮,可完成窗口的关闭。

4)在任务栏上右击窗口按钮,在打开的快捷菜单中选择"关闭窗口"命令,也能关闭窗口。

(2)移动窗口

移动窗口是指当窗口非最大化或最小化时,将窗口从桌面的一处移动到另一处。其操作方法如下：

将鼠标指针移到窗口标题栏内，按住鼠标左键将它拖动到所需位置，然后松开鼠标即可；用户如果需要精确地移动窗口，可按 Alt＋Space 键，打开窗口控制菜单，选择"移动"命令，这时鼠标指针变为✛，再通过键盘上的方向键来移动，当移动到合适的位置后，按 Enter 键即可。

（3）改变窗口大小

1）当窗口非最大化或最小化时，用户可以根据需要调整窗口在桌面上的大小。其操作方法为：将鼠标指针移到窗口的边框上，当鼠标指针变成水平或垂直的双向箭头（↔或↕）时，按住鼠标左键并拖动，可改变窗口的宽度或高度；当鼠标指针变成倾斜的双向箭头（↖或↗）时，按住鼠标左键并拖动，可同时改变窗口的宽度和高度。

2）改变窗口大小也可以用键盘结合控制菜单进行操作，在标题栏上右击，在打开的快捷菜单中选择"大小"命令，屏幕上出现✛图标后，通过键盘上的方向键来调整窗口的高度和宽度。调整至合适位置时，按 Enter 键即可。

3）最大化、最小化和还原窗口。窗口右上角一般都有控制按钮▭、▢或▢，依次为"最小化""最大化"和"还原"按钮。使用它们可最大化、最小化和还原窗口。

（4）窗口的切换

由于 Windows 7 是一个多任务操作系统，因此它允许同时打开多个窗口，打开多少一般不受限制，用户可以在多个窗口之间切换，将不同的窗口作为当前活动窗口。切换窗口主要有以下 5 种方法：

1）单击要作为当前活动窗口的任一部位。

2）单击任务栏上相应的图标。

3）按 Alt＋Esc 键，依次激活窗口，直至所需窗口即可。

4）按住 Alt 键，反复按 Tab 键，逐一浏览各窗口的标题和图标，当显示到所需窗口时松开按键即可。

5）按 Ctrl＋Alt＋Delete 键，选择"启动任务管理器"命令，打开"Windows 任务管理器"窗口。选择"应用程序"选项卡中要显示的任务，单击"切换至"按钮，可完成窗口的切换操作。

（5）排列窗口

当桌面上打开多个窗口时，窗口间会相互遮挡，为了操作方便，可以对窗口进行排列。方法是在任务栏的空白处右击，会打开快捷菜单，如图 4-9 所示。

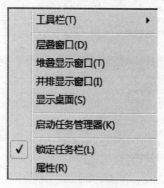

图 4-9 快捷菜单

从该图中可以看出,系统提供的窗口排列方式有 3 种:层叠窗口、堆叠显示窗口、并排显示窗口。在快捷菜单中选择其中一个选项,就会对窗口进行相应的排列。

层叠窗口是将窗口按顺序依次叠放在桌面上,每个窗口的标题栏和左边缘可见,最前面的窗口是完全可见的,是当前活动窗口。通过单击窗口可见处可以将其变为当前活动窗口,同时窗口的顺序也被改变,如图 4-10 所示。

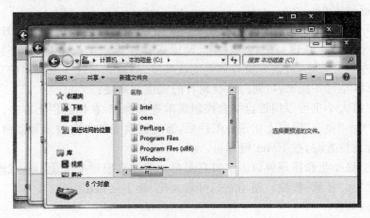

图 4-10　层叠窗口

堆叠显示窗口是将窗口并列地排列,充满整个桌面,每个窗口都是完全可见的。因此,如果窗口过多,每个窗口会非常小。堆叠显示窗口和并排显示窗口的效果分别如图 4-11 和图 4-12 所示。

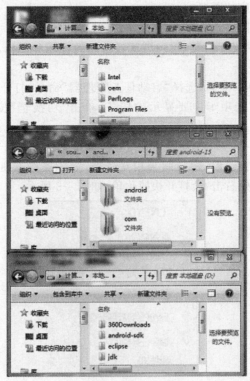

图 4-11　堆叠显示窗口

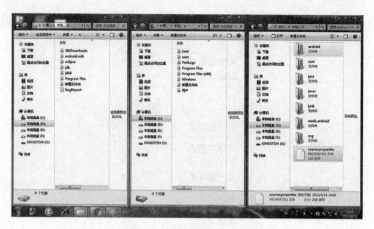

图 4-12　并排显示窗口

如果想撤销本次排列操作,可选择任务栏快捷菜单中的"撤销层叠""撤销堆叠显示"或"撤销并排显示"命令,则会恢复到本次排列操作前的状态。

4.3.4　菜单的操作

菜单是提供给用户的命令集合,从菜单上选择命令是 Windows 7 中常用的操作方法。用户使用鼠标或键盘选择某个菜单命令,相当于输入并执行该命令。

1. 菜单的分类

在 Windows 7 中,菜单可分为窗口菜单(下拉式菜单)、快捷菜单和控制菜单。

(1)窗口菜单

窗口菜单又称下拉式菜单,主要是指应用程序窗口的菜单栏及其菜单命令的级联菜单等。用户只需选择不同的菜单,即可查看相应的菜单命令。例如,在"计算机"窗口中打开"查看"菜单,如图 4-13 所示。

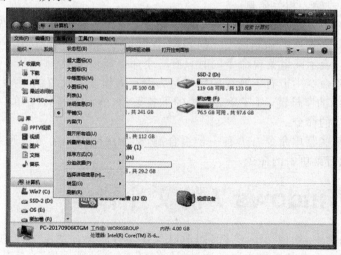

图 4-13　窗口菜单

(2)快捷菜单

快捷菜单是指右击某个对象后打开的菜单,快捷菜单与对象相关,其内容随当前对象的不同而不同,同类对象具有相同的快捷菜单。通过快捷菜单命令可以操作当前对象。快捷菜单如图 4-14 所示。

图 4-14　快捷菜单

(3)控制菜单

每个应用程序都有一个控制菜单。它提供还原、移动、最大化窗口、最小化窗口等功能。

2. 菜单的约定

菜单是由一系列命令组成的,这些命令一般会随着当前操作的对象不同而具有不同的内容,但所有菜单都具有统一的符号约定。

1)菜单分组线(_____):在同一菜单中,将功能相近的菜单命令分为一组,组与组之间用一条线分开。

2)灰色命令:表示该菜单命令在当前状态下是不可用的、无效的,这些命令将随着用户的操作自动激活。

3)箭头(▶):表示此命令是级联菜单命令,鼠标指向该命令会打开级联菜单。

4)省略号(...):表示是一个带有对话框的命令,执行该命令会打开一个对话框,需要用户选择有关选项或输入相关信息。

5)对号(✔):复选菜单命令前带有"✔",表示此命令正在起作用,相当于一个开关。选择该菜单命令,就会在选中和非选中之间转换。

6)圆点(●):表示同组菜单命令同时只有一个命令能被选中。

7)热键:菜单命令中带有下画线的字母是为键盘操作方式设置的,称为热键。在键盘上按 Alt＋带下画线的字母键,可打开菜单栏的下拉菜单,然后直接按菜单中带下画线的字母键,就可执行相应的命令。

8)快捷键:某些菜单命令右边有一个组合键,称为快捷键。在不打开菜单的情况下,直接按快捷键可执行菜单中的命令。

4.4　Windows 7 的文件管理

在计算机系统中,各种程序、文档、图像以及数据等信息都是以文件的形式存储在磁盘上的。对文件和文件夹的操作主要是通过"计算机"或"资源管理器"来完成的。

▶ 4.4.1　文件和文件夹的基本概念

Windows 7 是利用文件和文件夹来存储信息的,因此,只有理解文件和文件夹的概念,熟练掌握相关操作方法,才可以灵活使用 Windows 的众多功能。

1. 文件和文件夹的概念

文件是 Windows 操作系统中信息存储的基本单位。文件分为系统文件和用户文件。为了区别不同的文件,每一个文件都有唯一的标识符,称为文件名。

文件夹又称为目录,是用来组织和管理磁盘文件的一种数据结构。Windows 将文件存储到文件夹下,并通过层次结构组织文件夹,从而有效地管理所有文件。文件夹中除包含文件外,也可以包含文件夹。

2. 命名规则

文件名由主文件名和扩展名两部分组成,两者之间用“.”相连,即“主文件名.扩展名”。主文件名是文件的主要标记,扩展名则代表文件的类型。一般情况下,主文件名可以修改,但扩展名不可随意修改。注意:若无特别说明,文件名就是指主文件名。

文件夹的命名与文件的命名规则基本相同,但文件夹没有扩展名,其名称最好是易于记忆、便于组织管理的名称。

文件、文件夹的命名要遵守以下规则:

1)Windows 7 支持长文件名,文件名最长可达 256 个有效字符,不区分大小写。

2)文件名的有效字符包括汉字、数字、英文字母及各种特殊符号等,但文件名中不允许有下列符号:冒号(:)、斜线(/)、问号(?)、反斜线(\)、星号(*)、双引号(“”)、大于号(>)、小于号(<)、竖线(|)。

3)扩展名由 1~4 个有效字符组成。Windows 常用的扩展名及其含义见表 4-4。

表 4-4　Windows 常用的扩展名及其含义

扩展名	含义	扩展名	含义
COM	命令文件	EXE	可执行文件
SYS	系统文件	DOCX	Word 文档文件
XLSX	Excel 电子表格文件	PPTX	PowerPoint 演示文稿文件
BMP	位图文件	TXT	文本文件
WAV	声音文件	ZIP、RAR	压缩文件

4)在同一位置,文件与文件夹、文件夹与文件夹不允许同名。

3. 文件的组织结构

用户在磁盘上查找文件时,所经历的文件夹路线称为路径。路径分为绝对路径和相对路径。绝对路径是指从根文件夹开始的路径;相对路径是指从当前文件夹开始的路径。

例如,一个文件的完整路径描述为:C:\Admin\My pictures\flower.jpg。其中,“C:\”表示 C 盘的根目录,“Admin”和“My pictures”都是文件夹的名字,而“flower.jpg”是文件的名字。当文件所在的盘和路径是当前盘和当前路径时,盘符和路径可以省略。

▶ 4.4.2 文件和文件夹的操作与管理

1. 浏览文件和文件夹

Windows 提供了“计算机”和“资源管理器”两个工具,方便用户浏览文件和文件夹。

（1）计算机

双击桌面上的"计算机"图标，或者右击"计算机"图标后选择"打开"命令，打开"计算机"窗口。通过打开的窗口可以查看和管理计算机中的各种信息。

（2）资源管理器

资源管理器是 Windows 中一个重要的文件管理工具，以树型结构组织目录，操作方便、直观。

在 Windows 7 中启动"资源管理器"有以下方法：

1）单击"开始"按钮，依次选择"所有程序"→"附件"→"Windows 资源管理器"命令。

2）右击"开始"按钮，在弹出的快捷菜单中选择"打开 Windows 资源管理器"命令。

3）单击任务栏中的"Windows 资源管理器"图标。

4）按 🏁＋E 键。

使用以上方法中的任何一种，均可打开"资源管理器"，如图 4-15 所示。

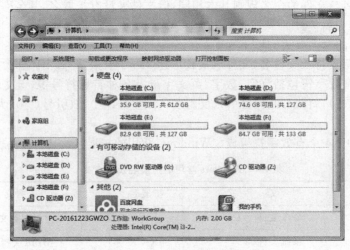

图 4-15　Windows 7 的"资源管理器"

2. 文件和文件夹的建立

（1）新建文件

新建文件一般是指创建用户文件，这些文件必须借助某个软件来创建，不同类型的文件使用不同的软件创建。新建文件的方法如下：

1）在某个软件中新建文件时，一般选择"文件"→"新建"命令即可。

2）在要创建文件的位置的空白处右击，选择"新建"命令，然后选择某个文档类型。

（2）新建文件夹

新建的文件夹是一个空文件夹，可以存放文件或再创建另一个文件夹，同一文件夹内不允许创建同名的文件夹。新建文件夹的方法如下：

在要创建文件夹的位置的空白处右击，选择"新建"→"文件夹"命令。

3. 文件和文件夹的编辑

（1）文件和文件夹的选定

对文件或文件夹进行操作前，需要选定要操作的对象，即选定一个或多个文件或文件夹。选择文件或文件夹的方法如下：

1）选定单个对象：单击该对象即可。

2）选定多个连续对象：单击第一个对象，再按住 Shift 键，并单击最后一个对象。

3）选定多个不连续对象：按住 Ctrl 键，逐个单击所需对象。

4）全部选定：选择"编辑"→"全选"命令，或按 Ctrl＋A 键。

5）反向选择：选择部分对象后，选择"编辑"→"反向选择"命令，将取消原来的选择，而原来未被选择的对象被选择。反向选择通常可以简化选择操作。

（2）文件和文件夹的更名

用户可以对用户文件或文件夹对象进行重命名，方法如下：

1）选定更名对象，按 F2 键，输入新对象名。

2）选定更名对象，选择"文件"→"重命名"命令，输入新对象名。

3）右击更名对象，选择"重命名"命令，输入新对象名。

（3）文件与文件夹的复制

复制是将文件或文件夹对象备份到新的位置，原位置的对象仍然存在。其操作方法如下：

1）选定复制对象，选择"编辑"→"复制"命令，或单击"组织"→"复制"，或按 Ctrl＋C 键，然后选择目标位置，选择"编辑"→"粘贴"命令，或单击"组织"→"粘贴"，或按 Ctrl＋V 键即可。

2）在同一驱动器中按住 Ctrl 键的同时按住鼠标左键拖动复制对象，或在不同驱动器中按住鼠标左键拖动复制对象（此时鼠标指针右下角出现一个"＋"号），将复制对象拖动到目标位置，然后释放按键即可。

3）鼠标右键拖动复制对象到目标位置，在打开的快捷菜单中选择"复制到当前位置"命令。

（4）文件和文件夹的移动

移动是将文件或文件夹对象移动到一个新的位置，原位置的对象不再存在。其操作方法如下：

1）选定移动对象，选择"编辑"→"剪切"命令，或单击"组织"→"剪切"，或按 Ctrl＋X 键，然后选择目标位置，选择"编辑"→"粘贴"命令，或单击"组织"→"粘贴"，或按 Ctrl＋V 键即可。

2）在同一驱动器中按住鼠标左键拖动移动对象，或在不同驱动器中按住 Shift 键的同时按住鼠标左键拖动移动对象，将移动对象拖动到目标位置，然后释放按键即可。

3）鼠标右键拖动移动对象到目标位置，在打开的快捷菜单中选择"移动到当前位置"命令。

4. 文件和文件夹的删除与恢复

在 Windows 中，删除硬盘上的文件或文件夹对象分为逻辑删除和物理删除。逻辑删除是将对象放入"回收站"，物理删除是将对象从硬盘中彻底删除。

1）从硬盘逻辑删除对象，方法如下：

①选定删除对象，单击"组织"→"删除"。

②右击删除对象，在打开的快捷菜单中选择"删除"命令。

③选定删除对象，按 Delete 键。

④鼠标左键拖动删除对象到"回收站"中。

2)恢复从硬盘逻辑删除的对象。逻辑删除并没有把对象真正从硬盘中删除,可从"回收站"中恢复被删除对象,方法如下:

①打开"回收站",选定恢复对象,单击"还原此项目"按钮。

②打开"回收站",右击恢复对象,在打开的快捷菜单中选择"还原"命令。

3)从硬盘物理删除对象,方法如下:

①在进行逻辑删除操作的过程中按住 Shift 键,则为物理删除。

②打开"回收站",右击删除对象,在打开的快捷菜单中选择"删除"命令。

③打开"回收站",选定删除对象,按 Delete 键。

5. 文件和文件夹的查找

在 Windows 中,可以在磁盘中快速查找文件或文件夹对象。

(1)普通文件和文件夹的搜索

将要查找的目标名称输入搜索栏(位于窗口右上方)中,系统随即在当前地址范围内进行搜索,并将搜索结果显示出来。

如果在搜索栏中单击,可打开搜索条件列表,如图 4-16 所示。用户可在列表中选择存在的条件,还可添加按日期或大小进行搜索等条件。

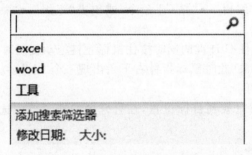

图 4-16　搜索栏及搜索条件列表

(2)具有共同特征的文件的搜索

如果需要搜索一组有共同特征的文件或文件夹,就可以在搜索栏中使用通配符" * "或"?"。

" * "代表所在位置的多个任意字符,而"?"代表所在位置的单个任意字符。

例如," * .txt"代表扩展名为"txt",且主文件名为任意名称的所有文件;而"Te? . bmp"代表主文件名为"Te"开头,且主文件名长度仅为 3 位、扩展名为"bmp"的文件。

6. 文件和文件夹的属性

属性是文件系统用来识别文件和文件夹对象某种性质的记号,了解对象的属性对正确使用对象是很有必要的。Windows 7 中有"只读""隐藏"两种类型的属性,对象可以没有属性,也可以是两种属性的任意组合。查看和设置文件或文件夹对象属性的方法如下:

1)选定对象,单击"组织"→"属性",在打开的对象属性对话框中选择"常规"选项卡,如图 4-17 所示。

2)右击对象,在打开的快捷菜单中选择"属性"命令,在打开的对象属性对话框中选择"常规"选项卡。

在"常规"选项卡中,可以查看对象的名称、文件类型、打开方式、位置、大小、占用空间及创建、修改和访问时间等详细信息。

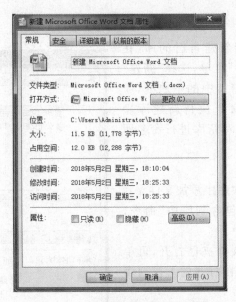

图4-17 文件或文件夹属性对话框

"属性"选项组中各选项的含义如下：

"只读"属性：选择此项，当前对象具有只读属性。对象只能读，不能被修改，被删除时系统给予提示信息。

"隐藏"属性：选择此项，当前对象具有隐藏属性。窗口内不显示该对象，或用暗淡的图标显示，但实际上对象仍然存在。

7. "库"的概念及其使用

Windows 7系统新增加了一个"库"的概念，用来对文件夹进行组织。"库"是通过把存放在计算机中不同位置的文件夹关联到一起，从而使不同驱动器上或同一驱动器不同位置上的文件夹可以统一显示在一个"库"下使用。使用时无须记住存放这些文件夹的详细位置，"库"中的文件夹并不会占用额外的存储空间，只是建立一个类似于桌面快捷方式的关联，方便对文件进行操作。删除"库"及其内容时，也不会影响到真实文件。

Windows 7系统的"库"中默认有"图片""音乐""视频"和"文档"4个分类，如图4-18所示。

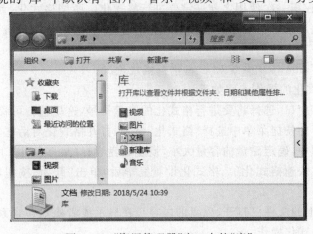

图4-18 "资源管理器"窗口中的"库"

（1）新建库

用户可以按以下步骤新建自己的库：在"资源管理器"中打开"文件"菜单，选择"新建"→"库"命令（或右击"库"窗口中的空白处，通过快捷菜单中的"新建"命令执行新建库操作），系统将创建一个新库，对新库进行命名即可使用。

（2）向库中添加文件夹

用户可通过以下方法向库中添加文件夹：

1）右击文件夹，选择"包含到库中"命令，然后选择包含到库的分类中。

2）如果添加到库中的文件夹已打开，可单击"包含到库中"按钮，然后在打开的下拉列表中选择添加到库的分类中。

3）在如图 4-18 所示的库中，右击某个分类图标，如"文档"。选择快捷菜单中的"属性"命令，打开"文档 属性"对话框，如图 4-19 所示。单击"包含文件夹"按钮，在打开的对话框中找到要包含到库中的文件夹，单击"包括文件夹"按钮即可。

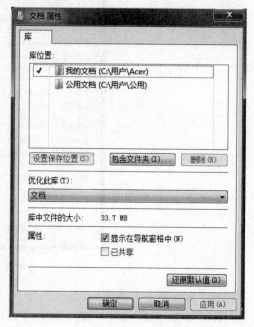

图 4-19 "库"中文档属性对话框

4.5 Windows 7 的磁盘管理

为了使用户的磁盘工作得更好，Windows 7 系统为用户提供了多种管理磁盘的工具。磁盘管理主要包括以下方面的内容：

4.5.1 格式化磁盘

一般来说，磁盘在第一次使用之前一定要进行格式化。所谓格式化，就是指在磁盘上正确建立文件的读写信息结构。对磁盘进行格式化的过程，就是对磁盘进行划分磁面、磁道和扇区等相关的操作。

例 4.1 利用 Windows 7 系统对 U 盘进行格式化。

对 U 盘进行格式化的操作步骤如下：

1）打开"计算机"窗口，选择将要进行格式化的磁盘符号，这里选择可移动磁盘（H 盘）。

2）右击并在打开的快捷菜单中选择"格式化"命令，打开格式化对话框，如图 4-20 所示。

在格式化对话框中，确定磁盘的容量大小，设置磁盘卷标（最多使用 11 个合法字符），设置"格式化选项"，如"快速格式化"。格式化设置完毕后，单击"开始"按钮，即开始格式化所选定的磁盘。

注意：如果磁盘上的文件已打开、磁盘的内容正在显示或者磁盘包含系统、引导分区等，则该磁盘不能进行格式化操作。

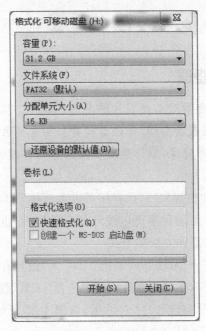

图 4-20 格式化对话框

4.5.2 磁盘属性

在"计算机"窗口中选择要查看的磁盘,单击"属性"按钮,或者右击要查看的磁盘,在打开的快捷菜单中选择"属性"命令,都会打开磁盘属性对话框,如图 4-21 所示。

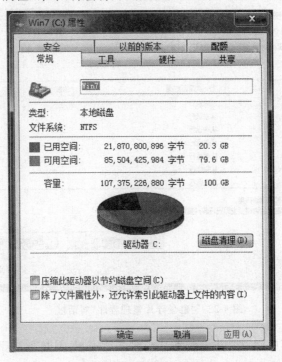

图 4-21 磁盘属性对话框

在磁盘属性对话框中,可以查看磁盘的相关信息,对磁盘进行检查、碎片整理、备份和共享设置等操作。

4.5.3 磁盘碎片整理

磁盘在使用过程中,由于经常对文件或文件夹进行移动、复制和删除等操作,在磁盘上会形成一些物理位置不连续的磁盘空间,即磁盘碎片。磁盘碎片会使计算机访问硬盘时执行额外工作,从而导致执行效率降低,运行速度变慢。移动存储设备(如 USB 驱动器)同样可能生成碎片。

Windows 提供了磁盘碎片整理程序,该程序可以重新排列碎片数据,以便磁盘和驱动器能够更有效地工作。磁盘碎片整理程序可以按计划自动运行,也可以手动分析磁盘和驱动器以及对其进行碎片整理。其操作方法如下:

选择"开始"→"所有程序"→"附件"→"系统工具"→"磁盘碎片整理程序"命令,或者右击磁盘驱动器,选择"属性"命令,在打开的对话框中选择"工具"选项卡,单击"立即进行碎片整理"按钮,都会打开"磁盘碎片整理程序"对话框,如图 4-22 所示。选择要整理的磁盘,单击"磁盘碎片整理"按钮即可。

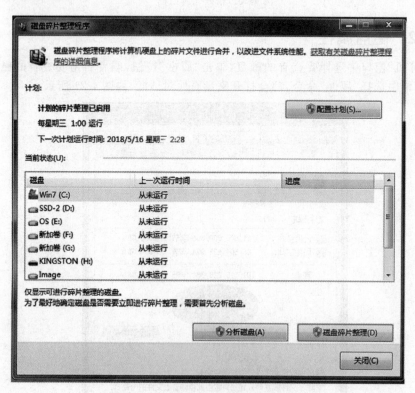

图 4-22 "磁盘碎片整理程序"对话框

磁盘碎片整理工作可能需要几分钟到几小时才能完成,具体取决于硬盘的大小和产生碎片的程度。因此可以先在"磁盘碎片整理程序"对话框中单击"分析磁盘"按钮,判断该磁盘是否需要进行碎片整理。

需要注意的是,整理磁盘碎片时应耐心等待,不要中途停止。虽然在碎片整理过程中,仍然可以使用计算机,但是最好关闭所有的应用程序,不要进行读、写操作。如果对整理的磁盘进行了读、写操作,磁盘碎片整理程序将重新开始整理。

4.5.4　磁盘清理

系统工作一段时间后,会产生很多垃圾文件,如安装程序时产生的临时文件、卸载程序时剩下的 DLL 文件、上网时留下的缓冲文件等。这些垃圾文件不仅占用磁盘空间,而且会影响系统的整体性能。如果要减少磁盘上不需要的文件数量,以释放磁盘空间并让计算机运行得更快,可以使用磁盘清理程序。其操作方法如下:

1)选择"开始"→"所有程序"→"附件"→"系统工具"→"磁盘清理"命令,在打开的"磁盘清理:驱动器选择"对话框中选择要清理的驱动器,单击"确定"按钮。

2)在桌面上双击"计算机"图标,选择具体的驱动器,单击"属性"按钮,打开本地磁盘属性对话框;选择"常规"选项卡,单击"磁盘清理"按钮。在"磁盘清理:驱动器选择"对话框中选择需要清理的驱动器,单击"确定"按钮。

4.6　Windows 7 的系统管理

控制面板是 Windows 操作系统的管理核心,包括所有的系统配置与管理应用程序的各种控制对象。用户可以根据自己的爱好管理应用程序,更改显示器、键盘、鼠标、桌面等设置,以便更有效地使用计算机。

启动控制面板的方法为选择"开始"→"控制面板"命令。

4.6.1　应用程序的安装与卸载

1. 应用程序的安装

系统自带的应用程序随着系统的安装自动装入计算机中,不需要用户安装。用户添加的各种应用程序大多都有自己的安装程序,一般用 Setup.exe 或 Install.exe 命名,运行安装程序就可以按提示操作,完成软件的安装。

2. 应用程序的卸载

安装好应用程序的系统是不可以直接删除文件的,需要调用卸载程序。卸载相当于安装的逆操作。许多应用程序都提供了卸载选项,在需要卸载系统中的应用程序时,它可自动完成这一过程。

此外,用户可以利用 Windows 7 控制面板中的"程序和功能"窗口(见图 4-23)实现软件的卸载。在"程序和功能"窗口中会列出系统中当前安装的所有应用程序。选中要卸载的应用程序,再单击"卸载"按钮,应用程序将自动调用卸载程序执行应用程序的卸载。

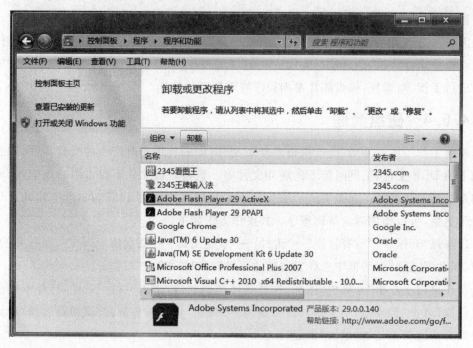

图 4-23 "程序和功能"窗口

4.6.2 个性化设置

在"控制面板"窗口中,单击"外观和个性化"选项,将打开"外观和个性化"窗口,如图 4-24 所示。

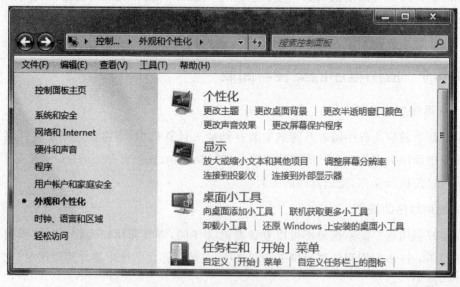

图 4-24 "外观和个性化"窗口

在该窗口的"个性化"选项下有 5 个选项,单击不同的选项可进入不同的设置界面。

1)更改主题:桌面主题是图标、字体、颜色、声音和其他窗口元素的预定义集合,它使桌面具有统一、与众不同的外观。用户可以切换主题、创建自己的主题(通过更改某个主题,然后以新的名称保存)。

2)更改桌面背景:主要是确定桌面背景。用户可以用系统自带的图片或单击"浏览"按钮,选择本地计算机中的图片作为桌面背景。

3)更改半透明窗口颜色:主要是设置活动窗口、非活动窗口和消息框的外观,包括窗口和按钮的样式、色彩方案及字体大小等。

4)更改声音效果:主要是更改计算机的声音设置。

5)更改屏幕保护程序:用于设置屏幕保护程序。当长时间不使用计算机时,该程序按照设定的方式调用屏幕保护程序,从而使显示器得到保护。用户可以设置屏幕保护程序和等待时间。单击"更改电源设置"选项,可以调整系统的电源设置,以达到节能的目的。

4.6.3　打印管理

打印机是计算机的一种重要的输出设备,可将文字、图形和表格等打印出来。使用打印机之前,首先要将打印机与计算机进行连接,安装相应的打印机驱动程序。Windows 7系统提供了大量的打印机驱动程序,并可对打印机进行设置和管理。

1. 安装本地打印机

首先将打印机与计算机通过并行接口或 USB 接口进行连接,然后接通电源。Windows 7系统提供了一个庞大的驱动程序库,除非是新型号的打印机,一般使用 Windows 7 驱动程序库就可以安装各种类型的打印机。其操作步骤如下:

1)单击"开始"按钮,选择"设备和打印机"命令,打开"设备和打印机"窗口。

2)单击"设备和打印机"窗口上侧的"添加打印机"按钮,打开"添加打印机"向导。

3)选择需要安装的打印机类型,单击"下一步"按钮。

4)选择打印机端口,单击"下一步"按钮。

5)从列表中选取要安装的打印机,单击"下一步",开始安装。

2. 删除打印机

如果已经安装驱动程序的打印机不再使用了,可在"设备和打印机"窗口中将其从系统中删除。其操作方法如下:

1)选中要删除的打印机,单击"删除设备"按钮。

2)右击要删除的打印机,在打开的快捷菜单中选择"删除设备"命令。

3. 设置打印机属性

打印机的默认设置如果不能满足要求,用户可以更改打印机的设置。其操作方法如下:

在"设备和打印机"窗口中选择要更改设置的打印机,右击打印机图标,在打开的快捷菜单中选择"打印机属性"命令,打开打印机属性对话框。在该对话框中有"常规""共享""端口""高级""颜色管理""安全""设备设置"和"关于"等 8 个选项卡,用于对打印机进行设置。其中,"常规"选项卡中的信息大部分是只读的,用来描述当前打印机的基本信息。单击"首选项"按钮,可以对纸张类型、纸张尺寸、打印方向等选项进行设置,同时还可以对打印机进行维护。单击"打印测试页"按钮,可以打印测试页,以检查打印机是否正常。

4. 打印管理

打印管理器是一个非常重要的工具,可以方便地对打印的文件进行管理。

打开"设备和打印机"窗口,双击打印机图标,或双击任务栏系统提示区的打印机图标,都可以打开打印管理器。

当有多个文件通过一台打印机打印时,系统将建立一个打印队列,按照队列的次序依次打印各文件。打印管理器可控制发送到打印机的打印作业,如暂停打印、取消打印和改变打印顺序等。

● 4.6.4 添加新设备

Windows 7支持即插即用技术,而且系统提供了一个庞大的驱动程序库,因此对大多硬件能够进行自动识别。将具有即插即用特性的硬件设备接入计算机后,系统会检测硬件设备,并查找相关的设备驱动程序,由系统自动安装。如果设备不支持即插即用或系统没有找到相关设备的驱动程序,则需要使用硬件设备自带的驱动程序,通过"控制面板"中的"添加设备"来安装设备驱动程序。其操作步骤如下:

1)打开"控制面板"窗口,单击"设备和打印机"选项,打开"设备和打印机"窗口。

2)在窗口上方单击"添加设备"按钮,打开"添加设备"向导。

3)在打开的界面中会显示最近连接到计算机且尚未安装的硬件,选择需要添加的设备,单击"下一步"按钮。

4)选择安装设备的类型,单击"下一步"按钮。

5)单击"从磁盘安装"按钮,并在弹出的对话框中指定驱动程序路径。

6)单击"下一步"按钮,再单击"完成"按钮,系统提示是否重新启动计算机时单击"是"按钮。系统重新启动后,新硬件设备就可以使用了。

第5章 文字处理软件 Word 2010

文字处理软件 Word 2010 是 Office 2010 中的一个重要组件，具有强大的文字、图形、表格、排版和打印等功能，可实现"所见即所得"的效果。例如，申请报告、求职简历、工作总结、发言稿、流程图等均可由 Word 2010 完成。

5.1　Word 2010 概述

▶ 5.1.1　Office 2010 简介

Office 是由 Microsoft 公司开发的一套办公软件，从早期的 Office 97、Office 2000、Office XP、Office 2003、Office 2007 到 Office 2010，它的每一次升级，不仅是功能上的扩展，还包括易用性和可交互性的提高。该软件共有 6 个版本，分别是初级版、家庭及学生版、家庭及商业版、标准版、专业版和专业高级版。此外还推出了 Office 2010 免费版本，其中仅包括 Word 和 Excel 应用。Office 2010 可支持 32 位和 64 位 Windows 7，仅支持 32 位 Windows XP，不支持 64 位 Windows XP。

从 Office 2010 界面可以看出，与 Office 2003 和 Office 2007 相比，它在功能上做了一些改进，优化了操作界面，新界面干净整洁，清晰明了，没有丝毫混淆感。其主要组件简介如下：

1）文字处理软件 Word 2010：可以进行文档的创建、编辑、排版、保存和打印，同时还拥有图文编辑工具，用来创建和编辑具有专业外观的文档，如信函、论文和报告等。

2）电子表格制作软件 Excel 2010：可以制作复杂的表格并在表格中输入文本和数字，同时，Excel 2010 还可以用来执行计算、分析信息以及可视化表格中的数据。

3）演示文稿制作软件 PowerPoint 2010：可以使用文字、图形、声音、图像等多媒体信息来制作幻灯片，使文稿演示图文并茂，具有很好的声光效果。

4）电子绘图软件 Visio 2010：可以方便地绘制各种框图、项目日程图、建筑设计图和工艺流程图，具有强大的图表编辑功能。

5）信息管理和通信程序 Outlook 2010：不仅是一款电子邮件收发的客户端程序，而且提供了强大的个人记事本、日历、提醒、共用文件夹等功能，可以方便高效地进行个人信息的管理。

6）数据库管理程序 Access 2010：具有数据导入、导出、链接和处理 XML 数据文件等功能。

本章将详细介绍 Word 2010 的文字处理功能，电子表格制作软件 Excel 2010、演示文稿制作软件 PowerPoint 2010 和电子绘图软件 Visio 2010 将在后续章节中介绍。

▶ 5.1.2　Word 2010 的启动与退出

1. Word 2010 的启动

（1）从"开始"菜单启动

选择"开始"→"所有程序"→Microsoft Office→Microsoft Word 2010 命令可启动

Word 2010。

（2）通过快捷方式启动

如果在安装 Microsoft Office 软件时创建了 Word 2010 的桌面快捷方式，则可双击桌面上的 Word 快捷方式图标 来启动。

（3）通过已有的 Word 文档启动

在文件夹窗口中，双击已经存在的 Word 文档，打开 Word 文档的同时会启动 Word 2010。

（4）通过新建 Word 文档启动

在文件夹窗口中右击，然后在弹出的快捷菜单中选择"新建"→"Microsoft Word 文档"命令，这时会出现一个"新建 Microsoft Word 文档"图标。双击该图标，即可启动 Word 2010。

2. Word 2010 的退出

使用完 Word 后需要保存文件并退出 Word。退出 Word 可以使用以下几种方法：

1）单击 Word 应用程序窗口标题栏右上角的"关闭"按钮 。

2）在 Word 应用程序的"文件"选项卡中选择"退出"命令。

3）在标题栏的任意处右击，然后选择快捷菜单中的"关闭"命令。

4）在 Windows 任务栏上右击打开的 Word 文档项，选择"关闭窗口"命令。

5）选择需要关闭的 Word 文档为当前窗口，按 Alt＋F4 键。

6）单击控制菜单图标 ，选择"关闭"命令，如图 5-1 所示。

7）双击控制菜单图标 。

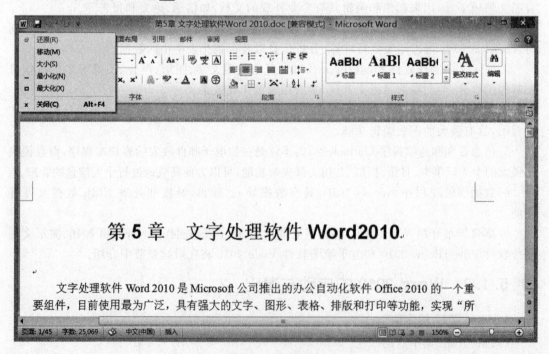

图 5-1　控制菜单

5.1.3　Word 2010 工作窗口简介

启动 Word 2010 后,就会进入其主窗口,如图 5-2 所示。Word 2010 主窗口由标题栏、功能区、工作区及状态栏组成。下面简单介绍工作窗口各部分的功能。

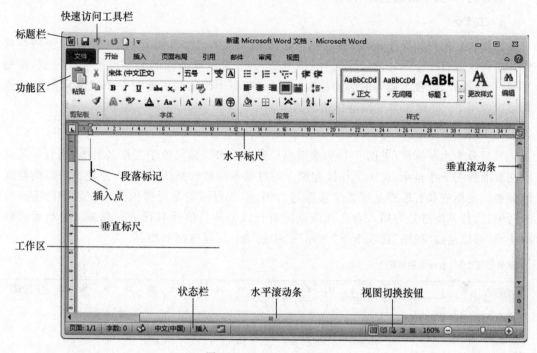

图 5-2　Word 2010 主窗口

1. 标题栏

标题栏位于 Word 主窗口的最顶端,最左侧为控制菜单图标,旁边是快速访问工具栏。快速访问工具栏用于放置一些常用按钮,默认情况下包括"保存""撤销"和"重复"3 个按钮,用户可以根据需要进行添加。其中,"撤销"按钮一旦使用后,"重复"按钮会转换为"恢复"按钮。

标题栏的中间显示的是文档名称和应用程序名称。新启动 Word 时,程序会创建一个空白文档,默认文档名为"文档 1",标题栏显示为"文档 1-Microsoft Word"。

标题栏右侧有 3 个按钮,依次为"最小化"按钮、"最大化"按钮和"关闭"按钮,如图 5-3 所示。为了使 Word 窗口充满整个屏幕,可以单击"最大化"按钮。若单击"最小化"按钮,则 Word 窗口缩小为一个图标,显示在 Windows 任务栏中。此时,Word 仍在运行,若要恢复 Word 窗口,只需单击任务栏上的 Word 图标即可。

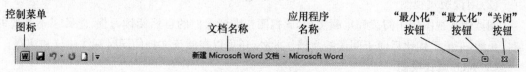

图 5-3　标题栏

2. 功能区

功能区位于标题栏的下方,包含"文件""开始""插入""页面布局""引用""邮件""审阅""视图"和"加载项"选项卡,当选择某个选项卡时,会显示该选项卡中的工具按钮,要使用这些工具按钮,只需单击它们即可。

3. 工作区

工作区是用户的操作区域,在这里可进行输入文本、编辑、排版、插入图片和表格等操作。工作区中有一个闪烁的竖线光标,称为插入点,表示要插入的文字或图表的位置,也是拼写、语法检查、查找等操作的起始位置。另外,在每个段落的后面有一个段落标记符↵,通常可以使用 Enter 键来完成段落标记的插入。

4. 标尺

标尺分为水平标尺(见图 5-4)和垂直标尺两种。水平标尺位于工作区上侧,垂直标尺只有在页面视图下才显示,位于工作区左侧。通过水平标尺的操作,可以方便地进行段落格式的调整。左缩进和右缩进是对整个段落进行缩进,首行缩进是对插入点所在段落的第一行进行缩进,悬挂缩进是对插入点所在段落除首行以外的其他所有行进行缩进。要显示或隐藏标尺,可以通过"视图"选项卡下"显示"组中的"标尺"复选框来控制。

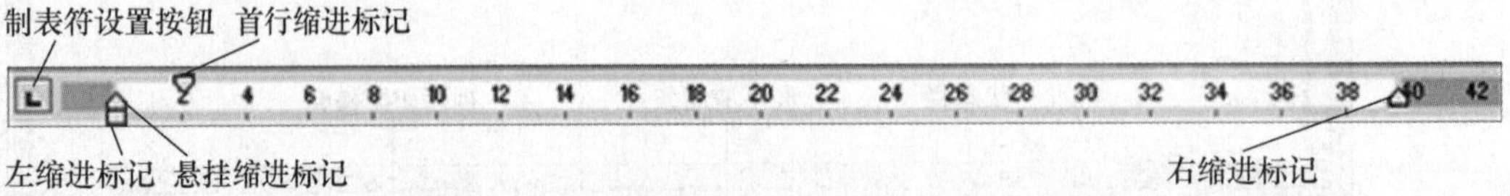

制表符设置按钮 首行缩进标记

左缩进标记 悬挂缩进标记   右缩进标记

图 5-4 水平标尺

5. 滚动条

滚动条分为水平滚动条和垂直滚动条,分别位于工作区的下侧和右侧。用户可以通过拖动滚动条的滑块或单击滚动条两端的滚动箭头,将需要的内容显示在当前屏幕上。

6. 视图切换

视图切换按钮位于状态栏的右侧,从左至右依次为"页面视图""阅读版式视图""Web 版式视图""大纲视图"和"草稿"。各种视图的功能如下:

(1)页面视图

页面视图是 Word 最基本的视图方式,也是 Word 默认的视图方式。在页面视图下,屏幕上的显示效果与打印效果完全一致。用户可在此视图方式下查看各种对象(包括页眉、页脚、水印和图形等)在页面中的实际位置,这对于编辑页眉和页脚、调整页边距,以及处理边框和图形对象等都很方便。

(2)阅读版式视图

阅读版式视图用于阅读和审阅文档,此视图考虑到人们的自然阅读习惯,隐藏了不必要的窗口元素,来显示优化后便于阅读的文档。此外,还可以在阅读文档的同时标注建议和注释。

(3)Web 版式视图

Web 版式视图是 Word 视图方式中唯一一种按照窗口大小进行折行显示的视图方式

（其他视图方式均是按页面大小进行显示），这样就避免了因 Word 窗口比一行文字的宽度窄，用户必须左右移动光标才能看到整行文字的尴尬局面。

（4）大纲视图

大纲视图是用缩进文档标题的形式代表标题在文档结构中的级别，可以非常方便地修改标题内容，复制或移动大段的文本内容。因此，大纲视图适合标题等的编辑、文档结构的整体调整及长篇文档的分解与合并等。

（5）草稿

草稿是录入文本时常用的显示方式。它可以显示完整的文字格式，但简化了文档的页面布局（如对文档中嵌入的图形及页眉、页脚等内容就不予显示），其显示速度相对较快，因而非常适合于文字的录入阶段。用户可在该视图方式下进行文字的录入及编辑工作，并对文字格式进行编排。在这种视图下，页与页之间采用单虚线分页，节与节之间采用双虚线分节。

在除"阅读版式视图"以外的任何视图方式下，用户都可以通过勾选"视图"选项卡下"显示"组中的"导航窗格"复选框，使文档窗口分成左右两个部分，左边显示结构图，右边显示结构图中选定项目所对应的文档内容。

7. 状态栏

状态栏位于窗口的最底部，左侧显示当前文档的相关信息，包括当前文档的页数/总页数、字数、使用语言、输入状态等信息；右侧是视图切换按钮和显示比例，如图 5-5 所示。显示比例用于对工作区的缩放尺寸进行调整，显示比例左侧会显示缩放的具体数值。

图 5-5　状态栏

5.2　文档的基本操作

5.2.1　创建文档

Word 2010 有很多创建新文档的方法，用户可以根据实际情况和操作习惯来选择不同的创建方法。

1. 利用 Word 自动创建文档

启动 Word 后，程序会自动创建一个名为"文档 1"、扩展名为".docx"的空白文档，用户可以在该文档中进行相关操作。若用户再次执行该操作，程序会自动创建文件名为"文档 2""文档 3"等的空白文档。

2. 利用功能区创建文档

选择"文件"→"新建"命令，在"可用模板"窗格中单击"空白文档"选项，然后在右边的预览窗格下单击"创建"按钮即可，如图 5-6 所示。

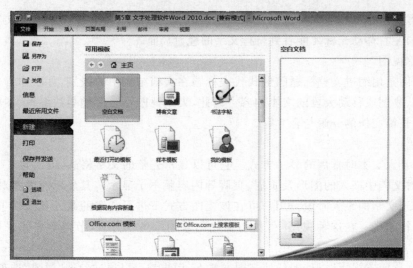

图 5-6　创建文档

3. 利用模板创建文档

如果用户要创建的文档和已存在的模板具有相同的格式和风格,如相同的页面设置、目录样式、段落排版样式等,就可以利用模板创建文档。模板实际上是一个特殊的 Word 文档,其中设置好了文档的格式和框架,这样用户可以快速地完成文档的编辑和排版,并保持统一格式。

利用模板和向导创建 Word 文档的步骤如下:

选择"文件"→"新建"命令,打开"可用模板"窗格,如图 5-7 所示。"可用模板"窗格中包括"博客文章""书法字帖""样本模板""Office.com 模板"等。其中,"Office.com 模板"(见图 5-8)用于在当前计算机内置模板不能满足用户的实际需要时,在 Word 中连接到 Office.com 网站,下载合适的模板供用户使用。假如用户要创建一个日历,则可以单击"Office.com 模板"中的"日历"选项,然后按提示下载需要的日历模板,即可创建一个相应的日历文档,如图 5-9 所示。

图 5-7　"可用模板"窗格

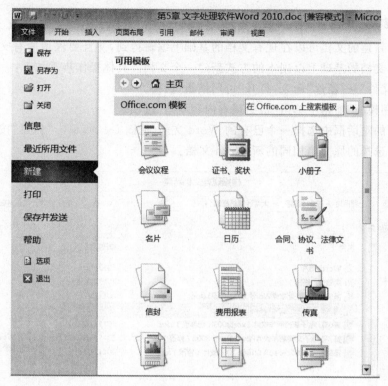

图 5-8 Office.com 模板

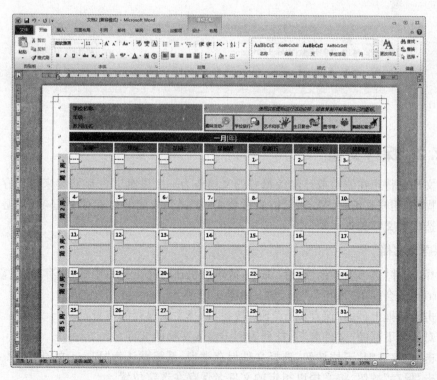

图 5-9 日历文档

4. 利用现有的文档创建新文档

如果用户新建的文档可以在现有文档的基础上编辑得到,并且要保留原有文档的格式,则可以在现有文档的基础上以副本的方式新建一个文档。具体操作步骤如下:

1)选择"文件"→"新建"命令,打开"可用模板"窗格。

2)在"可用模板"窗格中单击"根据现有内容新建"选项。

3)在弹出的对话框中选择一个已有的 Word 文档(见图 5-10),单击"新建"按钮,即可创建一个与用户选择的原文档相同的新 Word 文档。

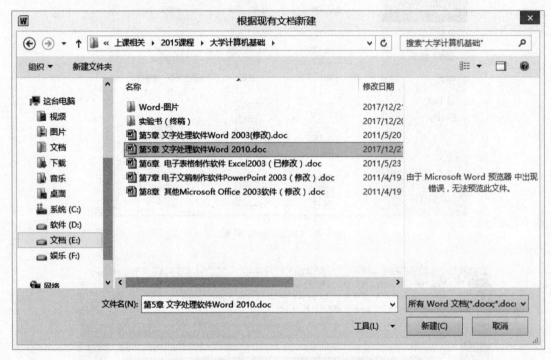

图 5-10 根据现有文档创建新文档

5.2.2 保存文档

保存文档是将正在编辑或已经编辑好的文档作为一个磁盘文件存储起来。保存文档是一项重要操作,用户在编辑 Word 文档的过程中,应该养成随时保存的良好习惯,避免因死机或断电造成的文档丢失。

1. 保存新文档

1)选择"文件"选项卡中的"保存"命令,或单击快速访问工具栏中的"保存"按钮 ,或按快捷键 Ctrl+S,会弹出"另存为"对话框,如图 5-11 所示。

2)单击对话框上部的"保存位置"下拉按钮,选择文档保存的位置。

3)在对话框下部的"文件名"下拉列表框中输入文档的文件名。

4)单击"保存类型"下拉按钮,选择文件保存类型,系统默认为"Word 文档(* . docx)"。

5)单击"保存"按钮,将文档以指定的文件名保存在选定位置。

2. 保存旧文档

当用户修改了已有的文档后,若需要保存该文档,可以选择"文件"→"保存"命令,或单击快速访问工具栏中的"保存"按钮 ,或按快捷键 Ctrl+S,都可以将原来的文件覆盖,替换成修改后的文档。若用户想把修改后的文档作为另一个文档来处理,而原文档的内容保持不变,则可选择"文件"→"另存为"命令,将会弹出如图 5-11 所示的"另存为"对话框,供用户选择保存位置和设置名称。

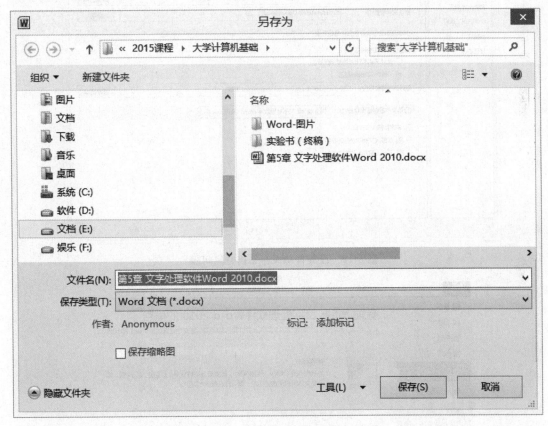

图 5-11 "另存为"对话框

3. 自动保存

为了防止发生意外时丢失对文档所做的修改,Word 设置了自动保存功能。默认情况下,Word 2010 每 10 分钟自动保存一次,如果用户所编辑的文档十分重要,则可以缩短文档的保存时间间隔。用户可以自行设定保存时间间隔,方法为选择"文件"→"选项"命令,会弹出"Word 选项"对话框;在该对话框中选择"保存"选项卡,选中"保存自动恢复信息时间间隔"复选框,并在后面设置自动保存时间间隔,如图 5-12 所示。设置自动保存功能后,系统能按照用户设定的自动保存时间间隔定时、自动地保存文档。

另外,用户在保存文档时,还可以设置密码,以加强文档的保密性。选择"文件"→"信息"命令,单击"信息"界面中的"保护文档"按钮,在展开的下拉列表中选择"用密码进行加密"命令,如图 5-13 所示。在弹出的"加密文档"与"确认密码"对话框中分别输入所设置的密码,并单击"确定"按钮即可。

图 5-12　设置自动保存文档时间间隔

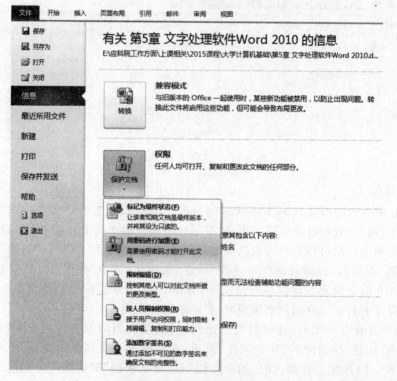

图 5-13　设置文档密码

5.2.3　打开文档

编写好的 Word 文档都保存在硬盘中,用户若要编辑或修改这些文档,则先要打开文档。打开 Word 文档的步骤如下:

1)选择"文件"→"打开"命令,或按快捷键 Ctrl+O,均会打开"打开"对话框。

2)在该对话框的地址下拉列表中选择要打开的 Word 文档所在的文件夹或磁盘。

3)在列表框中选中所需文档后,单击"打开"按钮或直接双击该文档。

另外,选择"文件"选项卡后,在其中通常会显示最近打开的 Word 文档列表,用户如果需要打开这些文档,直接单击即可。默认情况下,Word 软件会显示最近打开的 4 个 Word 文档。用户可以设置显示的文档数目或者不显示,具体操作为:选择"文件"→"最近所用文件"命令,选中最下面的"快速访问此数目的'最近使用的文档'"复选框,并修改后面显示的文档数目(见图 5-14);若不选中"快速访问此数目的'最近使用的文档'"复选框,则不会在"文件"选项卡中显示最近打开的文档。

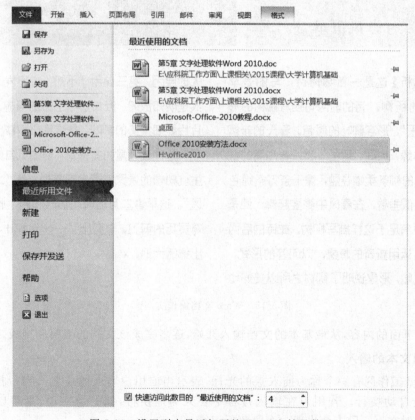

图 5-14　设置列出最近打开的 Word 文档及数目

5.3　文档的编辑与排版

当用户新建一个 Word 文档后,就要在该文档中输入文字、符号、图形、表格等并进行编辑和排版。

5.3.1 文档的输入

例 5.1 完成如图 5-15 所示文档的输入和编辑。

咏柳

贺知章

碧玉妆成一树高，

万条垂下绿丝绦。

不知细叶谁裁出，

二月春风似剪刀。

【赏析】这是一首咏物诗，写的是早春二月的杨柳。诗的前两句描写柳树的形态。"碧玉"，形容柳叶的颜色。春天的新柳叶色青翠绿，如同"碧玉"妆扮着高高的柳树；长长的柳条柔嫩轻盈，像千条万条绿色的丝带，低垂着，在春风中婆娑起舞。但是诗人并不满足于这样描写柳树。在诗的后两句，诗人运用新奇的想象，以问答的形式，生动的比喻，形象说明了柳树之所以美好动人的原因。第三句用"不知"二字发问，其实是明知故问，但却增添了诗的情趣。这一片片纤细柔美的柳叶，是谁精心剪裁出来的呢？是什么力量如此神奇，创造了自然界这生机勃勃的景象？诗人回答说，是"二月春风"。这早春二月的风，温暖和煦，恰似神奇灵巧的剪刀，裁剪出了一丝丝柳叶，装点出锦绣大地。

图 5-15 Word 文档操作实例

请参考下面的内容，从最基本的文档输入开始，逐步完成该文档的编辑和排版。

1. 普通文本的输入

在 Word 工作区有一个称为插入点的光标，表示当前用户输入的位置。当一行输入满后，Word 会自动换行。若用户在输入过程中要人为地换行，如另起一段，则可以直接按 Enter 键，此时在上一段末会出现一个段落标记符。

注意：图片等对象的插入和编辑将在 5.5 节中细述。

2. 特殊符号的输入

Word 允许用户输入一些特殊字符，如例 5.1 中的"【】"，具体操作如下：

1)将插入点放在段首，在"插入"选项卡的"符号"组中单击"符号"按钮，在下拉列表中选择"其他符号"命令。

2）在弹出的"符号"对话框中（见图 5-16）选择"符号"选项卡。

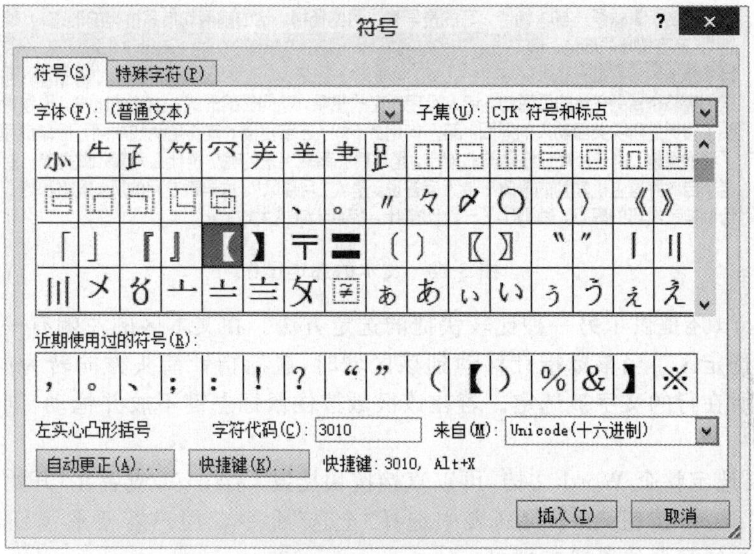

图 5-16　插入特殊符号

3）在右边的"子集"下拉列表框中选择"CJK 符号和标点"选项，则在列表框中会出现相应的符号和标点。用户也可以直接拖动列表框右侧的垂直滚动条来找到所需符号。

4）选中"【"，单击"插入"按钮即可完成该符号的插入。

5）在该符号后面输入文字"赏析"，并再次执行上述操作，插入特殊符号"】"，即完成了"【赏析】"的输入。

3. 插入与改写

Word 在输入文本的过程中有两种输入状态：插入和改写。在插入状态下，已有的文本会向右移动，以容纳新输入的文本；而在改写状态下，新输入的文本会直接替代插入点后面的文本。例如，如果已经输入了"这是一首咏物诗，写的是早春的杨柳"，现要在"的杨柳"前面插入"二月"两个字，则在两种状态下的输入效果如图 5-17 所示。插入状态和改写状态的切换可以直接按 Insert 键，或者单击状态栏上的"改写"/"插入"指示器来实现。

这是一首咏物诗，写的是早春<u>二月</u>的杨柳　　这是一首咏物诗，写的是早春<u>二月柳</u>

　　(a) 插入状态下输入"二月"　　　　　　　　　　　　(b) 改写状态下输入"二月"

图 5-17　插入状态与改写状态的区别

▶ 5.3.2　文档的编辑

1. 文本的选定

在 Word 文档编辑过程中，经常要选定某些文字用来复制、剪切或者设置格式。在 Word 中选定文本的方法很多，可以通过鼠标来选定，也可以通过键盘来选定。

选定文本最常用的方法是通过鼠标拖动来选定。将光标定位在需要选定文本的最左端，按住鼠标左键不放，拖动鼠标到需选定文本的结束位置，松开鼠标左键即可，如图 5-18 所示。这个操作也可以通过键盘配合来使用。首先将光标定位在需要选定文本的最左端，然后按住 Shift 键,同时移动光标,直到选定文本的结束位置,即可完成相同的选定操作。

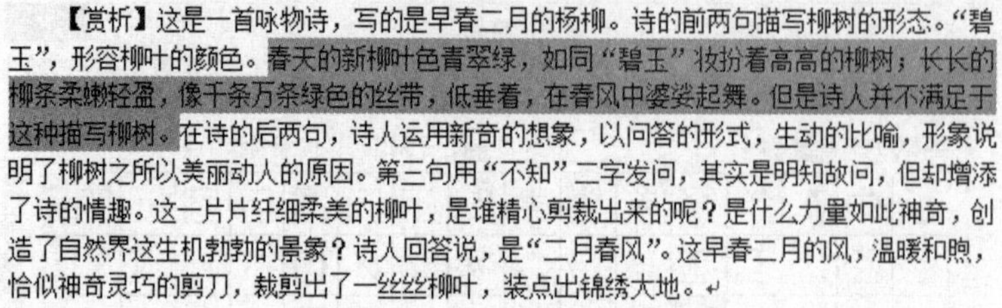

【赏析】这是一首咏物诗,写的是早春二月的杨柳。诗的前两句描写柳树的形态。"碧玉",形容柳叶的颜色。春天的新柳叶色青翠绿,如同"碧玉"妆扮着高高的柳树;长长的柳条柔嫩轻盈,像千条万条绿色的丝带,低垂着,在春风中婆娑起舞。但是诗人并不满足于这种描写柳树。在诗的后两句,诗人运用新奇的想象,以问答的形式,生动的比喻,形象说明了柳树之所以美丽动人的原因。第三句用"不知"二字发问,其实是明知故问,但却增添了诗的情趣。这一片片纤细柔美的柳叶,是谁精心剪裁出来的呢?是什么力量如此神奇,创造了自然界这生机勃勃的景象?诗人回答说,是"二月春风"。这早春二月的风,温暖和煦,恰似神奇灵巧的剪刀,裁剪出一丝丝柳叶,装点出锦绣大地。↵

图 5-18　文本的选定操作

另外,Word 还提供了另一种比较快捷的选定方法。在文本区的左侧有一个长条形的空白区域,称为选定区。当鼠标指针移动到该区域时,鼠标指针箭头方向转为向右,单击该区域,鼠标指针所在行的文字被选定。若在该区域按住鼠标左键不放并拖动,则鼠标指针经过的行均被选中。

若用户要选定整个 Word 文档,可以直接按快捷键 Ctrl+A,或者在"开始"选项卡的"编辑"组中单击"选择"按钮,在下拉列表中选择"全选"命令。用户若要取消任何一种选中状态,只需在文档的其他位置单击即可。

2. 文本的复制

在 Word 文档编辑过程中,经常要用到复制、粘贴操作,以复制相同的文本,减少手动输入的时间。复制操作的具体步骤如下:

1)选定需要复制的文本。

2)选择"开始"选项卡,在"剪贴板"组中单击"复制"按钮，或者按快捷键 Ctrl+C,完成复制操作。

3)将光标定位到需要粘贴的位置,单击"开始"选项卡下"剪贴板"组中的"粘贴"按钮，或者按快捷键 Ctrl+V,完成粘贴操作。执行粘贴操作时,根据所选的内容,Word 2010 提供了 3 种粘贴方式,即"保留源格式"(默认方式)、"合并格式"及"只保留文本",用户可以根据需要自行选择。

另外,用户还可以利用拖动鼠标的方法进行复制。按住 Ctrl 键,同时将鼠标指针放在选定的文本上并按住鼠标左键不放,将其拖到要复制的位置,然后松开鼠标左键,即可完成复制和粘贴操作。

3. 文本的移动

在 Word 文档编辑过程中,有时需要调整文档内容的位置,如第 1 段的内容要改为第 3 段,第 1 段第 3 句话要放入第 2 段首行等,这时就要执行文本移动操作。具体步骤如下:

1)选定需要移动的文本。

2)单击"开始"选项卡下"剪贴板"组中的"剪切"按钮，或者按快捷键 Ctrl+X,即可完成剪切操作。

3)移动光标到需要插入文本的位置,单击"开始"选项卡下"剪贴板"组中的"粘贴"按钮，或者按快捷键 Ctrl+V,完成文本的移动。

这种移动方法适合于任何情况,但是如果需要剪切和粘贴的位置距离比较近,则可以直接采取鼠标拖动的方法。只要选定需要移动的文本,将鼠标指针放在上面并按住鼠标左键不放,直接拖动到需要插入的位置,松开鼠标左键,即可完成选定文本的移动操作。

4. 文本的删除

文本的删除是指将不需要的内容或者错误内容删除。当要删除的内容为一个字符时，可以将光标放在要删除的字符的左侧，按 Delete 键删除；或者将光标放在要删除的字符的右侧，按 Backspace 键删除。

如果用户要删除的是一段文字，则可以通过以下方法删除：

1)选中需要删除的文字。

2)通过下列方法删除。

①按 Delete 键或者 Backspace 键。

②单击"开始"选项卡下"剪贴板"组中的"剪切"按钮。

5. 撤销和恢复

在编辑文档的过程中，常常会对以前的操作不满意，或者需要返回上一步操作结果，这时可以使用 Word 自带的撤销和恢复功能。

使用撤销功能可以撤销上一步或多步操作。单击快速访问工具栏上的"撤销"按钮，可撤销最近一次的操作。如果还要取消再前一次或几次的操作，可继续单击"撤销"按钮。另外，Word 还具有多级撤销功能，单击右边的下拉按钮，弹出下拉列表，可以看到所有的操作都按从后到前的顺序列在这个列表中。用户可以在撤销列表中选择所要撤销的步数，然后撤销这些操作。如果在执行撤销前已经对文档做了"保存"操作，则无法执行撤销操作。

恢复功能可以看作撤销操作的逆操作，它可以恢复被撤销的操作。单击快速访问工具栏上的"恢复"按钮，即可恢复到上一次操作结果。同样地，Word 可以恢复多次操作。

6. 查找和替换

如果想在一篇长文档中查找某些文字，或者想用一些新内容替换文档中存在多处的某些文字，这时就要用到 Word 提供的"查找和替换"功能。

查找文字的步骤如下：

1)选择"开始"选项卡，在"编辑"组中单击"查找"按钮右边的下拉按钮，在下拉列表中选择"高级查找"命令，打开"查找和替换"对话框。

注意：选择"开始"选项卡，在"编辑"组中单击"查找"按钮，或者按快捷键 Ctrl+F，可以打开左边的"导航"窗格进行查找。

2)在"查找"选项卡的"查找内容"下拉列表框中输入需要查找的文字或者符号，如"柳树"，如图 5-19 所示。

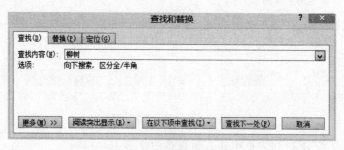

图 5-19 查找"柳树"

3)单击"查找下一处"按钮，则程序会自动从光标处开始在本文档中查找"柳树"二字，并将第一个找到的"柳树"二字高亮显示。若用户需要继续查找，只需再次单击"查找下一处"

按钮或者按 F 键。

另外，Word 的查找功能还提供了"更多"选项供用户进行高级功能的选择，如图 5-20 所示。

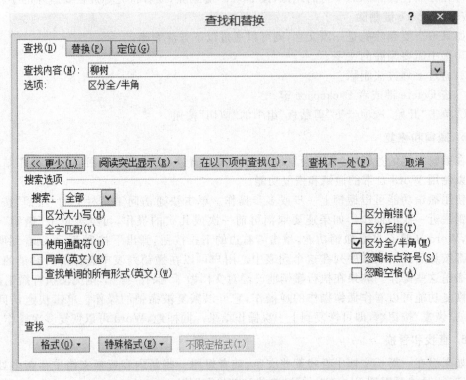

图 5-20 设置"更多"选项

如果用户想替换部分或全部的特定内容，可以使用替换功能，具体步骤如下：

1）在"查找和替换"对话框中选择"替换"选项卡，如图 5-21 所示。

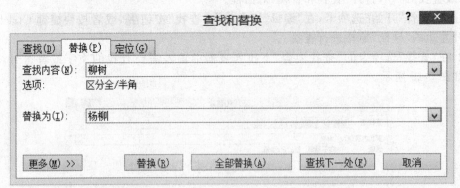

图 5-21 "替换"对话框

2）在"查找内容"下拉列表框中输入要查找的文字，如"柳树"。

3）在"替换为"下拉列表框中输入要替换的文字，如"杨柳"。

4）如果用户要将本文档中所有的"柳树"全部替换成"杨柳"，则单击"全部替换"按钮即可完成所有替换操作。如图 5-22 所示，Word 会自动提示完成了所有替换操作。

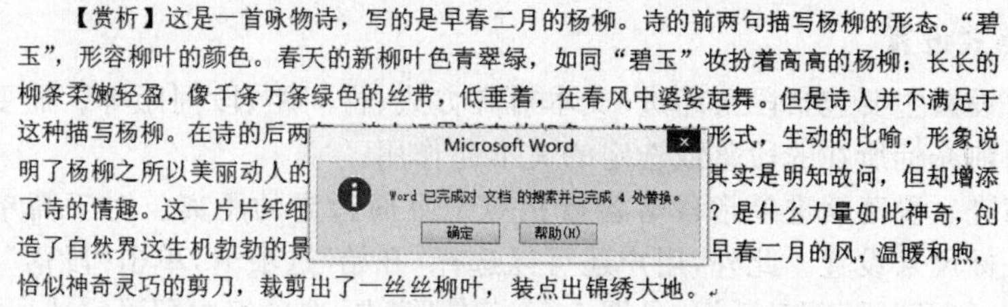

【赏析】这是一首咏物诗，写的是早春二月的杨柳。诗的前两句描写杨柳的形态。“碧
玉”，形容柳叶的颜色。春天的新柳叶色青翠绿，如同“碧玉”妆扮着高高的杨柳；长长的
柳条柔嫩轻盈，像千条万条绿色的丝带，低垂着，在春风中婆娑起舞。但是诗人并不满足于
这种描写杨柳。在诗的后两
形式，生动的比喻，形象说
明了杨柳之所以美丽动人的
其实是明知故问，但却增添
了诗的情趣。这一片片纤细
？是什么力量如此神奇，创
造了自然界这生机勃勃的景
早春二月的风，温暖和煦，
恰似神奇灵巧的剪刀，裁剪出了一丝丝柳叶，装点出锦绣大地。
Microsoft Word
Word 已完成对 文档 的搜索并已完成 4 处替换。
确定
帮助(H)

图 5-22　使用“全部替换”后的结果

如果用户只想替换部分特定内容，则可执行以下操作：单击“查找下一处”按钮，直到找到需要替换的特定内容，然后单击“替换”按钮，则可完成本处内容的替换。若用户还想替换其他某处的特定内容，继续执行上述操作即可。

5.3.3　文档的格式化排版

1. 字体格式设置

字体格式包括字体、字号、颜色、粗体、下画线等的外观修饰。如果用户在没有设置的情况下输入文本，则按 Word 默认的格式自动设置。设置字体的方法如下：

1)使用“开始”选项卡中的工具按钮。用户可以直接选择“开始”选项卡，在出现的“字体”组中实现字体普通格式的设置，如图 5-23 所示。

Times New R
五号
字体

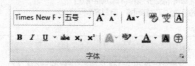

图 5-23　“字体”组

2)使用“字体”对话框。选择“开始”选项卡，单击“字体”组右下角的对话框启动器，弹出“字体”对话框，如图 5-24 所示。在这里可以进行更加详细的字体格式设置，如上下标、阴影、删除线等。以例 5.1 中的古诗为例，首先选中古诗“碧玉妆成一树高，万条垂下绿丝绦。不知细叶谁裁出，二月春风似剪刀。”，然后在该对话框中依次做如下设置：“中文字体”设为“仿宋”，“字形”设为“加粗”，“字号”设为“小三”，“字体颜色”设为“红色”。设置完毕后，在“字体”对话框最下面会显示当前设置的预览结果，若不满意，还可以重新设置。

字体
字体(N)
高级(V)
中文字体(T):
仿宋
字形(Y):
加粗
常规
倾斜
加粗
字号(S):
小三
西文字体(F):
+西文正文
所有文字
字体颜色(C):
下划线线型(U):
(无)
下划线颜色(I):
自动
着重号(·):
(无)
效果
删除线(K)
双删除线(L)
上标(P)
下标(B)
小型大写字母(M)
全部大写字母(A)
隐藏(H)
预览
碧玉妆成一树高，
此字体样式限于显示，打印时将采用最相近的匹配样式。
设为默认值(D)
文字效果(E)...
确定
取消

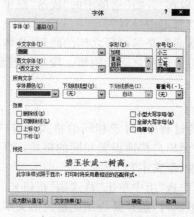

图 5-24　“字体”对话框

2. 段落格式设置

段落格式设置主要包括段落缩进、文本对齐方式、行间距、段间距等。需要注意的是，段落设置只对当前光标所在的段落或选定的文本起作用。

1）段落缩进。段落缩进是指段落各行相对于页面边界的距离。对于简单的段落缩进，可以通过水平标尺来设置。此外，用户还可以选择"开始"选项卡，单击"段落"组右下角的对话框启动器 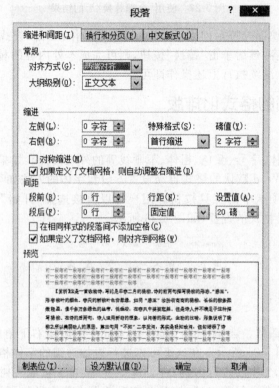，打开"段落"对话框（见图5-25），在"缩进"选项组中即可完成段落缩进设置。

图 5-25　"段落"对话框

2）对齐方式。段落的对齐方式有5种，分别为"文本左对齐""居中""文本右对齐""两端对齐"和"分散对齐"。用户可以在"开始"选项卡的"段落"组中直接设置段落对齐方式，也可以在"段落"对话框的"常规"选项组中设置。

3）段落间距和行距。段落间距是指两段之间的间距，具体对某一段来说，包括段前间距和段后间距。行距是指任一段内两行之间的距离。段落间距和行距均可在"段落"对话框的"间距"选项组中设置。

3. 格式刷的使用

在设置 Word 文档格式的过程中，对于相同的格式设置（字体格式或段落格式），Word 提供了"格式刷"功能，可以方便用户快速设置相同的格式。具体操作步骤如下：

1）选择被复制格式的文本（源文本）。

2）在"开始"选项卡的"剪贴板"组中单击"格式刷"按钮 ▶ 。

3）待鼠标指针变成刷子形状时，选择要应用此格式的文本（目标文本），这样源文本的格式就被应用到了目标文本上。

如果用户要将源文本的格式应用到多处不同的地方,可以在选定源文本后,双击"格式刷"按钮,待鼠标指针变成刷子形状后,选择要应用的目标文本。此时鼠标指针始终为刷子形状,用户可以继续修改其他目标文本的格式。要退出此状态,只需按 Esc 键或者再次单击"格式刷"按钮即可。

5.3.4 文档的版面修饰

1. 项目符号和编号

在 Word 文档编辑过程中,有时为了使文本更具可读性、可改性,会给文档加上项目符号或编号。

用户选定需要插入项目符号或编号的位置,然后在"开始"选项卡下"段落"组中单击"项目符号"右边的下拉按钮,会弹出如图 5-26 所示的"项目符号"下拉列表。若要添加项目符号,则在"项目符号库"栏中选择对应样式的项目符号即可;若要添加编号,则在"开始"选项卡下"段落"组中单击"编号"右边的下拉按钮,在"编号库"栏(见图 5-27)中选择对应样式的编号。若用户对 Word 默认的项目符号或编号样式不满意,还可以选择"定义新项目符号"或"定义新编号格式"命令,自行编辑项目符号(见图 5-28)或编号(见图 5-29)。

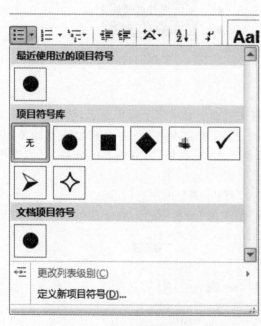

图 5-26 "项目符号"下拉列表

图 5-27 "编号"下拉列表

用户对选定内容添加项目符号或编号后,回车换行时,Word 会依照选定的样式自动为下一段文字添加相同的项目符号或下一个编号,用户只需在后面输入新文本即可。如果用户删除了某一条内容,Word 也会自动重新编号,以便用户使用。

另外,用户还可以先将文档编辑好,然后选择所有需要添加相同项目符号或编号的文本,如图 5-30 所示。选择"开始"选项卡,在"段落"组中单击"项目符号"右边的下拉按钮,选择要添加的项目符号,即可"一步"完成所有项目符号的添加,结果如图 5-31 所示。"一步"添加编号的操作与其类似,这里不再赘述。

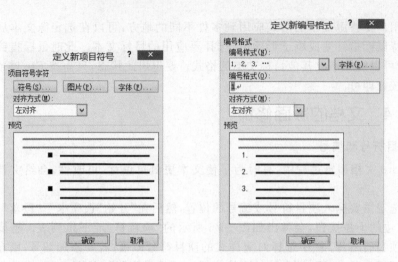

图 5-28 "定义新项目符号"对话框 图 5-29 "定义新编号格式"对话框

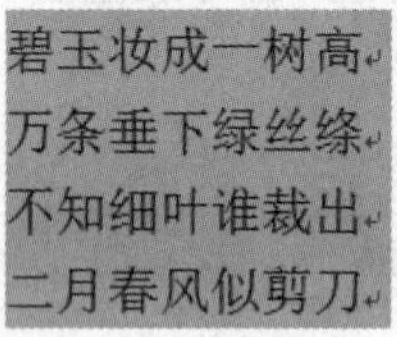

碧玉妆成一树高
万条垂下绿丝绦
不知细叶谁裁出
二月春风似剪刀

● 碧玉妆成一树高
● 万条垂下绿丝绦
● 不知细叶谁裁出
● 二月春风似剪刀

图 5-30 选定所有文本 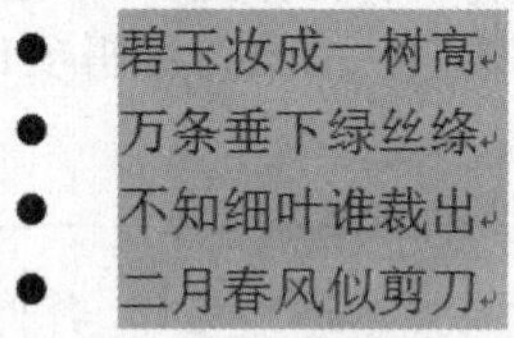 图 5-31 "一步"完成项目符号的添加

2. 分栏

分栏是一种常见的排版格式,可将文档内容在页面上分成多个列块显示,使排版更加灵活。在分栏的文档中,文字是逐栏排列的,填满一栏后才会转到下一栏。需要注意的是,只有在页面视图的方式下才能看到分栏效果。以例5.1中"赏析"部分内容的分栏为例,操作步骤如下:

1)在页面视图下,选定需要分栏的文档(整个"赏析"部分的所有内容)。

2)选择"页面布局"选项卡,单击"页面设置"组中的"分栏"按钮,在下拉列表中选择"更多分栏"命令,打开如图 5-32 所示的"分栏"对话框。

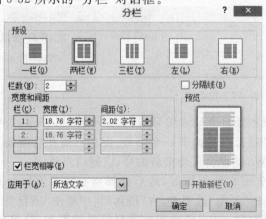

图 5-32 "分栏"对话框

3）在"预设"选项组中选定"两栏"样式（注意：若用户需要分栏的样式在"预设"选项组中没有，则可在"栏数"数值框中进行分栏数量的设置）。

4）在"宽度和间距"选项组中设定栏宽和栏间距，若两栏宽度不等，则取消选中"栏宽相等"复选框，然后调整每一栏的宽度。若采用默认的两栏相等，则分栏后的效果如图 5-33 所示。

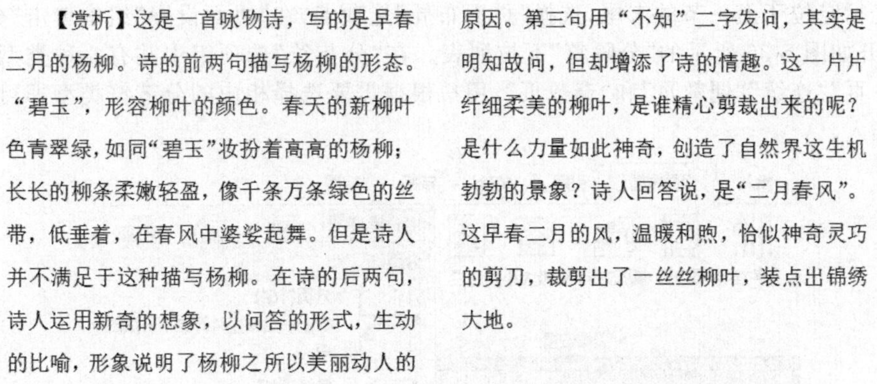

【赏析】这是一首咏物诗，写的是早春二月的杨柳。诗的前两句描写杨柳的形态。"碧玉"，形容柳叶的颜色。春天的新柳叶色青翠绿，如同"碧玉"妆扮着高高的杨柳；长长的柳条柔嫩轻盈，像千条万条绿色的丝带，低垂着，在春风中婆娑起舞。但是诗人并不满足于这种描写杨柳。在诗的后两句，诗人运用新奇的想象，以问答的形式，生动的比喻，形象说明了杨柳之所以美丽动人的原因。第三句用"不知"二字发问，其实是明知故问，但却增添了诗的情趣。这一片片纤细柔美的柳叶，是谁精心剪裁出来的呢？是什么力量如此神奇，创造了自然界这生机勃勃的景象？诗人回答说，是"二月春风"。这早春二月的风，温暖和煦，恰似神奇灵巧的剪刀，裁剪出了一丝丝柳叶，装点出锦绣大地。

图 5-33　分成两栏后的效果

3. 页码

页码实际上是一种特殊的页眉、页脚内容（有关页眉、页脚的内容将在 5.6 节细述），用户可以通过创建页眉和页脚来插入页码，也可以通过单独的操作来完成页码的插入。

1）选择"插入"选项卡，在"页眉和页脚"组中单击"页码"按钮，打开"页码"下拉列表，如图 5-34 所示。

2）在"页码"下拉列表中选择页码位置，如"页面顶端""页面底端""页边距"等，指定页码插入的位置。

3）页码一般都是阿拉伯数字，用户如果要改变页码格式，则单击"页码"按钮，选择"设置页码格式"命令，打开"页码格式"对话框，如图 5-35 所示。在该对话框中可以设置页码的数字格式、是否包含章节号以及页码的编排格式等。

图 5-34　"页码"下拉列表

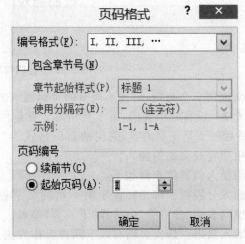

图 5-35　"页码格式"对话框

4. 分节

在建立新文档时,整个文档就是一节,只能用一种格式排版。为了方便在同一个文档中的不同部分使用不同的格式,要把一个文档分成若干节,这就需要通过插入"分节符"来实现。把文档分成若干节后,可以在每一节单独设置页眉、页脚、页边距、纸张方向等,从而使文档的编辑排版更加灵活。

将光标定位于上一节的末尾,选择"页面布局"选项卡,在"页面设置"组中单击"分隔符"按钮,打开如图 5-36 所示的"分隔符"下拉列表。在"分节符"选项组中共有 4 种类型的分节符:"下一页""连续""偶数页"和"奇数页",用户根据需要选择相应的分节符类型即可完成分节符的插入。

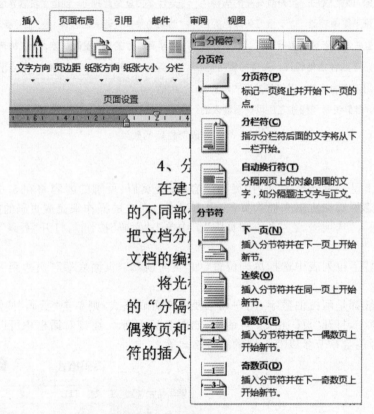

图 5-36 "分隔符"下拉列表

下面以例 5.2 为例,讲述不同节的页码插入方法。

例 5.2 设有一个文档,第 1 页和第 2 页是目录页,采用的页码格式为"I, II, III,…";第 3 页至最后一页是正文内容,采用的页码格式为"1, 2, 3,…",页码位于页面底端,且居中显示。请用户完成页码的插入。

页码插入的具体步骤如下:

1)插入分隔符。将光标置于第 2 页的文字后最末尾的空白处,插入分隔符,在图 5-36 所示下拉列表的"分节符"中选择"下一页"即可。

2)插入页码。插入页码有以下两种操作方法:

①将光标定位于第 1 节中(这里就是第 1 页和第 2 页)的任意位置,选择"插入"选项卡,

在"页眉和页脚"组中单击"页码"按钮,打开"页码"下拉列表,设置页码的具体位置。编辑页码时,会出现"页眉和页脚工具"→"设计"选项卡,如图5-37所示。在"页码"下拉列表中选择"设置页码格式"命令,在打开的"页码格式"对话框中按图5-35进行设置,单击"确定"按钮,即可完成页码的插入。此时,Word会为正文添加罗马数字的页码。

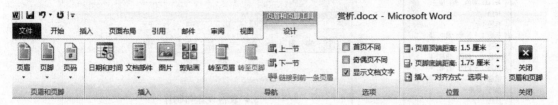

图 5-37　"页眉和页脚工具"→"设计"选项卡

②将光标定位于第2节中(这里是除第1页和第2页外的所有正文页)的任意位置,选择"插入"选项卡,在"页眉和页脚"组中单击"页码"按钮,在"页码"下拉列表中设置页码的具体位置。然后在"页码"下拉列表中选择"设置页码格式"命令,在打开的"页码格式"对话框中进行与①类似的选择,只是数字格式设置为"1,2,3,…"。此时,用户会发现正文页码是从"1"开始依次编码的。

5. 自动生成目录

目录通常是长文档不可缺少的部分,有了目录,用户就能很容易地知道文档的结构和内容,以及如何查找相关内容。Word提供了自动生成目录的功能,使目录的制作变得非常简单,而且在文档发生改变以后,还可以利用更新目录的功能来适应文档的变化。

下面以例5.3为例,讲述自动生成目录的方法。

例5.3　以本章的内容为例(为了方便讲述,这里假设本章页码从第1页开始),共有三级目录,要求用户按要求设置好目录并自动生成目录。

1)一级标题:宋体,小二,加粗,居中,段前段后间距12磅,1.5倍行距。

2)二级标题:宋体,三号,加粗,居中,段前段后间距6磅,1.5倍行距。

3)三级标题:黑体,四号,居左,段前段后间距6磅,1.5倍行距。

具体可分为以下两大步骤:

第一步:设置标题格式。

1)选中一级标题"第5章 文字处理软件 Word 2010",选择"开始"选项卡,在"样式"组的快速样式库中选择已有的样式;或者单击"样式"组右下角的对话框启动器 ,打开"样式"任务窗格(见图5-38),选择"标题1"。Word将会按照"标题1"样式的默认格式来设置一级标题"第5章 文字处理软件 Word 2010"的样式。如果用户对系统默认的"标题1"样式不满意,可以选中"第5章 文字处理软件 Word 2010",然后把该内容看成一个普通的文本来设置字体、居中、行距等内容。

当然,用户也可以一开始时自己定义一个新的样式,然后就可以直接应用该样式。具体操作步骤如下:

①单击"样式"任务窗格中的"新建样式"按钮 ,打开"根据格式设置创建新样式"对话框,如图5-39所示。

②在"名称"文本框中输入新样式的名字,这里输入"一级标题样式2"。

③在"样式类型"下拉列表框中选择"段落"或"字符"两种类型中的一个类型,这里要设置标题,选择"段落"。

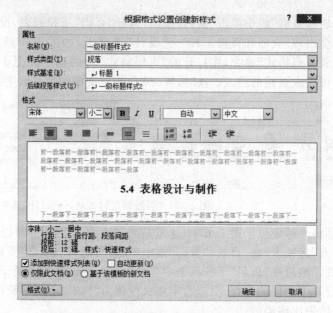

图 5-38 "样式"任务窗格   图 5-39 "根据格式设置创建新样式"对话框

④在"样式基准"下拉列表框中选择一个类似的已有样式,新样式从该样式派生出来,这里要设置标题,选择"标题 1"。

⑤"后续段落样式"只是在新样式为段落类型的时候才需要指定,这里选择设置的样式"一级标题样式 2"。

⑥在如图 5-39 所示的对话框中直接设置其他的字体和段落格式,也可以单击"格式"按钮,对字体、段落以及其他格式逐一进行设置。

• 单击"格式"按钮,在打开的对话框中选择"字体",设置为小二、宋体、加粗。

• 单击"格式"按钮,在打开的对话框中选择"段落",设置"段前"12 磅、"段后"12 磅、"行距"1.5 倍。

⑦单击"确定"按钮,新样式就创建完成了。

⑧选中"第 5 章 文字处理软件 Word 2010",然后在"样式"任务窗格中选择刚创建的"一级标题样式 2",即可完成一级标题格式的设置,结果如图 5-40 所示。

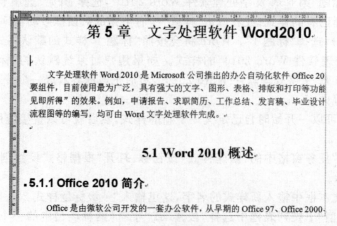

图 5-40 设置标题样式

2）按照 1）的方法为二级标题创建新样式并设置好格式，结果如图 5-40 所示。

3）按照 1）的方法为三级标题创建新样式并设置好格式，结果如图 5-40 所示。

第二步：自动生成目录。

将光标定位于需要插入目录的地方，选择"引用"选项卡，在"目录"组中单击"目录"按钮，打开"目录"下拉列表（见图 5-41），选择"自动目录 1"即可完成目录的插入。

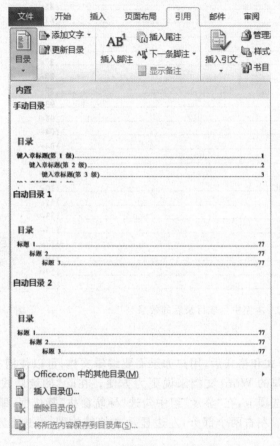

图 5-41　"目录"下拉列表

本例中生成目录后的效果如图 5-42 所示。

如果用户在生成目录后，又要对某个标题进行修改，或者某个标题所在页码发生了改变，此时用户不需要重新生成目录，只需要对原目录进行更新即可。具体操作步骤如下：

1）选中所有目录。

2）在选中区域内的任意位置右击，在弹出的快捷菜单中选择"更新域"命令，打开如图 5-43 所示的"更新目录"对话框。

3）如果用户只需要更改页码，则选择"只更新页码"单选按钮，单击"确定"按钮即可完成页码更新；如果用户修改了某些标题的内容，则需要选择"更新整个目录"单选按钮，然后单击"确定"按钮，这样既可更新内容，也可更新页码。

此外，用户还可以对目录的格式进行编辑，包括字体、字号、行距等内容。具体操作步骤如下：

1）选中需要编辑格式的目录。

2)按照普通文本的编辑方法来编辑其格式。

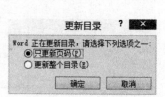

图 5-42　本例中生成目录后的效果　　　　　　图 5-43　"更新目录"对话框

6. 文档结构图

在设置好文档的样式和格式后,用户如果需要编辑文档,可以使用文档结构图来方便地进行编辑,尤其是对长篇的 Word 文档来说更为方便。在除"阅读版式视图"以外的任何视图方式下,选择"视图"选项卡,在"显示"组中勾选"导航窗格"复选框,即可打开文档结构图。此时,整个文档窗口分成左右两个部分,左边显示文档结构图,右边显示文档结构图中选定主题所对应的文档内容。

7. 边框和底纹

边框和底纹是增强版面艺术效果的有力工具。边框和底纹可以添加在同一个段落中,也可以为选定的字符或整个页面添加边框和底纹。首先选定需要添加边框或底纹的文字,如例 5.1 中,选定作者"贺知章",简单地添加边框和底纹,可以分别单击"开始"选项卡下"段落"组中的"框线"按钮 ⊞▼ 和"底纹"按钮 ▲▼,较复杂的边框或底纹,则通过"边框和底纹"对话框来完成。单击"开始"选项卡下"段落"组中"框线"按钮 ⊞▼ 右边的下拉按钮,在下拉列表中选择"边框和底纹"命令,在弹出的"边框和底纹"对话框中选择"边框"选项卡,在左边的"设置"中选择第 2 种样式"方框","样式"选择虚线,"应用于"选择"文字",如图 5-44 所示。最后单击"确定"按钮,即可得到例 5.1 中的边框效果。

同样地,选定整个古诗,然后打开"边框和底纹"对话框并选择"底纹"选项卡,如图 5-45 所示。在"填充"中选择"无颜色",在"样式"下拉列表中选择"12.5％","应用于"选择"段落",单击"确定"按钮,则可得到例 5.1 中的古诗添加底纹效果。

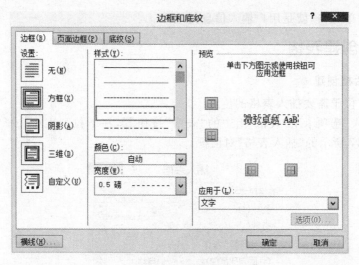

图 5-44　设置边框

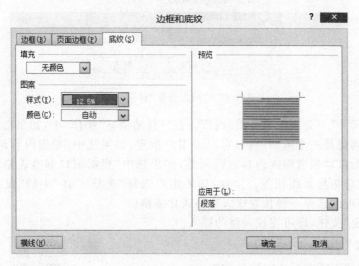

图 5-45　设置底纹

8. 首字下沉

首字下沉也是报刊中经常用到的排版格式，它是将段落的首字放大数倍并下沉以引导阅读。将光标定位于首段，单击"插入"选项卡下"文本"组中的"首字下沉"按钮，在下拉列表中选择需要的形式即可。若选择其中的"首字下沉选项"命令，将打开"首字下沉"对话框（见图 5-46），用户可以选择首字下沉的样式、字体、下沉行数等，使版面美观。

图 5-46　"首字下沉"对话框

5.4　表格设计与制作

利用 Word 的制表功能，可以创建、编辑、格式化各种表格，还可以对表格内的数据进行排序、统计等操作，也可以将表格转换为各类统计图表。表格是由若干行和若干列组成的，行列的交叉称为单元格,就是用户输入信息的地方。

5.4.1 创建表格

1. 使用对话框创建

1)将光标定位于需要插入表格的位置。

2)单击"插入"选项卡下"表格"组中的"表格"按钮,在下拉列表中选择"插入表格"命令,打开如图 5-47 所示的"插入表格"对话框。

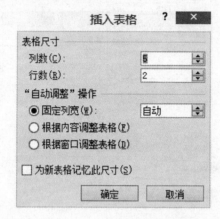

图 5-47 "插入表格"对话框

3)在"表格尺寸"中分别输入行数、列数。在"'自动调整'操作"中,如果选中"固定列宽"单选按钮,表示列宽是一个确切的值,可以由用户指定;如果选中"根据内容调整表格"单选按钮,表示列宽会自动根据输入内容进行调整;如果选中"根据窗口调整表格"单选按钮,表示表格的总宽度总是与页面相等。注意:如果用户选择"表格工具"中的"设计"选项卡,在"表格样式"组中可以选择一种预置样式来格式化表格。

4)单击"确定"按钮,即可完成表格的插入。

2. 快速创建

1)将光标定位于需要插入表格的位置。

2)单击"插入"选项卡下"表格"组中的"表格"按钮,打开如图 5-48 所示的下拉列表。

3)按住鼠标左键并拖动到所需表格的行数、列数,松开鼠标左键即可。

3. 绘制表格

单击"插入"选项卡下"表格"组中的"表格"按钮,在下拉列表中选择"绘制表格"命令,此时鼠标指针呈铅笔状,用户可以自行绘制表格、直线、垂直线及斜线等,绘制过程中在线段的起点处单击并拖曳鼠标至终点释放。绘制表格的同时,会打开"表格工具",有"设计"和"布局"两个选项卡,如图 5-49 所示。单击"表格工具"→"设计"选项卡中的"擦除"按钮,还可以对不满意的线进行擦除。

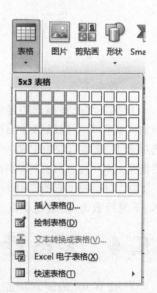

图 5-48 快速创建表格

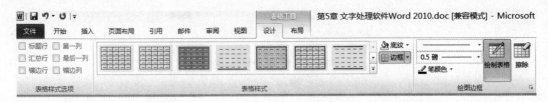

图 5-49　"表格工具"→"设计"选项卡

5.4.2　编辑表格

1. 选定表格

处理表格时,一般首先要求选定操作对象,如单元格、行、列或者整个表格。

1)选定一个单元格:将鼠标指针置于单元格左侧边界内,待鼠标指针变成右上黑色实心箭头后单击。

2)选定整行:将鼠标指针置于该行的左侧,待鼠标指针变成右上空心箭头后单击。

3)选定整列:将鼠标指针置于该列的上侧,待鼠标指针变成向下的黑色实心箭头后单击。

4)选定整个表格:单击表格左上角的![]标记。

5)选定相邻的多个表格:将鼠标指针放在要选择的左上角第一个表格内,按住鼠标左键并拖动,直至选中全部表格后松开鼠标左键。

6)选定多个不连续的表格:选中第一个需要的单元格、行或列,按住 Ctrl 键,再单击下一个需要选中的单元格、行或列,直至选择完所有所需的表格。

2. 调整列宽和行高

1)利用鼠标直接拖动调整。要调整列宽,将鼠标指针移到表格的竖线框上,待鼠标指针变成垂直双向箭头后,按住鼠标左键并拖动到新位置,松开鼠标左键后该竖线框就移至新位置。类似地,可以调整行高。需要注意的是,若拖动的是当前被选定的单元格的左或右框线,则该操作仅调整当前单元格的宽度。

2)利用标尺调整。当把光标移至表格中时,Word 在水平标尺和垂直标尺上指示各列的宽度和各行的高度,如图 5-50 所示。用户只需要拖动标尺上的指示标记,即可调整表格的宽度和高度。此外,在调整的过程中,若按住 Alt 键,在标尺上会显示当前的列宽或者行高的具体值,供用户参考。

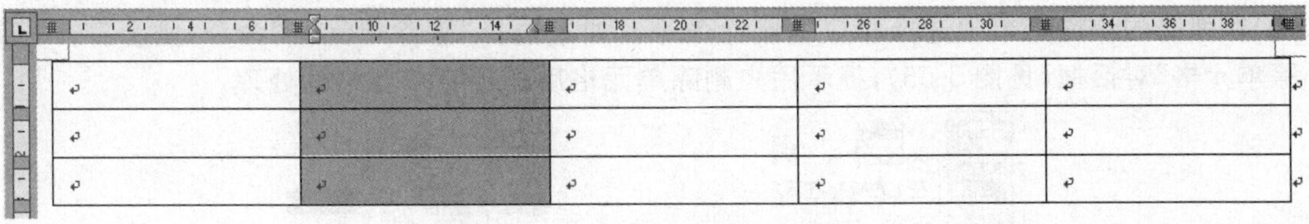

图 5-50　Word 表格分隔线指示符

3)利用对话框调整。选中需要调整的单元格、行或列,在"表格工具"的"布局"选项卡中,单击"表"组中的"属性"按钮![];或者右击,在弹出的快捷菜单中选择"表格属性"命令,打开"表格属性"对话框,如图 5-51 所示。若要调整列宽,则选择"列"选项卡,然后输入具体的数值即可。其中,"前一列"和"后一列"按钮还可以用来设置当前列前后一列的列宽。

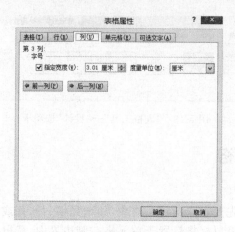

图 5-51 "表格属性"对话框

3. 在表格中插入或删除单元格、行或列

1)插入单元格、行或列。将光标置于需要插入单元格、行或列的位置,选择"表格工具"中的"布局"选项卡,在"行和列"组中单击需要插入的相应项即可,如图 5-52 所示;或者右击,在弹出的快捷菜单中选择"插入"命令,在级联菜单中选择需要插入的相应项即可。如果选择"插入单元格"命令,则会打开"插入单元格"对话框(见图 5-53),提示用户插入单元格后对现有单元格的处理。

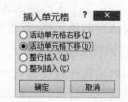

图 5-52 "插入"命令 　　　　图 5-53 "插入单元格"对话框

另外,若要在表格的最后插入一行,可单击表格最后一行的最后一个单元格,然后按 Tab 键,或将光标置于最后一行的外边界段落结束符上,按 Enter 键,就会自动在表格末尾增加一行。

2)删除单元格、行或列。选中要删除的单元格、行或列,在"表格工具"的"布局"选项卡中,单击"行和列"组中的"删除"按钮,然后选择相应的命令即可,如图 5-54 所示;或者右击,在弹出的快捷菜单中选择相应的删除命令。如果选择"删除单元格"命令,则会打开"删除单元格"对话框(见图 5-55),提示用户删除单元格后对现有单元格的处理。

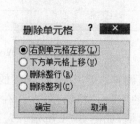

图 5-54 "删除"下拉列表 　　　图 5-55 "删除单元格"对话框

4. 合并与拆分单元格

下面以例 5.4 为例，讲述表格的插入、合并、拆分和美化等操作。

例 5.4　试制作如图 5-56 所示的简历。

姓名		性别		照片
籍贯		民族		
出生年月		政治面貌		
学历		专业		
学习与实践经历				
能力与特长				
联系方式	电话：		E-mail：	

图 5-56　个人求职简历

1)在 Word 中插入一个 7 行 5 列的表格，如图 5-57 所示（这里为了描述方便，加入了特殊边框和数字）。

2)选中①区所示的 4 个单元格，在"表格工具"的"布局"选项卡中，单击"合并"组中的"合并单元格"按钮▦；或者右击，在弹出的快捷菜单中选择"合并单元格"命令，即可完成合并操作。同样地，分别选中③区、④区和⑤区，执行合并操作。

3)选中②区所示的 4 个单元格，在"表格工具"的"布局"选项卡中，单击"合并"组中的"拆分单元格"按钮▦；或者右击，在弹出的快捷菜单中选择"拆分单元格"命令，打开如图 5-58 所示的"拆分单元格"对话框。

图 5-57　插入 7 行 5 列的表格　　　　　图 5-58　"拆分单元格"对话框

4)在其中的"列数"中输入"1"，"行数"中输入"4"，即将该区域拆分成 1×4 的表格。然后在相应的单元格中输入文字，即可完成本例中表格的制作和文字输入工作。

5. 拆分表格

在编辑表格的过程中，有时需要将一个表格拆分为两个或多个表格，其操作步骤如下：

1)将光标定位于要拆分为两个表格的下一个表格的第 1 行中任意单元格中。

2)在"表格工具"的"布局"选项卡中，单击"合并"组中的"拆分表格"按钮▦，光标所在行和所在行以下的所有行就从原来表格中分离了出来，成为一个独立的表格。此时，用户可以对两个表格进行独立的管理和编辑。

6. 表格重复标题行

在很多时候,制作表格时可能有很多页,为了表述方便,用户希望每页都有一个标题行,Word 提供了此功能。首先选中需要每页重复的表格,即标题行,然后在"表格工具"的"布局"选项卡中,单击"数据"组中的"重复标题行"按钮 🖫,这样无论表格有多少页,Word 都会自动为每页加上标题行。

7. 制作斜线表头

有两种方法可以制作斜线表头,在绘制前必须先选定要绘制斜线的单元格。

1)在"表格工具"的"设计"选项卡中,单击"绘图边框"组中的"绘制表格"按钮 🗐,在一个单元格内直接绘制对角斜线。

2)在"表格工具"的"设计"选项卡中,单击"表格样式"组中"边框"按钮 🔲 边框▾右边的下拉按钮,选择"边框和底纹"命令;或者右击,在弹出的快捷菜单中选择"边框和底纹"命令,对当前单元格设置对角斜线。

8. 表格的移动、复制或删除

要移动表格,只需要选定整个表格,然后按住鼠标左键不放拖动到目标位置即可;也可以先选中整个表格,然后执行"剪切"操作,再在目标位置执行"粘贴"操作。要复制表格,可以直接选中整个表格,执行"复制""粘贴"操作即可;也可以选中表格后,按住 Ctrl 键的同时,拖动鼠标到目标位置。如果用户只想删除表格中的内容,只需要选中需要删除的内容,按 Delete 键即可。如果要删除整个表格,可以先选中表格,然后在"表格工具"的"布局"选项卡中,单击"行和列"组中的"删除"按钮 🗷,选择"删除表格"命令即可;或者右击,在弹出的快捷菜单中选择"删除表格"命令,即可完成删除整个表格操作。

▶ 5.4.3 修饰表格

1. 表格中文本的处理

表格设计好后,就要在表格中输入文本、字符或图形。表格中文本格式的设置与文档中一般文本格式的设置相同,这里只重点介绍文字的方向和对齐方式。

1)文字的方向。将光标置于需要设置文字方向的单元格,右击并在弹出的快捷菜单中选择"文字方向"命令;或者在"表格工具"的"布局"选项卡中,单击"对齐方式"组中的"文字方向"按钮 🗐,打开"文字方向"对话框,如图 5-59 所示。选择相应的文字方向后,单击"确定"按钮即可。

2)对齐方式。设置文本对齐方式最快捷的方法是将光标定位于要设置对齐方式的单元格,然后右击并在弹出的快捷菜单中选择"单元格对齐方式"命令,会弹出级联菜单(见图 5-60),用户根据需要选择相应的对齐方式即可。

对于水平对齐方式,用户还可以直接在"开始"选项卡中单击"段落"组中的对齐方式按钮来设置;对于垂直对齐方式,用户可以在"表格属性"对话框的"单元格"选项卡中进行设置。或者直接在"表格工具"的"布局"选项卡中,单击"对齐方式"组中相应的对齐方式按钮来设置。

此外,Word 还允许表格与文字的混排,当一个表格插入到文档中后,可以让表格附近的文字环绕在表格四周,只要在"表格属性"对话框的"表格"选项卡中设置好环绕方式即可。

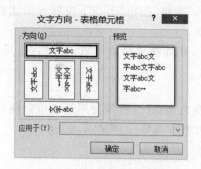

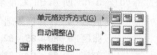

图 5-59　"文字方向"对话框　　　　图 5-60　设置单元格对齐方式

2. 表格的边框和底纹

1）边框。默认情况下，表格及单元格的边框都是 1/2 磅、黑色、单倍粗的黑线，用户可以进行修改，下面以图 5-57 中①区的边框设置为例进行介绍。

首先选中①区所有的单元格，在"表格工具"的"设计"选项卡中，单击"表格样式"组中"边框"按钮□右边的下拉按钮，在下拉列表中选择"边框和底纹"命令；或者右击并在弹出的快捷菜单中选择"边框和底纹"命令，打开"边框和底纹"对话框，如图 5-61 所示。选择"边框"选项卡，在"设置"中选择"方框"，"宽度"选择"1.5 磅"，单击"确定"按钮即可完成边框的设置。

2）底纹。选中需要设置底纹的区域（以例 5.4 中最左边一列的底纹为例），然后选择"边框和底纹"对话框中的"底纹"选项卡（见图 5-62），选择相应的填充颜色，单击"确定"按钮即可完成操作。

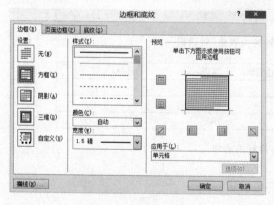

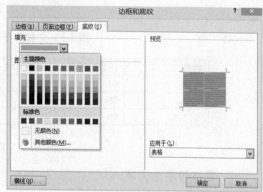

图 5-61　表格边框设置　　　　　　图 5-62　表格底纹设置

5.4.4　表格和文本的相互转换

在编辑 Word 文档的过程中，经常需要将文本转换为表格或将表格转换成文本，以增强文档的可读性及条理性。

1. 文本转换为表格

将文本转换为表格时，首先要在文本中添加制表符、逗号或所选分隔符，把同一行文本分列。一般情况下，可使用制表符来分列，使用段落标记符来分行。

1）选择要转换的文本。

2）在"插入"选项卡中单击"表格"组中的"表格"按钮⊞，在下拉列表中选择"文本转换成表格"命令，打开"将文字转换成表格"对话框。

3）Word 会自动检测出文本中的分隔符，并计算表格的列数。当然，也可以重新指定一种分隔符，或重新指定表格的列数。

4）设置完毕后，单击"确定"按钮。

例 5.5   试将如图 5-63 所示的文本转换为表格（这里各行用制表符分隔）。

姓名 → 计算机基础 → 大学生心理学 → 英语 → 总分↵
张丽 → 80 → 85 → 82↵
刘宇 → 88 → 93 → 88↵
王志祥 → 80 → 82 → 78↵

图 5-63   文本转换为表格示例

选中例 5.5 中的所有文字，执行转换命令后，打开如图 5-64 所示的"将文字转换成表格"对话框。在该对话框中，用户可以进行相关设置，最后单击"确定"按钮，即可将文本转换为如图 5-65 所示的表格。

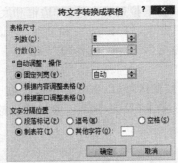

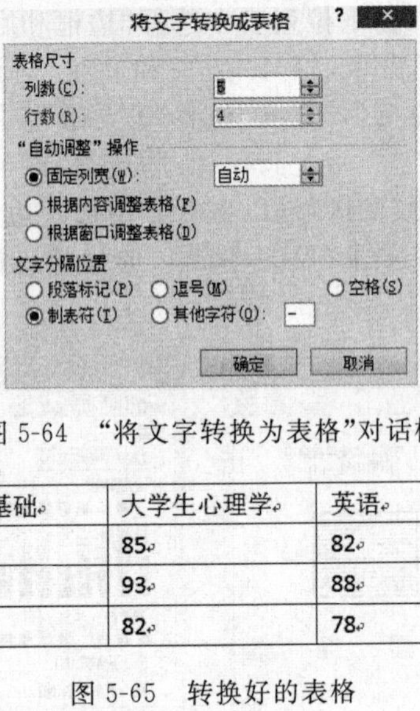

图 5-64   "将文字转换为表格"对话框

姓名	计算机基础	大学生心理学	英语	总分
张丽	80	85	82	
刘宇	88	93	88	
王志祥	80	82	78	

图 5-65   转换好的表格

2. 表格转换为文本

把表格转换成文本的操作如下：

1）选择需要转换成文本的整个表格。

2）在"表格工具"的"布局"选项卡中，单击"数据"组中的"转换为文本"按钮▤，打开"表格转换成文本"对话框。

3）在"文字分隔符"选项组中指定一种分隔符，作为代替列边框的分隔符，如段落标记、制表符、逗号或其他符号，然后单击"确定"按钮即可。

5.4.5   表格的计算和排序

Word 提供了在表格中进行数值的简单计算功能，如加法、减法、平均值等，并且可以根据某些特征进行排序。

1. 表格的计算

在 Word 2010 中,行号的标识为 1、2、3、4……列号的标识为 A、B、C、D……所以对应的单元格的标识为 A1、B1、B2……利用这些单元格标识可以方便地对表格进行简单的计算。例如,地址"A1:A4"就表示单元格 A1、A2、A3 和 A4 等 4 个单元格。

例 5.6 试计算图 5-65 中学生成绩的总分。

具体的操作步骤如下:

1)将光标置于需要存放计算数据的单元格,如置于"张丽"的总分所在单元格。

2)在"表格工具"的"布局"选项卡中,单击"数据"组中的"公式"按钮f_x,打开"公式"对话框,如图 5-66 所示。

图 5-66 "公式"对话框

3)在"编号格式"下拉列表框中选择结果输出格式;在"粘贴函数"下拉列表框中选择所需函数,如 SUM(求和)、AVERAGE(求均值)等。本例中是求和运算,公式为"= SUM(LEFT)",括号中的参数"LEFT"表示对光标所在单元格左边的所有单元格的数值求和。

4)单击"确定"按钮,可得出"张丽"的总分为 247。类似地,可以求得其他学生的总分,结果如图 5-67 所示。

姓名	计算机基础	大学生心理学	英语	总分
张丽	80	85	82	247
刘宇	88	93	88	269
王志祥	80	82	78	240

图 5-67 计算结果

2. 表格的排序

Word 可以按照所选字段特征的递减或递增进行排序。下面以例 5.7 为例进行讲述。

例 5.7 试将图 5-67 中学生的总成绩按从高到低进行排序。

具体操作步骤如下:

1)将光标定位在"总分"列。

2)在"表格工具"的"布局"选项卡中,单击"数据"组中的"排序"按钮,打开"排序"对话框,如图 5-68 所示。

3)在"主要关键字"下拉列表框中选择"总分",选中"降序"单选按钮,并在最下面选中"有标题行"单选按钮,最后单击"确定"按钮,即可得到如图 5-69 所示的排序后的表格。需要说明的是,在"排序"对话框中,还可以指定次要关键字和第三关键字进行排序。

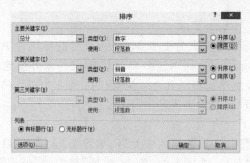

图 5-68 "排序"对话框

姓名	计算机基础	大学生心理学	英语	总分
刘宇	88	93	88	269
张丽	80	85	82	247
王志祥	80	82	78	240

图 5-69 排序结果

5.5 图文混排

Word 实际上是一个很强的图文混排的文字处理软件,用户可以在文档中插入各种图形、图片、文本框、表格或者艺术字,从而使文档图文并茂。

5.5.1 插入对象

Word 文档中插入的对象可以是图片、图形、剪贴画、艺术字、文本框及公式等。

1. 图片

用户可以在文档任何位置插入剪辑库中已存在的剪贴画或者图片,也可以插入其他程序或位置已存在的图片或扫描照片。下面以插入例 5.1 的"杨柳"图片为例进行说明。

1)将光标置于要插入图片的位置,如放在古诗内容的下一行。

2)在"插入"选项卡中单击"插图"组中的"图片"按钮,打开"插入图片"对话框,如图 5-70 所示。

图 5-70 "插入图片"对话框

3）在地址栏中找到要插入图片文件所在的位置（设本例中的图片文件"杨柳.jpg"保存在"这台电脑"→"图片"文件夹中），然后选中图片"杨柳.jpg"，单击"插入"按钮，即可完成该图片的插入。

2. 自绘图形

除了在文档中插入已存在的图片外，Word 还提供了"绘图"功能，允许用户自行绘制一些简单的图形。

1）绘制形状。在"插入"选项卡中单击"插图"组中的"形状"按钮🖿，即可打开"形状"下拉列表，如图 5-71 所示。"形状"下拉列表中有绘制直线、箭头、矩形、椭圆形等的按钮，用户可以单击这些按钮来绘制一些简单的图形，如程序流程框图、设计框图等。

2）图形选择。如果用户要对绘制好的图形进行编辑和修改，首先就要选中图形。选中图形有以下几种方法：

①对于单个图形，只需把鼠标指针移动到图形中并单击即可。

②如果要同时选中多个图形，可先按住 Shift 键，再用鼠标依次单击每个图形。

③如果要同时选中附近的所有图形，可以在"开始"选项卡中单击"编辑"组中的"选择"按钮▷，在"选择"下拉列表中选择"选择对象"命令，拖动鼠标形成一个虚框，将所有要选择的图形都包含在内即可。

选中图形后，用户可以对图形进行相关的操作，如移动、调整大小、旋转、剪切、复制、粘贴等。

图 5-71　"形状"下拉列表

3）图形合并。当文档中有多个自绘图形，用户想要将这些图形组成一个整体，防止重新排版或其他情况导致图形错位等时，可以使用 Word 提供的图形组合功能。

首先选定多个需要组合在一起的图形，然后在"绘图工具"的"格式"选项卡中，单击"排列"组中的"组合"按钮🖼，在下拉列表中选择"组合"命令（见图 5-72），即可将多个图形组合成一个整体。一个更简单的操作是：当选定图形后，将鼠标指针移至图形中的适当位置，待鼠标指针变成双向十字箭头后，右击

图 5-72　"组合"工具的使用

并在弹出的快捷菜单中选择"组合"→"组合"命令，即可完成图形的合并。

如果用户对组合的图形不满意或者需要重新组合，可以先取消组合。选中需要取消组合的图形对象，在"绘图工具"的"格式"选项卡中，选择"排列"组下"组合"下拉列表中的"取消组合"命令，或者利用与"组合"操作类似的右键快捷菜单，均可完成图形组合的取消操作。

3. 艺术字

艺术字是一些具有特殊效果的文字，如阴影、斜体、旋转和延伸等。在 Word 中，可以把艺术字当作图片来处理。下面以例 5.1 中标题"咏柳"的艺术字插入为例进行介绍。

1）选择"插入"选项卡，单击"文本"组中的"艺术字"按钮🄰，打开"艺术字"下拉列表，如图 5-73 所示。

图 5-73 "艺术字"下拉列表

2)在图 5-73 中选择一种艺术字样式,打开"编辑艺术字文字"对话框,输入文本"咏柳"(见图 5-74)。在该对话框中,还可以对艺术字的字体、字号、是否加粗或斜体等格式进行设置。

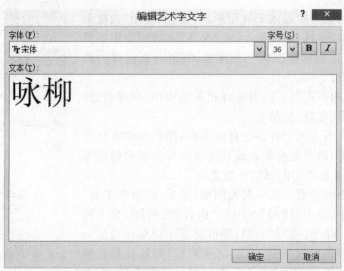

图 5-74 "编辑艺术字文字"对话框

3)单击"确定"按钮,即可将设计好的艺术字插入文档中(本例中艺术字的最终效果如图 5-15 所示)。

艺术字插入文档后,用户还可以通过单击要编辑的艺术字,打开"艺术字工具",在其"格式"选项卡中可以对艺术字的样式、字体、效果等进行修改。

4. 公式

用户在书写文章、论文时经常要用到数学、物理公式或符号。Word 中的"Microsoft 公式 3.0"编辑器可方便地对公式进行编辑,并能根据用户需求调整公式中各元素的大小、间距等,其编辑后产生的公式也可以当作图形来处理。

例 5.8 试输入公式 $f(x)=\dfrac{1}{\sqrt{2\pi}\sigma}\mathrm{e}^{-\frac{(x-\mu)^2}{2\sigma^2}}$。

具体操作步骤如下：

1）将光标定位于要插入公式的位置，在"插入"选项卡中单击"文本"组中的"对象"按钮，打开"对象"对话框，如图 5-75 所示。

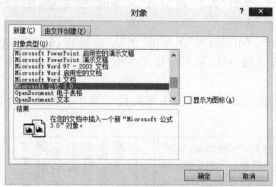

图 5-75 "对象"对话框

2）在"新建"选项卡的"对象类型"列表框中，选中"Microsoft 公式 3.0"选项，然后单击"确定"按钮，进入公式编辑状态并弹出公式编辑器工具箱，如图 5-76 所示。在公式编辑器工具箱中，几乎包括了所有的数学符号，其中有关系符号、运算符号、集合符号、逻辑符号、箭头符号、希腊字母（大小写）符号、分式和根式模板、上下标模板、矩阵模板、求和模板、积分模板、底线和顶线模板等。利用公式编辑器工具箱中的各种符号和模板能编辑排版出各式各样的表达式。

图 5-76 公式编辑器工具箱

3）用户根据需要在工具栏的符号和模板中选择相应的符号或模板，然后输入内容即可完成公式的编辑。比如本例中，先通过键盘输入"$f(x)$"，然后单击工具箱中的上下结构分式模板，在分子栏输入数字"1"，在分母栏内再次单击，然后在根号里面输入相应的数字和符号，即可完成"$f(x)=\dfrac{1}{\sqrt{2\pi}\sigma}$"部分内容的输入。后面的指数编辑类似，这里不再赘述。

或者在"插入"选项卡中单击"符号"组中的"公式"下拉按钮，选择"插入新公式"命令，则会出现"公式工具"上下文选项卡（见图 5-77），其"设计"选项卡中有各种公式编辑符号可供选择。

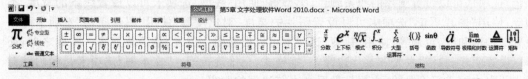

图 5-77 "公式工具"上下文选项卡

5. 文本框

文本框是一种可以移动、可以调整大小的文字或图形的容器。文本框打破了文本中行连续的原则,可以使用文本框在文档中的任何位置很自由地插入图片或文字。文本框有两种类型:横排文本框和竖排文本框。要插入一个空的文本框可以使用以下两种方法:

1)选择"插入"选项卡,单击"文本"组中的"文本框"按钮🅰,在下拉列表中选择"绘制文本框"或"绘制竖排文本框"命令。

2)选择"插入"选项卡,单击"插图"组中的"形状"按钮🔲,打开"形状"下拉列表,在"基本形状"中单击"文本框"按钮🔳,可以插入横排文本框;单击"垂直文本框"按钮🔳,可以插入竖排文本框。

插入文本框后,就可以在文本框中输入相应的文字了。横排文本框和竖排文本框的效果如图 5-78 所示。

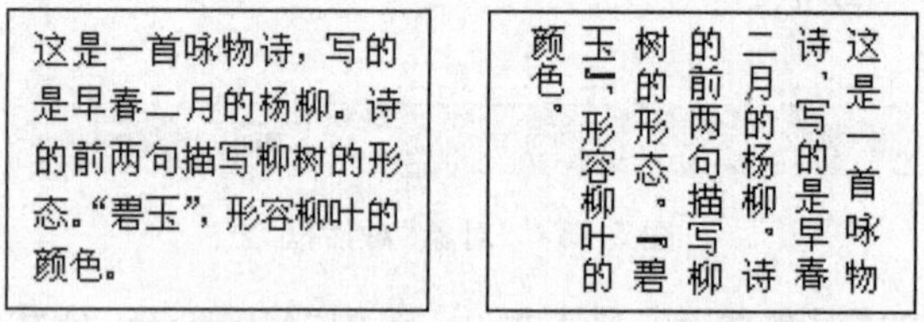

这是一首咏物诗,写的是早春二月的杨柳。诗的前两句描写柳树的形态。"碧玉",形容柳叶的颜色。

这是一首咏物诗,写的是早春二月的杨柳。诗的前两句描写柳树的形态。"碧玉",形容柳叶的颜色。

图 5-78　横排文本框和竖排文本框的效果

在 Word 中,也可以把文本框当作图片来处理,包括设置文本框的大小、文本与边框的距离、文本框线条颜色、文本框环绕方式等。

5.5.2　设置图片格式

当用户在文档中插入各种对象后,需要对对象的大小、位置、环绕方式等进行设置。用户要编辑图片,只要单击图片就会打开"图片工具"上下文选项卡,如图 5-79 所示。通过"图片工具"的"格式"选项卡,用户可以把彩色图像转换为灰度图像,可以增加或减少图像的对比度、亮度,以及对图像进行裁剪等。

图 5-79　"图片工具"上下文选项卡

在编辑图片的过程中,更多的是设置图片格式。用户可以右击图片,在弹出的快捷菜单中选择"设置图片格式"命令;或选中图片后,在"图片工具"的"格式"选项卡中,单击"图片样式"组右下角的对话框启动器🔲,均可打开"设置图片格式"对话框,如图 5-80 所示。

在"设置图片格式"对话框中,使用"填充"选项卡可以设置图片的填充颜色;使用"线条颜色"选项卡可以设置图片的线条颜色、类型等;使用"线型"选项卡可以设置线条的宽度、类型等;使用"图片更正"选项卡可以设置图片的亮度、对比度等;使用"图片颜色"选项卡可以设置颜色饱和度、色调等;使用"裁剪"选项卡可以设置图片位置、是否裁剪等。除此之外,还可以设置阴影、映像、发光和柔化边缘、三维格式、三维旋转等。"文本框"选项卡是专门针对插入的文本框进行设置的,主要是设置文本与边框的距离。

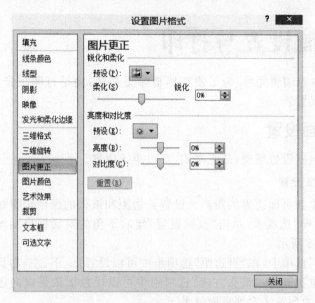

图 5-80 "设置图片格式"对话框

除了这些基本设置外,用户设置最多的就是图片布局。用户可以右击图片,在弹出的快捷菜单中选择"大小和位置"命令;或选中图片后,在"图片工具"的"格式"选项卡中,单击"大小"组右下角的对话框启动器 ,均可打开"布局"对话框,如图 5-81 所示。

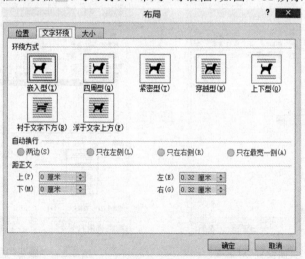

图 5-81 "布局"对话框

在"布局"对话框中,使用"位置"选项卡可以设置图片的位置;使用"文字环绕"选项卡可以设置图片的环绕方式,以实现图文混排,主要环绕方式有"嵌入型""四周型""紧密型""穿越型""上下型""衬于文字下方""衬于文字上方"等 7 种形式;使用"大小"选项卡可以设置图片的大小,对图片进行缩放。下面以例 5.1 中为古诗配的图片为例,介绍设置图片环绕方式的方法。首先选中该图片,在"图片工具"的"格式"选项卡中,单击"大小"组右下角的对话框启动器 ,打开如图 5-81 的"布局"对话框,选择"文字环绕"选项卡,选中"四周型",然后单击"确定"按钮。此时图片位于文字中间,用户可以拖动图片到合适的位置。

5.6　页面设置与打印

当 Word 文档内容编辑完后,为了使文档整体更美观,满足打印纸张要求等,需要对文档的页面进行相关设置。

5.6.1　页面设置

页面设置主要包括设置纸型、纸张格式、页边距等内容。

1. 页边距与纸张设置

页边距是指文本到页面边界的距离。设置页边距和纸张的操作步骤如下:

1)选择"页面布局"选项卡,单击"页面设置"组右下角的对话框启动器，打开"页面设置"对话框,如图 5-82 所示。

2)选择"页边距"选项卡,在"页边距"选项组中可以设置上、下、左、右页边距大小和是否有装订线及装订线位置等;在"纸张方向"选项组中可以设置纸张是横向还是纵向。设置完毕后,可以在左下角的预览区看到页面效果。

3)单击"确定"按钮,完成设置。

纸张的设置包括纸型和纸张来源等。

1)在"页面设置"对话框中选择"纸张"选项卡,如图 5-83 所示。

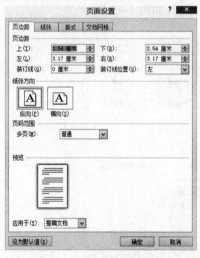

图 5-82　"页面设置"对话框

图 5-83　"纸张"选项卡

2)在"纸张大小"下拉列表框中选择一种纸型,也可以选择"自定义大小"选项,并在"高度"和"宽度"中输入自定义纸张的高和宽。

3)单击"确定"按钮,完成设置。

2. 页眉和页脚

页眉和页脚通常用于显示文档的附加信息,如日期、时间、发文的文件号、章节、文件的总页数以及当前页码等。文档的页眉和页脚可以全部相同,也可以奇偶页不同,还可以为不同的节设置不同的页眉和页脚。要预览页眉和页脚的效果,只有在页面视图方式和打印预览方式下才能看到。

例5.9　以学生毕业设计（论文）正文部分的页眉设置为例，要求奇偶页页眉不同，奇数页页眉为"江西理工大学应用科学学院毕业设计（论文）"，偶数页页眉为"学生姓名：毕业设计（论文）题目"（这里假设学生姓名为刘宇，毕业设计（论文）题目为"基于GSM短信模块的远程报警系统设计"），试按以上要求设置好页眉。

具体步骤如下：

1）将光标定位于正文内容所在的节，选择"页面布局"选项卡，单击"页面设置"组右下角的对话框启动器，打开"页面设置"对话框，选择"版式"选项卡（见图5-84），在其中的"页眉和页脚"中选择"奇偶页不同"复选框，单击"确定"按钮退出。

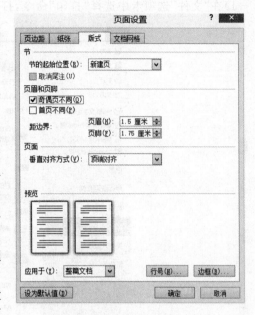

图5-84　"版式"选项卡

2）将光标定位于奇数页的任何位置，选择"插入"选项卡，在"页眉和页脚"组中单击"页眉"按钮，在下拉列表中选择"编辑页眉"命令。Word将自动把文档正文设成灰色，表示当前不能编辑正文，并且页面的顶部和底部各出现一个虚线框，供用户输入页眉和页脚内容。将光标置于页眉的虚线框内，输入文本"江西理工大学应用科学学院毕业设计（论文）"。选中该文本，设置五号、宋体、居中对齐等格式。设置完毕后，在"页眉和页脚工具"的"设计"选项卡中单击"关闭页眉和页脚"按钮，或者双击变灰的正文，Word将恢复成正文编辑状态，而页眉和页脚内容会变成灰色，同时隐藏"页眉和页脚工具"上下文选项卡。

3）将光标定位于偶数页的任何位置，选择"插入"选项卡，在"页眉和页脚"组中单击"页眉"按钮，在下拉列表中选择"编辑页眉"命令。将光标置于页眉的虚线框内，输入文本"刘宇：基于GSM短信模块的远程报警系统设计"。选中该文本，设置五号、宋体、居中对齐等格式。

通过上述设置后，奇、偶数页的页眉就不相同了，效果如图5-85所示。此外，如果要输入页码、日期等常规内容，还可以通过"页眉和页脚工具"→"设计"选项卡中的相应按钮来实现。

图5-85　奇偶页页眉不同的设置效果

5.6.2 打印文档

当用户完成文档的所有编辑和页面设置后,可将编辑好的文档打印出来。具体操作步骤如下:

1)在"文件"选项卡中选择"打印"命令,打开"打印"列表,如图 5-86 所示。

图 5-86 "打印"列表

2)在"打印机"下拉列表框中可以选择当前可用的打印机。如果没有本地打印机,还可以选择网络中其他用户共享的打印机。

3)在"设置"选项组中可以选择打印范围,可以是全部文档、光标所在页(当前页)或者指定的某些页面。

4)在"打印"选项组中可以选择打印的份数。此外,用户还可以对单双面打印、是否缩放等进行设置。

5)单击"打印"按钮,开始打印文档。

第6章 电子表格制作软件 Excel 2010

Microsoft Excel 2010 是办公软件 Microsoft Office 2010 的组件之一,是 Microsoft 公司为 Windows 和 Apple Macintosh 操作系统的计算机编写的一款电子表格软件。Excel 可以进行各种数据的处理、统计分析和辅助决策操作,广泛地应用于管理、统计、财经、金融等众多领域。

6.1 Excel 2010 概述

Excel 2010 于 2010 年 7 月发布。它可以通过比以往更多的方法分析、管理和共享信息,从而做出更好、更明智的决策。全新的分析和可视化工具可以跟踪和突出显示重要的数据趋势。通过它,用户可以在移动办公时从几乎所有 Web 浏览器或智能手机访问重要数据,甚至可以将文件上传到网站并与其他人同时在线协作。无论是生成财务报表还是管理个人支出,使用 Excel 2010 都能够更高效、更灵活地实现目标。

6.1.1 Excel 2010 功能简介

Excel 主要的功能体现在管理上,归纳起来,Excel 2010 的功能包括以下几个:

1. 快速、有效地进行比较

Excel 2010 提供了强大的新功能和工具,发现模式或趋势,从而做出更明智的决策并提高分析大型数据集的能力。

使用单元格内嵌的迷你图及带有新迷你图的文本数据获得数据的直观汇总。使用新增的切片器功能可以快速、直观地筛选大量信息,并增强了数据透视表和数据透视图的可视化分析。

2. 从桌面获取更强大的分析功能

Excel 2010 中的优化和性能改进可以更轻松、更快捷地完成工作。

使用新增的搜索筛选器可以快速缩小表、数据透视表和数据透视图中可用筛选选项的范围,立即从多达百万甚至更多项目中准确找到需要的项目。另外,可以通过 SharePoint Server 2010 轻松地共享分析结果。

3. 节省时间、简化工作并提高工作效率

Backstage 视图代替了所有 Office 2010 应用程序中传统的"文件"菜单,为所有工作簿管理任务提供了一个集中的有序空间。用户可轻松自定义改进的功能区,以便更加轻松地访问所需命令,甚至还可以自定义内置选项卡。

4. 跨越障碍,通过新方法协同工作

Excel 2010 提供了多人在工作簿上协同工作的简便方法,可提高工作质量。首先,早期版本 Excel 中的那些方法仍可实现无缝兼容。通过使用 Excel Web App,几乎可在所有 Web 浏览器中与其他人在同一个工作簿上同时工作。运行 SharePoint Foundation 2010,公司中的用户可在其防火墙内使用此功能。利用 SharePoint Excel Services,可以在 Web 浏览器中与团队共享易于阅读的工作簿,同时保留工作簿的单个版本。

5. 在任何时间、任何地点访问工作簿

无论何时、以何种方式,均可获取所需的信息。在移动办公时,可以通过随时获得 Excel

体验轻松访问工作簿。Excel Web App 几乎可在任何地点进行编辑。当不在家、学校或办公室时,可以在 Web 浏览器中查看和编辑工作簿。

本章主要学习使用 Excel 2010 的各种自定义功能,充分挖掘 Excel 的潜能,实现各种操作目标和个性化管理。具体来说,是学会综合运用各种 Excel 公式、函数解决复杂的管理问题和用 Excel 处理及分析不同来源、不同类型的各种数据,以及灵活运用 Excel 的各种功能进行财务数据分析和管理,真正让 Excel 成为人们工作中得心应手的工具。

▶ 6.1.2　启动 Excel 2010

Excel 2010 的启动方法有以下 4 种:

1. 从"开始"菜单启动

选择"开始"→"所有程序"→Microsoft Office→Microsoft Excel 2010 命令可启动 Excel。

2. 通过快捷方式启动

如果在安装 Microsoft Office 软件时创建了 Excel 2010 的桌面快捷方式,则可双击桌面上的 Excel 2010 快捷方式图标 来启动 Excel。

3. 通过已有的 Excel 文档启动

在文件夹窗口中,双击已经存在的 Excel 文档,在打开 Excel 文档的同时也就启动了 Excel。

4. 通过新建 Excel 文档启动

在文件夹窗口中右击,然后在弹出的快捷菜单中选择"新建"→"Microsoft Excel 工作表"命令,这时会出现一个"新建 Microsoft Excel 工作表"图标,双击该图标,即可启动 Excel。

▶ 6.1.3　Excel 2010 的窗口

启动 Excel 2010 后,其主窗口如图 6-1 所示。Excel 主窗口主要包括标题栏、功能区、编辑栏、工作表和状态栏等。

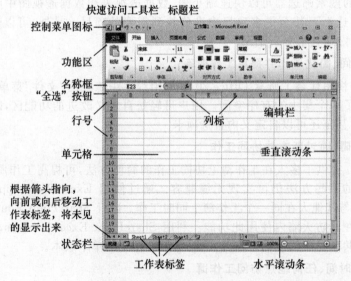

图 6-1　Excel 2010 主窗口

1. 标题栏

标题栏位于 Excel 主窗口的最顶端,最左侧为控制菜单图标,旁边是快速访问工具栏。快速访问工具栏用于放置一些常用按钮,默认情况下包括"保存""撤销"和"重复"3 个按钮,用户可以根据需要进行添加。

标题栏的中间显示的是文档名称和应用程序名称。新启动 Excel 时,默认文档名为"工作簿 1",标题栏显示为"工作簿 1 - Microsoft Excel"。

标题栏右侧有 3 个按钮,依次为"最小化"按钮、"最大化"按钮和"关闭"按钮。

2. 功能区

功能区按命令的功能分类组织,分为 8 个选项卡,包括"文件""开始""插入""页面布局""公式""数据""审阅"和"视图"选项卡。

3. 编辑栏

编辑栏从左至右依次为名称框、"取消"按钮、"输入"按钮、"插入函数"按钮 f_x 和编辑框。其中,名称框显示当前选定对象的地址(名称),或已命名区域的下拉列表,当输入公式时显示函数列表;"取消"和"输入"按钮在编辑状态或输入状态时出现;单击"插入函数"按钮,表示要输入公式并调用函数;编辑框用于输入或编辑单元格或图表中的值或公式,显示存储于活动单元格中的常量值或公式。

用户可以通过"视图"选项卡设置编辑栏是否显示。"视图"选项卡如图 6-2 所示。在"视图"选项卡的"显示"组中勾选或取消勾选"编辑栏"复选框,可设置编辑栏是否显示。

图 6-2 "视图"选项卡

4. 状态栏

在程序窗口的底行,位于工作表标签下方的区域称为状态栏,左部是操作状态信息,右部是视图切换按钮和显示比例控件。

6.1.4 Excel 2010 的关闭/退出

关闭或退出 Excel 2010 有以下 3 种方法:
1)通过"文件"选项卡中的"退出"命令退出程序。
2)单击 Excel 2010 程序窗口的"关闭"按钮。
3)按 Alt+F4 键关闭。

另外,如果当前窗口有修改且未保存,则 Excel 会自动提示用户保存,然后退出。

6.1.5 Excel 2010 的几个重要概念

1. 工作簿

在 Excel 中创建的文件称为工作簿,其默认的扩展名是".xlsx"。每一个工作簿包含若干工作表。新建的工作簿只包含 3 个工作表,即 Sheet1、Sheet2、Sheet3,用户不仅可以根据需要更改工作表名称,而且可根据需要增加或减少工作表数量。工作表数量原则上仅受限于具体的计算机内存大小。

2. 工作表

工作表位于工作簿窗口的中央区域,由行号、列标和单元格组成。位于工作表左侧区域的灰色编号区为各行的行号,位于工作表上方的灰色字母区域为各列的列标。行和列相交形成单元格。一个工作表最多有 65 536(即 2^{16})行(行用数字表示,从第 1 行到第 65 536 行),256(即 2^8)列,列标从 A 开始,最大值为 IV。

工作表由工作表标签加以区别,如 Sheet1、Sheet2 等。

3. 单元格

每个工作表由若干单元格组成。单元格是存储数据和公式以及进行计算的基本单位。在 Excel 中,用"标签名!列标行号"来表示某个单元格,称为单元格地址。例如,"Sheet1!F7"表示 Sheet1 工作表第 7 行第 F 列所对应的单元格,而"Sheet3!CK106"表示 Sheet3 工作表第 106 行第 CK 列所对应的单元格。在同一个工作表中,可以只使用二维地址,如在 Sheet1 内,可以使用 F7 来表示第 7 行第 F 列所对应的单元格。

光标所在的由粗线包围的一个单元格称为活动单元格或当前单元格,如图 6-3 所示。单击某个单元格,该单元格就成为活动单元格。此时,用户可以在编辑框中输入、修改或显示活动单元格的内容。活动单元格右下角的小黑方块称为填充柄,它具有非常重要的作用,将在后面介绍填充柄的使用。

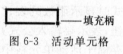

图 6-3　活动单元格

指定一个单元格为活动单元格的操作是多种多样的,常见的 3 种方法如下:

1)单击该单元格。

2)通过方向键←、↑、→、↓选定该单元格。

3)在名称框中输入该单元格的地址后按 Enter 键。

4. 区域

为了实现一次对一组单元格或一组数据进行操作,需要引入区域的概念。

由一个工作表中相邻或不相邻单元格构成的整体称为区域,区域共分为 5 种,如图 6-4 所示。

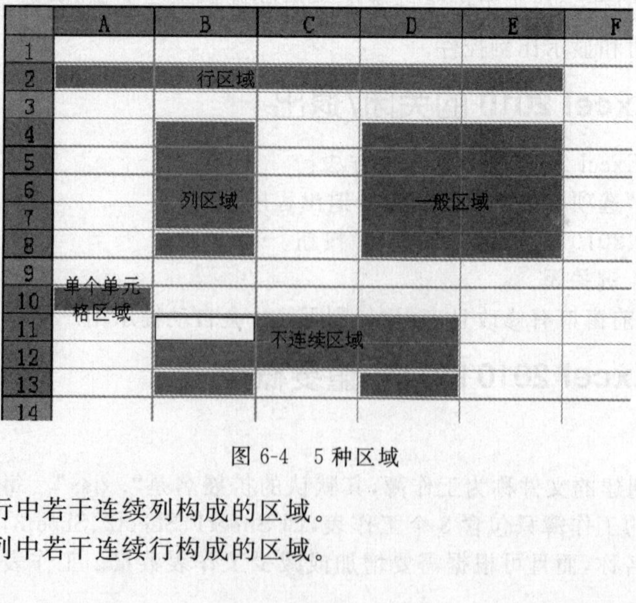

图 6-4　5 种区域

1)行区域:一行中若干连续列构成的区域。

2)列区域:一列中若干连续行构成的区域。

3）一般区域：由若干连续的行与列构成的一个矩形区域。

4）单个单元格区域：由一个单元格构成的区域。

5）不连续区域：由若干个不连续的单元格构成的区域。

一个区域由它的坐标表示和确定，区域坐标也称为区域地址。一个连续的矩形区域可由其左上角和右下角单元格地址并在中间使用"："分隔来表示。例如图 6-4 中，行区域可表示为"A2：E2"，而一般区域可表示为"D4：E8"。对于不连续的区域，可用"，"来隔开各个区域，如图 6-4 中的不连续区域可表示为"B11：D12，B13，D13"，也可表示为"B11：B13，C11：C12，D11：D13"。

5. 活动区域

活动区域就是选取了的当前区域，在名称框内显示了活动区域中当前单元格的地址。活动区域的颜色是淡蓝色的。选取一个区域为活动区域的操作是多种多样的，常见的有以下 7 种方法：

1）在工作表最左侧的行号上单击，可选取该整行区域。

2）在工作表上方的列标上单击，可选取该整列区域。

3）用鼠标拖动，可选取连续的一般区域。

4）单击一般区域的左上角单元格，按住 Shift 键，同时单击一般区域的右下角单元格，可选取该连续的一般区域。

5）用 Shift 键与方向键←、↑、→、↓配合，也可选取连续的一般区域。

6）按住 Ctrl 键，单击对应的单元格，可选取不连续区域。

7）在名称框中输入区域地址后按 Enter 键，可选取连续或不连续的区域。

要取消所选择的活动区域，可单击工作表中的其他单元格。

6.2　Excel 2010 基本操作

6.2.1　应用需求

例 6.1　建立一个简单的成绩单报表"电信 171 班期末考试成绩表"，其最终效果如图 6-5 所示。

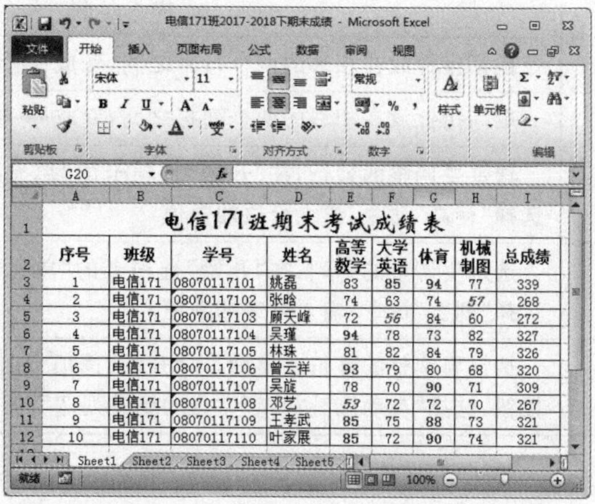

图 6-5　"电信 171 班期末考试成绩表"最终效果

本节将以例 6.1 为基础,讲述 Excel 的基本操作。

在本节中将要学习的知识点包括:如何建立新表,选定单元格与区域,编辑单元格,输入数据的方法,自动填充,自动求和,清除单元格数据,修饰单元格,单元格数据的格式化,条件格式,自动套用格式,增减行、列单元格的方法等。

▶ 6.2.2 建立新表

启动 Excel 2010 后,便会出现如图 6-1 所示的界面,此时可以在窗口的表格区中直接输入数据。如果打开了其他工作簿,则可以新建一个工作簿,可选择"开始"选项卡中的"新建"命令,在"可用模板"中选择"空白工作簿",单击右边的"创建"按钮,即可新建一个工作簿。

第一次新建的工作簿默认的文件名为"工作簿 1. xlsx",后面新建的为"工作簿 2. xlsx""工作簿 3. xlsx"等,也可以保存为自己所需要的文件名。在此例中,将其保存为"电信 171 班期末考试成绩表 . xlsx"。保存方法有以下 4 种:

1)单击快速访问工具栏中的"保存"按钮 ,打开"另存为"对话框,再根据需要选择好保存位置及设置文件名。

2)选择"文件"选项卡中的"保存"命令,在打开的"另存为"对话框中进行相应设置。

3)选择"文件"选项卡中的"另存为"命令,在打开的"另存为"对话框中进行相应设置。

4)按快捷键 Ctrl+S,在打开的"另存为"对话框中进行相应设置。

▶ 6.2.3 编辑单元格

在 Excel 中,可以选定、插入、删除、复制、移动单元格,还可以调整单元格的行高和列宽。

1. 选定单元格

在编辑单元格之前,需要选定单元格。选定单元格的操作与选取活动区域的操作是一样的,可参见 6.1.5 节的内容。

2. 调整行高和列宽

调整行高和列宽的操作见表 6-1。

表 6-1　调整行高和列宽

操作要点	操作步骤
鼠标拖动调整行高	鼠标指针放在相邻的两个行号之间,变成 ↕ 形状,拖动鼠标调整
鼠标拖动调整列宽	鼠标指针放在相邻的两个列标之间,变成 ↔ 形状,拖动鼠标调整
使用功能区调整行高	选定要调整的整行,在"开始"选项卡的"单元格"组中单击"格式"按钮,选择"行高"命令,输入合适的数值
使用功能区调整列宽	选定要调整的整列,在"开始"选项卡的"单元格"组中单击"格式"按钮,选择"列宽"命令,输入合适的数值
使用功能区调整最适合行高与列宽	选定要调整的整行或整列,在"开始"选项卡的"单元格"组中单击"格式"按钮,选择"自动调整行高"("自动调整列宽")命令

3. 复制、移动单元格

复制单元格是将选定单元格的内容复制到其他单元格中,移动单元格是将选定单元格的内容移动到其他单元格中。复制单元格可以使用"开始"选项卡下"剪贴板"组中的"复制"和"粘贴"按钮来完成,也可以使用鼠标右键来完成,还可以使用快捷键 Ctrl+C 和 Ctrl+V 来完成。移动单元格可以使用"开始"选项卡下"剪贴板"组中的"剪切"和"粘贴"按钮来完成。其操作与 Word 中的复制和移动操作类似。

4. 输入数据的一般过程

在 Excel 中,输入数据的方法如下:

1)选定要输入数据的单元格。

2)使用键盘输入数据。

3)按 Enter 键,或单击编辑栏中的"输入"按钮✔。如果按 Esc 键或单击编辑栏中的"取消"按钮✖,可以取消输入。

5. Excel 常用的数据类型

在输入数据时,应考虑数据的类型。在 Excel 中,既可以输入数字,也可以输入汉字、英文、标点、日期、时间、分数、货币、特殊符号等。在输入数据时,应先选定所需的单元格,然后开始输入具体的数据。下面简述几种常用的数据类型。

1)数值型数据:包括数字、正号、负号和小数点。科学记数法表示的数据的输入格式是"尾数 E 指数",如 12E3、3.14E-7。分数的输入格式是"分子/分母",如 2/3。

2)文本型数据:输入的中文、英文等字符,按文本型数据处理,字符文本应逐字输入。如果输入的是数字,将默认按数值型数据处理。在一些特殊的场合,需要将数字按文本型数据处理,如以 0 开头的学号、身份证号、电话号码等。此时可以通过以下 3 种方法来实现:

①以"="数字""格式输入,如输入"="0123456"",将在单元格中得到文本"0123456"。

②以"'数字"格式输入,如输入"'0123456",将在单元格中得到文本"0123456",且在该单元格的左上角有一个淡绿色的小三角形符号。

③选定要输入的单元格,设置其格式为文本,即可直接输入数字。

3)日期型数据:日期型数据的输入格式非常多,可以是"yyyy 年 mm 月 dd 日""yyyy/mm/dd"或其他格式。

4)逻辑型数据:逻辑型数据的输入只有 TRUE 和 FALSE。其中,TRUE 表示"真",FALSE 表示"假"。

5)其他的数据类型,包括时间、货币、特殊符号等。

6.2.4 输入数据

在例 6.1 中,输入过程如下:

1)选定单元格 A1,输入"电信 171 班期末考试成绩表"(注意,不包括引号本身,下同)。

2)选定单元格 A2,输入"序号",选定单元格 B2,输入"班级",再依次选定单元格 C2、D2、E2、F2、G2、H2、I2,并依次输入"学号""姓名""高等数学""大学英语""体育""机械制图"和"总成绩"。

3)选定单元格 A3,输入"1",选定单元格 B3,输入"电信 171"。

4)选定单元格 C3,输入"'08070117101"。注意,在数字 0 前面有一个英文状态下的单引号。此时应注意到,在单元格中有部分数字没有完整显示,这是因为该单元格的列宽过窄,需要调整列宽,参见步骤 7)。

5)分别在单元格 D3、E3、F3、G3、H3 中输入"姚磊""83""85""94""77"。

6)重复步骤 3)~5),将剩下的学生数据输入完成。

7)调整 B 列、C 列的列宽:选定 B 列与 C 列,在“开始”选项卡的“单元格”组中单击“格式”按钮,选择“自动调整列宽”命令。

8)保存工作簿:选择“开始”选项卡中的“保存”命令,打开“另存为”对话框,输入文件名,保存文件。此时,工作表效果如图 6-6 所示。

	A	B	C	D	E	F	G	H	I
1	电信171班期末考试成绩表								
2	序号	班级	学号	姓名	高等数学	大学英语	体育	机械制图	总成绩
3	1	电信171	08070117101	姚磊	83	85	94	77	
4	2	电信171	08070117102	张晗	74	63	74	57	
5	3	电信171	08070117103	顾天峰	72	56	84	60	
6	4	电信171	08070117104	吴瑾	94	78	73	82	
7	5	电信171	08070117105	林珠	81	82	84	79	
8	6	电信171	08070117106	曾云祥	93	79	80	68	
9	7	电信171	08070117107	吴旋	78	70	90	71	
10	8	电信171	08070117108	邓艺	53	72	72	70	
11	9	电信171	08070117109	王孝武	85	75	88	73	
12	10	电信171	08070117110	叶家展	85	72	90	74	

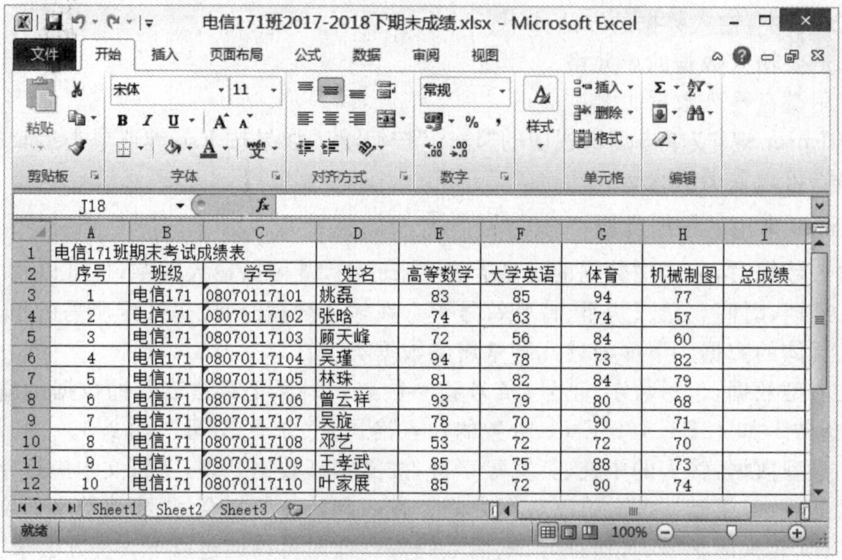

图 6-6　输入数据后的“电信 171 班期末考试成绩表”效果

6.2.5　输入数据的其他技巧

1. 巧用 Enter 键与 Tab 键

1)按 Tab 键可快速选定该单元格右侧的单元格。

2)默认情况下,按 Enter 键可使该单元格下侧的单元格成为活动单元格,但是可以进行设置。其设置方法为选择“文件”选项卡中的“选项”命令,在打开的“Excel 选项”对话框中选择“高级”选项卡,在“按 Enter 键后移动所选内容”的“方向”中选择“向下”“向右”“向上”或“向左”选项。

3)按 Alt+Enter 键,可以在一个单元格内输入多行文本。

2. 输入相同的数据

在制作表格时,经常会输入相同的数据,如例 6.1 中的“班级”列的内容都是“电信 171”。在 Excel 中,可以使用复制粘贴功能或填充柄功能完成相同数据的输入。

1)复制粘贴功能:在输入第一个数据后,可以将该数据一次性复制到需要的所有单元格中。在例 6.1 中,在单元格 B3 中输入“电信 171”后,选定单元格 B3,再按快捷键 Ctrl+C,复制该单元格,此时单元格 B3 将显示一个闪烁的边框,然后选定区域 B4:B12,按快捷键 Ctrl+V 完成粘贴,则从 B4 到 B12 的所有单元格中的内容均是“电信 171”。

2)填充柄功能:在例 6.1 中,先在单元格 B3、B4 中均输入“电信 171”,然后选定 B3:B4 区域,此时该区域的右下方出现了一个小正方形的填充柄,如图 6-7 所示。将鼠标指针移到该填充柄上,当鼠标指

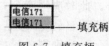

图 6-7　填充柄

针变为一个十字形时,拖动该填充柄到 B12,则从 B5 到 B12 的所有单元格中均自动填充了"电信 171"数据。

需要注意的是,如果在此例中不是选定 B3、B4,而是只选定 B3 再使用填充功能,则 B4 中将是"电信 172",B5 中将是"电信 173",这实际上是使用了 Excel 的自动填充序列功能。

3. 自动填充

Excel 的填充柄功能十分强大,也十分有用。用户可以采用填充序列方式自动填充数据,以输入等差或等比序列的数据,也可以使用自定义序列填充数据。

1)采用填充序列方式自动填充数据,一般操作步骤如下:

①在第一个单元格中输入起始数据。

②选择"开始"选项卡,在"编辑"组中单击"填充"按钮↙,在下拉列表中选择"系列"命令,打开"序列"对话框,如图 6-8 所示。

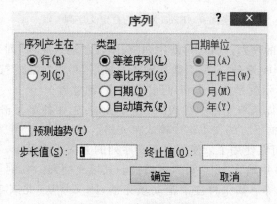

图 6-8 "序列"对话框

③在"序列"对话框中,指定序列产生在列或行(也就是自动填充的数据是在行还是在列),在"步长值"文本框中输入数列的步长,在"终止值"文本框中输入最后一个数据。

④单击"确定"按钮,在行或列上就自动填充了所定义的数据序列。

在例 6.1 中,"序号"列的数据可以使用自动填充方式输入,具体步骤如下:

①在单元格 A3 中输入起始数据"1"。

②选择"开始"选项卡,在"编辑"组中单击"填充"按钮■,在下拉列表中选择"系列"命令,打开"序列"对话框,如图 6-8 所示。

③在"序列"对话框中,指定序列产生在列,在"步长值"文本框中输入数列的步长"1",在"终止值"文本框中输入最后一个数据"10"。

④单击"确定"按钮,单元格 A3:A12 上就自动填充了数据序列 1～10。

另外,Excel 会自动识别等差序列,如果填写好前面两个单元格,再选定它们,用鼠标拖动使用填充柄功能,则 Excel 会自动填充好数据。以例 6.1 为例,先在单元格 A3 中输入数据"1",在 A4 中输入数据"2",再选定 A3:A4,然后用鼠标拖动填充柄到 A12,则 Excel 会在 A5:A12 中自动填充数据 3～10。

2)采用自定义序列自动填充数据。在 Excel 中,有一些默认的自定义序列。选择"文件"选项卡中的"选项"命令,打开"Excel 选项"对话框,单击"高级"标签,在右边的"常规"选项组中单击"编辑自定义列表"按钮,打开"自定义序列"对话框,可以看到系统默认的自定义序列,如图 6-9 所示。

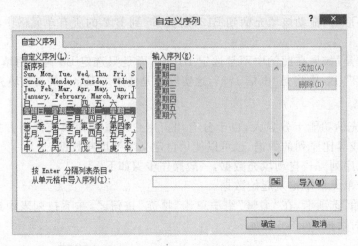

图 6-9　Excel 默认的自定义序列

　　如果要自己添加新的序列，则单击"新序列"选项，在"输入序列"列表框中输入序列中的每一项，各项之间按 Enter 键分隔，所有数据输入完成后，单击"添加"按钮，即可插入新序列到 Excel 中。图 6-10 所示就是插入了新序列"北京市，河北省……"。

　　添加新序列时还可以从单元格中导入序列，方法是：先在各单元格中输入好序列数据，再在如图 6-9 所示对话框下方的文本框中输入单元格区域，再单击"导入"按钮即可。

　　定义好序列后，就可以使用了。使用自定义序列的方法非常简单，只需使用填充柄功能即可。例如在单元格 J3 中输入"北京市"，然后拖动其填充柄到 J14，则从 J4 到 J14 中会自动填充"河北省""山东省"等。如果再往下拖动填充柄，则又将从"北京市"开始重复填充，如图 6-11 所示。

图 6-10　插入新序列"北京市、河北省……"　　　图 6-11　使用自定义序列的效果

4. 自动求和

　　在编制报表的过程中，经常要对一些数据进行合并计算，单击"开始"选项卡中的"自动求和"按钮**Σ**，可以完成此项操作。以例 6.1 中的求总成绩为例，具体步骤如下：

　　1）选定区域 E3：I12，其中的单元格 I3：I12 中就是要存放求和结果的区域。

　　2）单击"开始"选项卡中的"自动求和"按钮**Σ**，计算立即完成。

5. 清除单元格数据

清除单元格数据是指删除选定单元格中的数据。清除数据的方法是：选定要删除的区域，按 Delete 键。注意，清除单元格的数据和删除单元格是不同的。

6.2.6 修饰单元格

修饰单元格包括制作标题、单元格数据的格式化、设置条件格式、设置边框和底纹等操作。

1. 制作标题

在 Excel 工作表中，标题一般位于表格数据的正上方，可以采用"合并后居中"功能来制作标题。在例 6.1 中，在单元格 A1 中输入"电信 171 班期末考试成绩表"后，选定区域 A1：I1，然后单击"开始"选项卡中的"合并后居中"按钮，则合并了 A1：I1 单元格区域，并且原来在 A1 中的文本"电信 171 班期末考试成绩表"已经居中显示了，效果如图 6-12 所示。

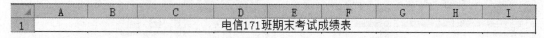

图 6-12　使用"合并后居中"制作标题的效果

另外，该按钮还可以拆分单元格，当合并单元格后，再单击该按钮，则将会把合并的单元格还原。

2. 单元格数据的格式化

单元格数据的格式化可以通过如图 6-13 所示的"开始"选项卡中的"字体"组和"对齐方式"组进行，也可以通过"设置单元格格式"对话框进行。

图 6-13　"开始"选项卡中的"字体"组和"对齐方式"组

单击"开始"选项卡下"字体"组中的对话框启动器或者"对齐方式"组中的对话框启动器，可以打开"设置单元格格式"对话框；或者在"开始"选项卡的"单元格"组中单击"格式"按钮，选择"设置单元格格式"命令，也可以打开"设置单元格格式"对话框。该对话框共有6 个选项卡，如图 6-14 所示。

1)"数字"选项卡：包括"常规""数值""货币""会计专用""日期""时间""百分比""分数""科学记数""文本""特殊""自定义"，用于设置数值型数据的显示格式（只改变显示格式，而其数值不会改变），默认为"常规"。

在"常规"格式下，当数值过大时会自动用科学记数方式显示；小数中表示精度的"0"不显示，当小数位数过多时，自动按列宽限制四舍五入保留小数位数显示。

在"数值"格式下,单元格中的数据将设置为数值,并可以选择数值的小数位数,以及是否使用千位分隔符。

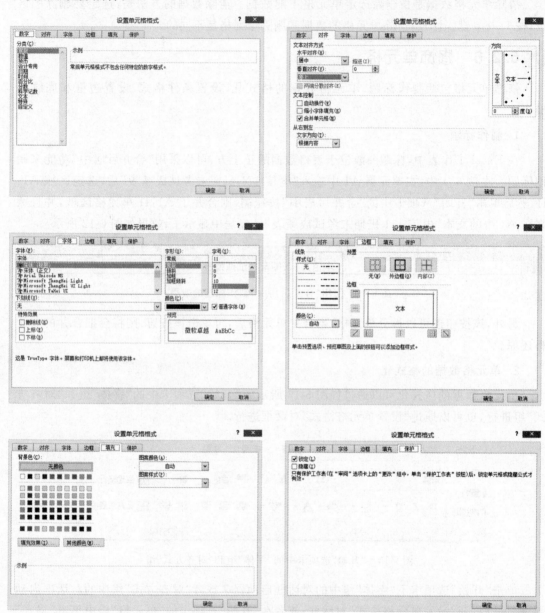

图 6-14　"设置单元格格式"对话框的 6 个选项卡

2)"对齐"选项卡:包括"文本对齐方式""文本控制""从右到左"等选项组。在水平对齐方式中,可以设置文本在单元格中的水平对齐方式,包括"常规""靠左(缩进)""居中""靠右(缩进)"等,默认是"常规"对齐方式。在垂直对齐方式中,可以选择"靠上""居中""靠下"等。在"方向"选项组中,可以选择文本在单元格中的排列方向(是从左往右排列还是从上往下排列),并可以自由选择文本的旋转角度。图 6-15 所示是各选项的显示效果。

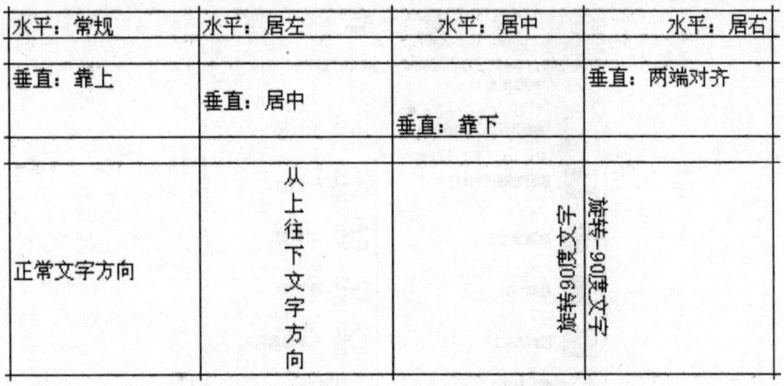

水平：常规	水平：居左	水平：居中	水平：居右
垂直：靠上	垂直：居中	垂直：靠下	垂直：两端对齐
正常文字方向	从上往下文字方向	旋转90度文字	旋转-90度文字

图 6-15　对齐方式和方向的设置效果

3)"字体"选项卡：与 Word 中"开始"选项卡的"字体"组相似，请参见 Word 部分内容。

4)"边框"选项卡：用于设置单元格中单元格四周的边框线。

5)"填充"选项卡：用于设置单元格底纹的颜色与图案。

6)"保护"选项卡：有"锁定"和"隐藏"两项。被锁定的单元格在工作表被保护之后，其中的内容不能被改变，未被锁定的单元格在工作表被保护之后可正常编辑。此功能可实现工作表被保护状态下的局部保护。隐藏的单元格在工作表被保护之后，其中的内容将不在编辑框中显示。

下面对例 6.1 中的表格进行格式设置。

1)对标题单元格进行字体的格式设置：华文新魏、20 磅、水平居中、垂直居中。

2)选择第 2 行，设置"对齐"为水平居中、垂直居中、自动换行，设置"字体"为宋体、加粗、12 磅。

3)选择第 A、E、F、G、H、I 列，设置"对齐"为水平居中方式。

4)调整 E、F、G、H 列的列宽为固定值"5"。

5)选定区域 A2:I12，设置其边框。图 6-16 所示为设置格式后的效果。

	A	B	C	D	E	F	G	H	I
1	电信171班期末考试成绩表								
2	序号	班级	学号	姓名	高等数学	大学英语	体育	机械制图	总成绩
3	1	电信171	08070117101	姚磊	83	85	94	77	339
4	2	电信171	08070117102	张晗	74	63	74	57	268
5	3	电信171	08070117103	顾天峰	72	56	84	60	272
6	4	电信171	08070117104	吴瑾	94	78	73	82	327
7	5	电信171	08070117105	林珠	81	82	84	79	326
8	6	电信171	08070117106	曾云祥	93	79	80	68	320
9	7	电信171	08070117107	吴旋	78	70	90	71	309
10	8	电信171	08070117108	邓艺	53	72	70	70	267
11	9	电信171	08070117109	王孝武	85	75	88	73	321
12	10	电信171	08070117110	叶家展	85	72	90	74	321

图 6-16　设置格式后的效果

3. 条件格式

条件格式可以突出显示满足特定条件的单元格。例如，可以在成绩单中突出显示未及格的学生成绩(如添加红色填充、加粗、倾斜等)，也可同时突出显示 85 分以上的优秀成绩。特别地，当设置条件格式后，如果单元格中的数字发生变化，则 Excel 会自动修正其显示的效果。单击"开始"选项卡下"样式"组中的"条件格式"按钮，在下拉列表中选择"突出显示单元格规则"命令，如图 6-17 所示。

图 6-17　"条件格式"下拉列表

下面以例 6.1 为例介绍条件格式的设置方法。在该例中,将对不及格的成绩用红色、加粗、倾斜突出显示,对 85 分(包含 85 分)以上的成绩用蓝色、加粗突出显示,步骤如下:

1)选定区域 E3:H12,单击"开始"选项卡下"样式"组中的"条件格式"按钮,在下拉列表中选择"突出显示单元格规则"→"其他规则"命令,打开"新建格式规则"对话框。

2)"选择规则类型"设为"只为包含以下内容的单元格设置格式",在"编辑规则说明"中,选择"单元格值""小于",并输入"60",单击"格式"按钮,打开"设置单元格格式"对话框,选择"字形"中的"加粗倾斜","颜色"选择"红色",单击"确定"按钮,返回"新建格式规则"对话框,再单击"确定"按钮,即可完成低于 60 分的成绩的条件格式设置。设置后的"新建格式规则"对话框如图 6-18 所示。

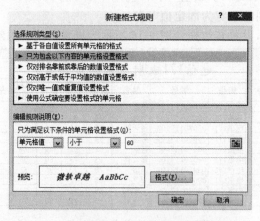

图 6-18　设置低于 60 分的成绩的条件格式

3)重复步骤(1),"选择规则类型"设为"只为包含以下内容的单元格设置格式",在"编辑规则说明"中,选择"单元格值""大于或等于",并输入"85",然后参照上一步设置"字形"为"加粗","颜色"选择"蓝色"。

4)单击"确定"按钮,返回"新建格式规则"对话框,再单击"确定"按钮,则成绩数据中,不及格的成绩已经加粗、倾斜显示,颜色为红色,而超过 85 分(含 85 分)的成绩加粗显示,颜色为蓝色,效果如图 6-19 所示。

电信171班期末考试成绩表								
序号	班级	学号	姓名	高等数学	大学英语	体育	机械制图	总成绩
1	电信171	08070117101	姚磊	83	85	94	77	339
2	电信171	08070117102	张晗	74	63	74	57	268
3	电信171	08070117103	顾天峰	72	56	84	60	272
4	电信171	08070117104	吴瑾	94	78	73	82	327
5	电信171	08070117105	林珠	81	82	84	79	326
6	电信171	08070117106	曾云祥	93	79	80	68	320
7	电信171	08070117107	吴旋	78	70	90	71	309
8	电信171	08070117108	邓艺	53	72	72	70	267
9	电信171	08070117109	王孝武	85	75	88	73	321
10	电信171	08070117110	叶家展	85	72	90	74	321

图 6-19 设置条件格式后的效果

4. 自动套用格式

Excel中有许多内置的格式可供套用,要使用自动套用格式,步骤如下:

1)选定要套用格式的区域。

2)选择"开始"选项卡,单击"样式"组中的"套用表格格式"按钮 ,弹出如图6-20所示的"套用表格格式"下拉列表。

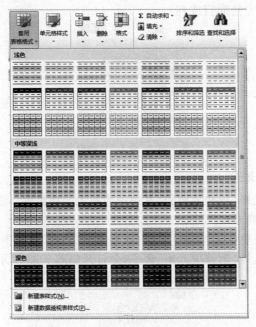

图 6-20 "套用表格格式"下拉列表

3)选择合适的格式,打开"套用表格式"对话框,勾选"表包含标题"复选框,单击"确定"按钮即可。图6-21所示为例6.1中使用"表样式浅色1"格式后的效果。

电信171班期末考试成绩表								
序号	班级	学号	姓名	高等数学	大学英语	体育	机械制图	总成绩
1	电信171	08070117101	姚晶	83	85	94	77	339
2	电信171	08070117102	张晗	74	63	74	57	268
3	电信171	08070117103	顾天峰	72	56	84	60	272
4	电信171	08070117104	吴瑾	94	78	73	82	327
5	电信171	08070117105	林珠	81	82	84	79	326
6	电信171	08070117106	曾云祥	93	79	80	68	320
7	电信171	08070117107	吴旋	78	70	90	71	309
8	电信171	08070117108	邓艺	53	72	72	70	267
9	电信171	08070117109	王孝武	85	75	88	73	321
10	电信171	08070117110	叶家展	85	72	90	74	321

图 6-21 使用"表样式浅色1"后的效果

若要删除选定区域套用的表格格式,则可先选定该区域,然后选择"表格工具"中的"设计"选项卡,在"表格样式"组中单击"其他"按钮,在弹出的下拉列表中选择"清除"命令即可。

6.2.7 增减行、列、单元格

1. 增加空行或空列

若想在某一行上方插入一空行,单击其行标题,选择"开始"选项卡,单击"单元格"组中的"插入"下拉按钮,选择"插入工作表行"命令即可。若选定了连续的多行,则同时会插入相同数目的空行。

空列的插入方法与空行的类似,新插入的列会出现在选定列的左方。

2. 插入空白单元格

当要插入一个或多个单元格时,选定预插入位置的单元格或区域,右击并选择快捷菜单中的"插入"命令;或者选择"开始"选项卡,单击"单元格"组中的"插入"下拉按钮,选择"插入单元格"命令。在"插入"对话框(见图6-22)中选择插入的方式。其中,选中"整行"或"整列"单选按钮可插入一个完整的行或列。

图6-22 "插入"对话框

3. 行、列和单元格的删除

用户可将选定的单元格、行和列删除,其中的数据也会被删除。其步骤一般如下:

1)选定要删除的行、列或单元格。

2)右击并选择快捷菜单中的"删除"命令;或者选择"开始"选项卡,单击"单元格"组中的"删除"下拉按钮。若选择"删除单元格"命令,会打开如图6-23所示的"删除"对话框。

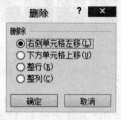

图6-23 "删除"对话框

3)在"删除"对话框中指定删除的方式。

6.3 公式与函数

在Excel中,利用公式可以实现表格的自动计算、统计、分析操作。函数是预定义的公式,Excel提供了数学、日期、查找、统计、财务等多种函数供用户使用。

6.3.1　应用需求

例 6.2　在例 6.1 的基础上，在“电信 171 班期末考试成绩表”中增加各种统计数据(如补考人数、平均分、及格率等)，以完成该成绩表的统计分析工作，其最终效果如图 6-24 所示。

	A	B	C	D	E	F	G	H	I	J	K
1	电信171班期末考试成绩表										
2	序号	班级	学号	姓名	高等数学	大学英语	体育	机械制图	总成绩	平均成绩	成绩排名
3	1	电信171	08070117101	姚磊	83	85	94	77	339	84.75	1
4	2	电信171	08070117102	张晗	74	63	74	57	268	67.00	9
5	3	电信171	08070117103	顾天峰	72	56	84	60	272	68.00	8
6	4	电信171	08070117104	吴瑾	94	78	73	82	327	81.75	2
7	5	电信171	08070117105	林珠	81	82	84	79	326	81.50	3
8	6	电信171	08070117106	曾云祥	93	79	80	68	320	80.00	6
9	7	电信171	08070117107	吴旋	78	70	90	71	309	77.25	7
10	8	电信171	08070117108	邓艺	53	72	72	70	267	66.75	10
11	9	电信171	08070117109	王孝武	85	75	88	73	321	80.25	4
12	10	电信171	08070117110	叶家展	85	72	90	74	321	80.25	4
13	总人数			10							
14	合计人数			<60分	1	1	0	1			
15				60~69分	0	1	0	2			
16				70~79分	3	6	3	6			
17				80~89分	4	2	4	1			
18				≥90分	2	0	3	0			
19	成绩统计			平均分	79.8	73.2	82.9	71.1			
20				最高分	94	85	94	82			
21				最低分	53	56	72	57			
22				及格率	90%	90%	100%	90%			

图 6-24　“电信 171 班期末考试成绩表”加上统计数据之后的效果

6.3.2　公式

Excel 的公式以“＝”开头，在“＝”后面可以包括 5 种元素：运算符、单元格引用、数值和文本、函数、括号。

1. 公式的输入

Excel 的公式以“＝”开头，公式中所有的符号(除了文字中的)都是英文半角的符号，在输入公式时必须注意这一点。

公式输入的操作方法为，首先选中存放计算结果的单元格，然后输入“＝”，再输入公式部分，此时在编辑框中将同步显示输入的公式；公式输入完毕后，按 Enter 键结束输入。此时，在单元格中只会显示公式的计算结果，而公式本身仅在编辑框中可以看到。

2. 运算符

Excel 中包含算术运算符、比较运算符、文本运算符和引用运算符 4 种。

1)算术运算符：包括＋(加)、－(减)、*(乘)、/(除)、%(百分比)、^(乘方)。

2)比较运算符：包括＝(等于)、＞(大于)、＜(小于)、＞＝(大于等于)、＜＝(小于等于)、＜＞(不等于)。

3)文本运算符(&)：用来连接两个文本，使之成为一个文本。例如，“"I Love " & "China"”的计算结果是“I Love China”。又如，在单元格 A2 中的内容为“江西”，在单元格 A3 中的内容为“理工大学”，如果在单元格 A4 中输入“＝A2 & A3”并按 Enter 键，则单元格 A4 中的内容为“江西理工大学”。如果在单元格 A5 中输入“＝"我爱"&A4”并按 Enter 键，则单元格 A5 中的内容为"我爱江西理工大学"。

4)引用运算符:用来引用单元格区域,包括区域引用符":"和联合引用符","。例如, "A1:C15"表示从 A1 到 C15 所形成的矩形区域中所有单元格的引用,共包括 45 个单元格; "A1,B2,C2,D1"表示 A1、B2、C2、D1 这 4 个单元格的引用;"A1:C15,D2,E2:F3"表示由 两个矩形区域加上 D2 所构成的单元格区域的引用,共包括 50 个单元格。

3. 公式的复制

为了提高输入的效率,可以对单元格中输入的公式进行复制。复制公式的方法有两种, 一种是使用"复制"和"粘贴"命令,另一种是使用拖动填充柄的方法。

复制公式后,公式中原有的引用可能会发生变化,具体变化原因与变化结果见 6.3.3 节 的相关内容。

▶ 6.3.3 单元格地址的引用

单元格地址的引用包括相对引用(相对地址)、绝对引用(绝对地址)和混合引用(混合地 址)3 种。

1. 相对引用

相对引用是指在公式复制或移动时,公式中单元格地址的引用相对于目的单元格会发 生改变。相对引用的格式是"列标行号",如 A1、D12、E5。

例如,如果在单元格 B6 中的公式是"=A4",则将该公式复制到单元格 B7 后,由于 B7 对于 B6 来说只是行增加了 1,因此公式中的相对引用内容"A4"会相应地行增加 1,公式变 成"=A5";再如将 B6 中的公式复制到单元格 D3 后,由于 D3 对于 B6 来说列增加了 2,行减 小了 3,因此在 D3 中的相对引用内容也相应地列增加 2,行减小 3,即在 D3 中的内容会变成 "=C1"。

2. 绝对引用

绝对引用是指在公式复制或移动时,公式中单元格地址的引用相对于目的单元格不发 生改变。绝对引用的格式是"$列标$行号",如 $A$1、$D$12、$E$5。

例如,如果在单元格 B6 中的公式是"=$A$4",则无论将该公式复制到哪个单元格 中,其公式内容都不会发生变化,依然是"=$A$4"。

3. 混合引用

混合引用是指在公式复制或移动时,公式内单元格地址引用的行和列中,一个是相对引 用,另一个是绝对引用,如 $A1、$D12、E$5。

例如,如果在单元格 B6 中的公式是"=$A4",则将该公式复制到单元格 D3 后,虽然 D3 相对于 B6 来说列增加了 2,行减小了 3,但由于 B6 中的公式是混合引用,其列号已经被 固定,该列是不会发生变化的,而行会发生相应的改变,因此在 D3 中的公式将相应地变为 "=$A1"。

下面通过一个例子来说明相对引用与绝对引用的应用。

例 6.3 已知在 Excel 表格的 B2:C11 中已经输入了数据,现在在单元格 D2 中输入公 式"=B2+C2",在单元格 E2 中输入公式"=$B$2+$C$2",在单元格 F2 中输入公式"= B$2+C$2",在单元格 B12 中输入公式"=B2+B11",在单元格 B13 中输入公式"=$B $2+$B$11",在单元格 B14 中输入公式"=B$2+$B11"后,效果如图 6-25 所示。

	A	B	C	D	E	F	G
		列一	列二	相对地址计算 =B2+C2	绝对地址计算 =$B$2+$C$2	混合地址计算 =B$2+$C2	
1							
2		1	10	11	11	11	
3		2	20				
4		3	30				
5		4	40				
6		5	50				
7		6	60				
8		7	70				
9		8	80				
10		9	90				
11		10	100				
12	相对地址计算 =B2+B11	11					
13	绝对地址计算 =$B$2+$B$11	11					
14	混合地址计算 =B$2+$B11	11					
15							

图 6-25　相对地址、绝对地址与混合地址举例原始图

现在将 D2、E2、F2 分别复制到 D3:D11、E3:E11、F3:F11,将 B12、B13、B14 分别复制到 C12、C13、C14,结果如图 6-26 所示。

	A	B	C	D	E	F	G
		列一	列二	相对地址计算 =B2+C2	绝对地址计算 =$B$2+$C$2	混合地址计算 =B$2+$C2	
1							
2		1	10	11	11	11	
3		2	20	22	11	21	
4		3	30	33	11	31	
5		4	40	44	11	41	
6		5	50	55	11	51	
7		6	60	66	11	61	
8		7	70	77	11	71	
9		8	80	88	11	81	
10		9	90	99	11	91	
11		10	100	110	11	101	
12	相对地址计算 =B2+B11	11	110				
13	绝对地址计算 =$B$2+$B$11	11	11				
14	混合地址计算 =B$2+$B11	11	20				
15							

图 6-26　相对地址、绝对地址与混合地址复制后的效果

解释如下:

1)单元格 D2 中的公式为"=B2+C2",其中的 B2、C2 均为相对引用,将它复制到单元格 D3 中后,位置发生了变化,即"列不变,行增加了 1",所以其中的相对引用会相应地发生变化,即"列不变,行增加 1",这样在单元格 D3 中的公式就变成了"=B3+C3",计算出的结果是"22",再复制到 D4 及其他单元格中后,公式也会相应地发生变化。

2)单元格 E2 中的公式为"=$B$2+$C$2",其中的$B$2、$C$2 均为绝对引用,将它复制到单元格 E3 中后,虽然位置发生了变化,但由于是绝对引用,公式不会发生任何变化,还是"=$B$2+$C$2",因此其结果仍然是"11"。再复制到其他单元格中后,结果也不会发生变化。

3)单元格 F2 中的公式为"=B$2+$C2",其中的 B$2、$C2 均为混合引用,对于 B$2 来说,列 B 是会发生相对变化的,而行 2 是固定的,即不管将其复制到哪个单元格中,行不会发生变化;而$C2 是固定了列,行会发生相对变化。这样将 F2 中的公式复制到 F3 中后,因为其发生的变化为列不变、行增加 1,所以对于 B$2 来说,不会有变化,而对于$C2 来

说,会变化成＄C3。因此,公式复制到 F3 中后,整个公式变化为"＝B＄2＋＄C3",结果是"21"。再复制到其他单元格中后,结果也会发生相应的变化。

4)单元格 B12、B13、B14 中的公式也有类似的情况。

4. 三维地址引用

三维地址引用是在一个工作表中引用另一个工作表的单元格地址,引用格式是"工作表标签名! 单元格地址引用"。例如,Sheet1! A1 就是指工作表 Sheet1 中的单元格 A1,而 Sheet3! D5 是指工作表 Sheet3 中的单元格 D5。

另外,工作表标签名默认为 Sheet1、Sheet2……用户可以更改工作表标签名,方法有如下两种:

1)双击要改名的工作表标签(见图 6-1),直接修改名称。

2)右击要改名的工作表标签,在弹出的快捷菜单中选择"重命名"命令后,修改名称。

5. 名称

为了更加直观地引用单元格或单元格区域,可以给它们赋予一个名称,从而在公式或函数中直接引用。另外,在一些数据库编程中也需要使用名称来引用。

例如在例 6.2 中,在区域 E3:H12 中存放了所有学生的所有成绩,如果要算出所有学生的所有成绩的总和(虽然这样做没有多大的实际意义),则可以使用公式"＝SUM(E3:H12)"来计算。如果事先给区域 E3:H12 定义一个名称"Score",则计算的公式可以为"＝SUM(Score)",从而使公式变得更加直观。

给单元格或区域命名的方法有以下两种:

1)选定要命名的区域,在名称框中输入名称,按 Enter 键即可。

2)选定要命名的区域,选择"公式"选项卡,在"定义的名称"组中单击"定义名称"下拉按钮,选择"定义名称"命令,打开"新建名称"对话框(见图 6-27),输入合适的名称(如"Demo"),在"范围"中可以选择名称作用的范围是整个工作簿还是工作表,在"引用位置"中还可以调整刚才所选择的区域,单击"确定"按钮即可。

要删除所命名的名称,则选择"公式"选项卡,在"定义的名称"组中单击"名称管理器"按钮,然后在如图 6-28 所示的"名称管理器"对话框中选择相应的名称,再单击"删除"按钮即可。

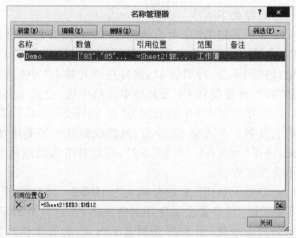

图 6-27 "新建名称"对话框

图 6-28 "名称管理器"对话框

6.3.4 函数概述

Excel 提供了大量的已定义的函数,用户可以直接使用。根据函数的功能,可以将函数分为日期和时间函数、文本函数、财务函数、逻辑函数、查找和引用函数、统计函数、信息函数、工程函数、数学和三角函数等。

1. 函数的格式

Excel 函数的基本格式是:函数名(参数 1\[,参数 2,……,参数 n\])。其中,函数名是每一个函数的唯一标识,它决定了函数的功能和用途。函数名对大小写不敏感,可大写也可小写,也可大小写结合。函数参数是一些可以变化的量,参数用圆括号括起来,参数和参数之间以逗号分隔。参数可以是数字、文本、逻辑值、单元格引用、名称等,也可以是公式或函数。例如,求和函数 SUM 的格式是 SUM(Number1,Number2,…),其功能是对所有参数的值求和。如果使用的公式为"=SUM(A1,A2,B1:C5)",则是对单元格 A1、A2 及 B1:C5 区域的所有单元格(共 12 个单元格)求和。

2. 函数的输入方法

输入函数有两种方法:使用"插入函数"对话框输入,或在编辑框中直接输入。

1)使用"插入函数"对话框输入函数的过程为:选定要存放计算结果的单元格,如 I13,选择"公式"选项卡,在"函数库"组中单击"插入函数"按钮 f_x,打开"插入函数"对话框,如图 6-29 所示。在"插入函数"对话框中可选择合适的函数,单击"确定"按钮,打开"函数参数"对话框(见图 6-30),在其中可以输入相应的参数。

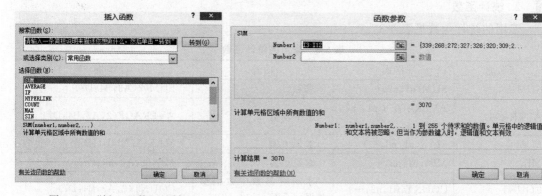

图 6-29 "插入函数"对话框　　　　　　图 6-30 "函数参数"对话框

2)在编辑框中直接输入函数。如果用户对函数比较熟悉,或者需要使用嵌套关系比较复杂的公式,则利用编辑框直接输入更快捷,也更方便有效。其方法为:先选定要存放计算结果的单元格,然后直接输入"=",再输入需要的公式及函数,输入完成后按 Enter 键即可。

6.3.5 常用函数简介

Excel 提供的常用函数包括数学和三角函数、统计函数、日期和时间函数、逻辑函数、查找与引用函数。下面逐一介绍。

1. 数学和三角函数

常用的数学和三角函数见表 6-2。

表 6-2　常用的数学和三角函数

函数名	格式	功能	举例	注意
ABS	ABS(n)	返回给定数 n 的绝对值	ABS(−200)结果为 200 ABS(B4)结果为单元格 B4 中数值的绝对值	如果给定的 n(或单元格中的值)不是数字,而是其他字符,则返回错误值" # VALUE!"。下同
MOD	MOD(n, d)	返回 n 除以 d 的余数	MOD(20,6)结果为 2 MOD(B4,6)结果为单元格 B4 中数值对 6 取余的值	——
SQRT	SQRT(n)	返回给定数 n 的平方根	SQRT(16)结果为 4 SQRT(B4)结果为单元格 B4 中数值的平方根	如果给定的 n(或单元格中的值)为负数,则返回错误值" # NUM!"
RAND	RAND( )	得到一个 0～1 之间的随机小数	RAND( )结果可得一个 0～1 之间的小数	——
ROUND	ROUND (n, d)	对数值 n 进行四舍五入,精确到小数点第 d 位	假设单元格 B4 中的值为 123.45678,则 ROUND(B4,3)的值为 123.457	如果 n 的数值的小数点位数小于 d,则其返回结果就是 n 本身

2. 统计函数

常用的统计函数见表 6-3。

表 6-3　常用的统计函数

函数名	格式	功能	举例
SUM	SUM(n1,n2,…)	求和	SUM(2,A3,B4:D7)
AVERAGE	AVERAGE (n1, n2, …)	求平均值	AVERAGE(2,A3,B4:D7)
MAX	MAX(n1,n2,…)	求最大值	MAX(2,A3,B4:D7)
MIN	MIN(n1,n2,…)	求最小值	MIN(2,A3,B4:D7)
COUNT	COUNT(n1,n2,…)	求所有参数中数值型数据的个数	COUNT(2,A3,B4:D7)
COUNTA	COUNTA(n1,n2,…)	求所有参数中的非空个数,包括数值型、字符型等各种数据	COUNTA(A3,B4:D7) 通常可用来求一个区域中有数据的单元格个数
COUNTBLANK	COUNTBLANK(n1, n2,…)	求所有参数中的空单元格个数	COUNTBLANK(A3,B4:D7)
COUNTIF	COUNTIF(区域,"条件")	返回区域中满足条件的个数	COUNTIF(A2:A12,"<60")
RANK	RANK(n, r, d)	返回数 n 在区域 r 中的排位,d 指出排位方式,0 为降序,非 0 为升序,默认为 0	RANK (G3, \$G \$3: \$G \$12),可求出单元格 G3 中的数值在区域 \$G \$3: \$G \$12 中的排位,可用来对成绩进行排名

3. 日期和时间函数

常用的日期和时间函数见表 6-4。

表 6-4　常用的日期和时间函数

函数名	格式	功能	举例
TODAY	TODAY( )	返回当前日期,包括年月日	TODAY( )可得 2017/12/29
NOW	NOW( )	返回当前日期及时间	NOW()可得 2017/12/29 17:09
YEAR	YEAR(d)	求所给日期 d 的年份	YEAR("2017/12/29")可得 2017
MONTH	MONTH(d)	求所给日期 d 的月份	MONTH("2017/12/29")可得 12
DAY	DAY(d)	求所给日期 d 的日数	DAY("2017/12/29")可得 29
DATE	DATE(y,m,d)	组合所给的年、月、日的日期	DATE(2017,12,29)可得 2017/12/29
TIME	TIME(h,m,s)	组合所给的时、分、秒的时间	TIME(17,9,12)可得 17:09:12

4. 逻辑函数

逻辑函数有 AND、OR、TRUE、FALSE、NOT、IF 共 6 个,它们的运算结果均为 TRUE 或 FALSE。

AND 函数的格式为:AND(n1,n2,…),用来求出所有参数的逻辑与。

OR 函数的格式为:OR(n1,n2,…),用来求出所有参数的逻辑或。

TRUE 函数的格式为:TRUE( ),直接返回 TRUE。

FALSE 函数的格式为:FALSE( ),直接返回 FALSE。

NOT 函数的格式为:NOT(n),对参数 n 求其逻辑反,即如果 n 为 TRUE,则结果为 FALSE;如果 n 为 FALSE,则结果为 TRUE。

IF 函数的格式为:IF(L,V1,V2),其功能是判断逻辑条件 L 是否为真(TRUE),如果为真,则函数返回参数 V1 的值,否则返回参数 V2 的值。这通常可用来根据某单元格中的数据是否满足什么条件而确定其值。

例如在单元格 B3 中输入公式"=IF(A3<60,"补考","及格")",则将根据单元格 A3 中的值来确定 B3 的内容,如果 A3 中的数小于 60,则 B3 中将得到"补考",否则得到"及格"。

5. 查找与引用函数

常用的查找与引用函数有 LOOKUP、ROW 和 COLUMN 等。

LOOKUP 函数的格式是 LOOKUP(V1,V2,V3)。其中,V1 是要查找的值(近似),V2 是待查找的区域,V3 是结果区域。函数的功能是在指定的查找区域 V2 中查找小于或等于 V1 的最大数值,并返回该最大数值对应的结果区域 V3 的值。注意:区域 V2 中的数据必须已经按从小到大的顺序排好序,且区域 V3 必须与 V2 大小相同。

ROW 函数的格式是 ROW(r),其功能是返回单元格引用 r 的行号。例如:公式"=ROW(E7)"得到的值是 7。

COLUMN 函数的格式是 COLUMN(r),其功能是返回单元格引用 r 的列号。例如:公式"=COLUMN(D7)"得到的值是 4(返回的是数值,D 列就是第 4 列)。

以例 6.2 中的数据为例(见图 6-24),如果在单元格 E13 中输入公式"＝LOOKUP(5.5,A3:A12,D3:D12)",则将在单元格 E13 中得到"林珠"。其意义就是在已经经过从小到大排序的区域 A3:A12 中查找值为 5.5(由于并没有 5.5 这个值,就找比 5.5 小又最大的数 5)的单元格,得到单元格 A7 满足条件,然后取与 A7 在同一列的区域 D3:D12 中的单元格 D7 中的数据,也就是"林珠"。

6.3.6 应用举例

在 6.3.1 节中提出了例 6.2,它是在例 6.1 的基础上进行统计工作,即引入了公式。下面介绍如何实现例 6.2,其制作步骤如下:

1)增加两列标题,分别为"平均成绩"和"成绩排名",并适当合并单元格,输入各种文字,添加边框,设置好合适的格式,效果如图 6-31 所示。

	A	B	C	D	E	F	G	H	I	J	K
1	电信171班期末考试成绩表										
2	序号	班级	学号	姓名	高等数学	大学英语	体育	机械制图	总成绩	平均成绩	成绩排名
3	1	电信171	08070117101	姚磊	83	85	94	77	339		
4	2	电信171	08070117102	张晗	74	63	74	57	268		
5	3	电信171	08070117103	顾天峰	72	56	84	60	272		
6	4	电信171	08070117104	吴瑾	94	78	73	82	327		
7	5	电信171	08070117105	林珠	81	82	84	79	326		
8	6	电信171	08070117106	曾云祥	93	79	80	68	320		
9	7	电信171	08070117107	吴旋	78	70	90	71	309		
10	8	电信171	08070117108	邓艺	53	72	72	70	267		
11	9	电信171	08070117109	王孝武	85	75	88	73	321		
12	10	电信171	08070117110	叶家展	85	72	90	74	321		
13	总人数										
14	合计人数			<60分							
15				60~69分							
16				70~79分							
17				80~89分							
18				≥90分							
19	成绩统计			平均分							
20				最高分							
21				最低分							
22				及格率							

图 6-31 输入框架后的"电信 171 班期末考试成绩表"效果

2)"平均成绩"列的制作。在单元格 J3 中输入公式"＝AVERAGE(E3:H3)"并按 Enter 键,再将该公式复制到 J4:J12 区域中,设置好该列的单元格格式为数值,小数位数为 2。

3)"成绩排名"列的制作。在单元格 K3 中输入公式"＝RANK(I3,$I$3:$I$12)",请注意其中的绝对引用方式。因为需要复制到其他单元格中,而其比较的区域不变,所以要用绝对引用。再将 K3 中的公式复制到 K4:K12 区域中。

4)"总人数"行的计算。在单元格 D13(合并后的单元格还是以最左上角单元格的地址为编号)中输入公式"＝COUNTA(D3:D12)"即可。

5)"合计人数"区域的制作。

①"＜60 分"人数的计算:在单元格 E14 中输入公式"＝COUNTIF(E3:E12,"＜60")",也就是在区域 E3:E12 中统计分数低于 60 分的人数。

②"60～69 分"人数的计算:在单元格 E15 中输入公式"＝COUNTIF(E3:E12,"＜70")－E14",即先统计出分数低于 70 分的人数,再减去上一行计算出的分数低于 60 分的人数,就算出了 60～69 分的人数。

③"70～79 分"人数的计算:在单元格 E16 中输入公式"＝COUNTIF(E3:E12,"＜80")

—E14—E15"。

④"80～89分"人数的计算:在单元格 E17 中输入公式"＝COUNTIF(E3:E12,"＜90")—E14—E15—E16"。

⑤"≥90分"人数的计算:在单元格 E18 中输入公式"＝COUNTIF(E3:E12,"＜＝100")—E14—E15—E16—E17",或者输入公式"＝COUNTIF(E3:E12,"＞＝90")"。

⑥公式的复制:选定区域 E14:E18,并用填充柄复制公式到区域 F14:H18 中即可。

6)"成绩统计"区域的制作。

①"平均分"的计算:在单元格 E19 中输入公式"＝SUM(E3:E12)/＄D＄13",注意其中的绝对引用,也可用公式"＝AVERAGE(E3:E12)"取代。

②"最高分"的计算:在单元格 E20 中输入公式"＝MAX(E3:E12)"。

③"最低分"的计算:在单元格 E21 中输入公式"＝MIN(E3:E12)"。

④"及格率"的计算:在单元格 E22 中输入公式"＝COUNTIF(E3:E12,"＞＝60")/＄D＄13＊100&"％""。其中,符号"&"是文本运算符,用来连接两个字符串。这样在该单元格中就能显示"％"。

⑤公式的复制:选定区域 E19:E22,并用填充柄复制公式到区域 F19:H22 中即可。

最终效果如图 6-24 所示。

6.4 数据分析

Excel 工作表是一个数据的集合,对其中的数据进行分析和处理可以进一步得出新的数据。因此,可以在原有数据的基础上,建立有结构的数据清单。在数据清单中,可以对数据进行排序、筛选和分类汇总等操作。

6.4.1 数据的排序

工作表中的数据输入完毕后,表中数据的顺序是按数据输入的先后排列的。若要使数据按照某一特定顺序排列,就要对数据进行排序。排序是指将数据按某一特定的方式顺序排列(升序或降序)。在 Excel 中,不仅可以使用"数据"选项卡中的排序按钮进行单一条件的简单排序,而且可以进行多重条件排序。

排序的规则为,数字型数据按照数字大小顺序排序;日期型数据按照日期的先后顺序排序;文本型数据排序的规则是将文本数据从左向右依次进行比较,比较到第一个不相等的字符为止,此时字符大的文本顺序靠前,字符小的文本顺序靠后;对于单个字符的比较,以字符的 ASCⅡ 码顺序为依据,基本顺序是:空格＜所有数字＜所有大写字母＜所有小写字母＜所有汉字。

1. 简单排序

简单排序是指排序条件是工作中的某一列。将光标定位在要排序序列的某个单元格中,然后单击"数据"选项卡下"排序和筛选"组中的"升序"按钮 或"降序"按钮 ,可以对光标所在的列进行排序。对例 6.1 中的数据(见图 6-5)进行"总成绩"的降序排序,只需要单击从 I2 到 I12 中的任意一个单元格,然后单击 按钮,则工作表已经按"总成绩"降序排序了,其效果如图 6-32 所示。

图 6-32　简单排序效果

2. 多重条件排序

在排序时,也可以指定多个排序条件,即多个排序的关键字。这样首先按照"主要关键字"排序;当主要关键字相同时,再按照"次要关键字"排序;当主要关键字和次要关键字都相同时,使用另一个次要关键字作为排序的依据。

　　例 6.4　对"电信 171 班期末考试成绩表"(见例 6.1)中的数据(见图 6-5)按照"高等数学"作为主要关键字降序,"大学英语"作为次要关键字升序,"体育"作为第三个关键字升序进行排序。

　　具体操作过程如下:

　　1)选定 A3 到 I12 中的任意一个单元格(注意,如果在工作表中有不同性质的单元格,如有合并的单元格,则应该选择所需要排序的整个区域,在此例中应该选择区域 A3:I12)。

　　2)选择"数据"选项卡,单击"排序和筛选"组中的"排序"按钮[2]]],打开"排序"对话框。

　　3)在"主要关键字"中选择"高等数学","排序依据"选择"数值","次序"选择"降序";单击"添加条件"按钮,在"次要关键字"中选择"大学英语","排序依据"选择"数值","次序"选择"升序";再一次单击"添加条件"按钮,在第二个"次要关键字"中选择"体育","排序依据"选择"数值","次序"选择"升序",如图 6-33 所示。

　　4)注意勾选"数据包含标题"复选框,默认已勾选。

　　5)单击"确定"按钮,完成排序操作,效果如图 6-34 所示。

图 6-33 "排序"对话框

序号	班级	学号	姓名	高等数学	大学英语	体育	机械制图	总成绩
电信171班期末考试成绩表								
4	电信171	08070117104	吴瑾	94	78	73	82	327
6	电信171	08070117106	曾云祥	93	79	80	68	320
10	电信171	08070117110	叶家展	85	72	90	74	321
9	电信171	08070117109	王孝武	85	75	88	73	321
1	电信171	08070117101	姚磊	83	85	94	77	339
5	电信171	08070117105	林珠	81	82	84	79	326
7	电信171	08070117107	吴旋	78	70	90	71	309
2	电信171	08070117102	张晗	74	63	74	57	268
3	电信171	08070117103	顾天峰	72	56	84	60	272
8	电信171	08070117108	邓艺	53	72	72	70	267

图 6-34 按"高等数学"降序、"大学英语"升序、"体育"升序排序后的效果

6.4.2 数据的筛选

筛选数据是指根据用户设定的条件,在工作表中筛选出符合条件的数据。选择"数据"选项卡,在"排序和筛选"组中单击"筛选"按钮▼即可。

例 6.5 已知有如图 6-35 所示的"信息系 17 级期末考试成绩表",表中的班级是比较凌乱的,如果将这个表发给各班主任,则班主任要找自己班上学生的成绩比较麻烦。此时可以使用自动筛选,让各班主任更容易找到自己所带班级的学生成绩。如果你是电信 171 班的班主任,如何筛选电信 171 班的学生成绩?

序号	班级	学号	姓名	高等数学	大学英语	体育	机械制图	总成绩
信息系17级期末考试成绩表								
1	电信171	08070117101	姚磊	83	85	94	77	339
2	物联网171	08070117102	张晗	74	63	74	57	268
3	电信172	08070117103	顾天峰	72	56	84	60	272
4	电信171	08070117104	吴瑾	94	78	73	82	327
5	电信172	08070117105	林珠	81	82	84	79	326
6	物联网171	08070117106	曾云祥	93	79	80	68	320
7	网络171	08070117107	吴旋	78	70	90	71	309
8	电信171	08070117108	邓艺	53	72	72	70	267
9	网络171	08070117109	王孝武	85	75	88	73	321
10	物联网171	08070117110	叶家展	85	72	90	74	321
11	物联网171	08070117111	李伟	91	80	79	75	325
12	通信171	08070117112	陈金伟	61	72	60	62	255
13	电信171	08070117113	温伟	79	70	67	58	274
14	计算机171	08070117114	金媛媛	85	67	85	85	322

图 6-35 "信息系 17 级期末考试成绩表"原始数据

其操作过程如下:

1)选定区域 A2:I16。

2）选择"数据"选项卡，在"排序和筛选"组中单击"筛选"按钮，则 Excel 会在每个标题上自动添加一个自动筛选条件图标。

3）单击"班级"的自动筛选条件图标，可打开其下拉列表，如图 6-36 所示。

4）勾选"电信 171"复选框，则 Excel 会自动筛选出"电信 171"班的所有学生成绩，结果如图 6-37 所示。

				信息系17级期末考试成绩表					
	序号	班级	学号	姓名	高等数学	大学英语	体育	机械制图	总成绩
	1			姚磊	83	85	94	77	339
	2			张晗	74	63	74	57	268
	3			顾天峰	72	56	84	60	272
	4			吴瑾	94	78	73	82	327
	5			林珠	81	82	84	79	326
	6			曾云祥	93	79	80	68	320
	7			吴旋	78	70	90	71	309
	8			邓艺	53	72	72	70	267
	9			王孝武	85	75	88	73	321
	10			叶家展	85	72	90	74	321
	11			李伟	91	80	79	75	325
	12			陈金伟	61	72	60	62	255
	13			温伟	79	70	67	58	274
	14			金媛媛	85	67	85	85	322

（下拉列表内容：升序、降序、按颜色排序、从"班级"中清除筛选、按颜色筛选、文本筛选、搜索、☑(全选)、☑电信171、☑电信172、☑计算机171、☑通信171、☑网络171、☑物联网171、确定、取消）

图 6-36 自动筛选条件下拉列表

	A	B	C	D	E	F	G	H	I
1				信息系17级期末考试成绩表					
2	序号	班级	学号	姓名	高等数学	大学英语	体育	机械制图	总成绩
3	1	电信171	08070117101	姚磊	83	85	94	77	339
6	4	电信171	08070117104	吴瑾	94	78	73	82	327
10	8	电信171	08070117108	邓艺	53	72	72	70	267
15	13	电信171	08070117113	温伟	79	70	67	58	274

图 6-37 筛选"电信 171"的结果

要取消自动筛选，只需再次选择"数据"选项卡，在"排序和筛选"组中单击"筛选"按钮即可。

6.4.3 数据的分类汇总

分类汇总是指对工作表中的某一项数据进行分类，并对每类数据进行统计计算。例如，将全系多个班级的学生成绩放在一个表格中，现在要了解各班级的成绩情况，就要按班级进行分类，对于分类的数据，可进行求和、求平均值、计数等运算。需要特别注意的是，必须先对所需分类的数据项进行排序，才能使用"分类汇总"对话框（见图 6-38）进行分类汇总。

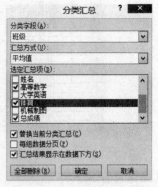

图 6-38 "分类汇总"对话框

例 6.6 已知有如图 6-35 所示的“信息系 17 级期末考试成绩表”，现在要对其按“班级”进行分类，并分别计算“高等数学”“体育”“总成绩”的平均值。

其操作过程如下：

1)以“班级”为主要关键字进行升序排序，方法可参见 6.4.1 节的内容。

2)选定要进行分类汇总的区域 A2:I16。

3)选择“数据”选项卡，单击“分级显示”组中的“分类汇总”按钮，打开“分类汇总”对话框，如图 6-38 所示。

4)在“分类字段”下拉列表框中选择“班级”选项，在“汇总方式”下拉列表框中选择“平均值”选项，在“选定汇总项”中勾选“高等数学”“体育”和“总成绩”。

5)勾选“替换当前分类汇总”和“汇总结果显示在数据下方”复选框。

6)单击“确定”按钮，完成“班级”分类汇总的操作，效果如图 6-39 所示。

	A	B	C	D	E	F	G	H	I
1	信息系17级期末考试成绩表								
2	序号	班级	学号	姓名	高等数学	大学英语	体育	机械制图	总成绩
3	1	电信171	08070117101	姚磊	83	85	94	77	339
4	4	电信171	08070117104	吴瑾	94	78	73	82	327
5	8	电信171	08070117108	邓艺	53	72	72	70	267
6	13	电信171	08070117113	温伟	79	70	67	58	274
7		电信171 平均值			77		77		302
8	3	电信172	08070117103	顾天峰	72	56	84	60	272
9	5	电信172	08070117105	林珠	81	82	84	79	326
10		电信172 平均值			77		84		299
11	14	计算机171	08070117114	金媛媛	85	67	85	85	322
12		计算机171 平均值			85		85		322
13	12	通信171	08070117112	陈金伟	61	72	60	62	255
14		通信171 平均值			61		60		255
15	7	网络171	08070117107	吴旋	78	70	90	71	309
16	9	网络171	08070117109	王孝武	85	75	88	73	321
17		网络171 平均值			82		89		315
18	2	物联网171	08070117102	张晗	74	63	74	57	268
19	6	物联网171	08070117106	曾云祥	93	79	80	68	320
20	10	物联网171	08070117110	叶家展	85	72	90	74	321
21	11	物联网171	08070117111	李伟	91	80	79	75	325
22		物联网171 平均值			86		81		309
23		总计平均值			80		80		303

图 6-39 按“班级”进行分类汇总后的效果

6.5 图表

图表是数据的图解说明，它作为数据的一种表现形式可以更直观地表示数据所表达的意义，因而在实际工作中经常要求将一些用表格处理的数据绘制成图表。Excel 提供了非常强的图表处理功能，它能将工作表中一个区域内的数值和字符数据转换成一种图形数据，生成各种类型的图表。图表对数据的表现是动态的，一旦图表所依赖的数据发生了变化，图表也会自动随之更新。

Excel 可将图表嵌入原工作表内，图表和数据邻近，便于打印输出在同一张纸上；也可将图表放在一个新工作表中，与其他工作表具有同等的地位，便于图表和数据之间的切换。

6.5.1 创建图表

创建图表可以分为以下 3 步：

1）选定包含要使用的数据的区域。

2）选择"插入"选项卡，单击"图表"组右下角的对话框启动器 。

3）在"插入图表"对话框中选择合适的图表类型。

例 6.7 如图 6-40 所示，已经建立了"信息系 17 级期末考试补考人数统计表"，现在要根据这些数据建立一个柱形图表。

信息系17级期末考试补考人数统计表				
班级	高等数学	大学英语	体育	机械制图
计算机171	15	10	8	10
计算机172	8	12	8	4
通信171	10	8	12	9
通信172	12	15	14	6
电信171	20	6	5	6
电信172	6	6	7	11

图 6-40　信息系 17 级期末考试补考人数统计表

实现的操作步骤如下：

1）选定包含标题及数据的表格区域 A2：E8。

2）单击"插入"选项卡中"图表"组右下角的对话框启动器 ，打开"插入图表"对话框。

3）在"插入图表"对话框（见图 6-41）中，选定"柱形图"中的"簇状柱形图"，单击"确定"按钮，得到如图 6-42 所示的初始图表效果。

图 6-41　"插入图表"对话框

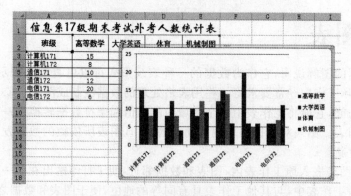

图 6-42　初始图表效果

4）单击图表，选择"图表工具"中的"设计"选项卡，在"数据"组中分别通过"切换行/列"和"选择数据"按钮，调整系统产生的行或列及数据所在的区域。单击"切换行/列"按钮，图表效果如图 6-43 所示。

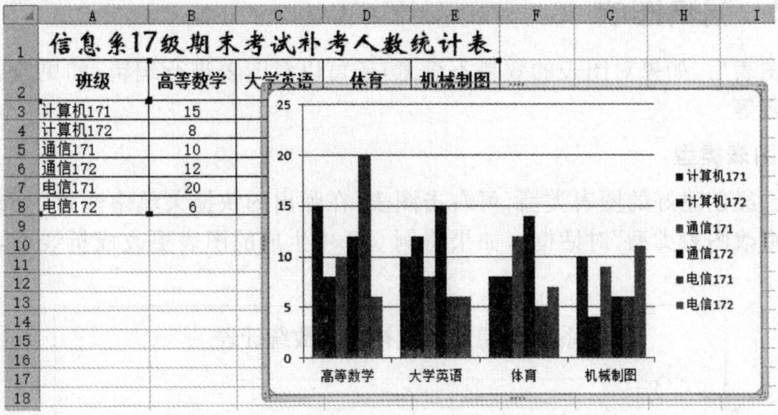

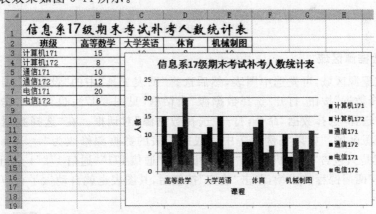

图 6-43 切换行与列后的图表效果

5）单击图表，选择"图表工具"中的"布局"选项卡，在"标签"组中分别通过"图表标题"和"坐标轴标题"按钮，输入图表标题、X 轴和 Y 轴信息。在"图表标题"下拉列表中选择"图表上方"命令，输入"信息系 17 级期末考试补考人数统计表"。在"坐标轴标题"下拉列表中，选择"主要横坐标轴标题"→"坐标轴下方标题"命令，输入"课程"；选择"主要纵坐标轴标题"→"旋转过的标题"命令，输入"人数"。标题的文字格式可以通过"开始"选项卡中的"字体"组进行设置，图表效果如图 6-44 所示。

图 6-44 添加标题信息后的图表效果

6）单击图表，选择"图表工具"中的"设计"选项卡，在"位置"组中单击"移动图表"按钮，打开"移动图表"对话框（见图 6-45），选择最终图表的显示位置。在该例中选择对象位于原工作表。

图 6-45 "移动图表"对话框

6.5.2 编辑图表

创建好图表后,如果对图表的效果不满意,还可以对图表进行编辑,如更改图表类型、更改源数据区域等。

1. 更改图表类型

要更改已经创建好的图表类型,可右击图表,在弹出的快捷菜单中选择"更改图表类型"命令,打开"更改图表类型"对话框。如果将例 6.7 中生成的图表更改成折线图,则其效果如图 6-46 所示。

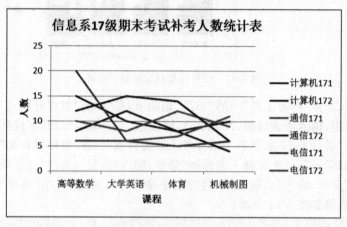

图 6-46 折线图效果

2. 更改数据源区域

要更改数据源区域,可先选中图表,然后选择"图表工具"中的"设计"选项卡,在"数据"组中单击"选择数据"按钮,打开"选择数据源"对话框(见图 6-47);也可以右击图表,在弹出的快捷菜单中选择"选择数据"命令,打开"选择数据源"对话框。在"选择数据源"对话框中可以调整数据源区域。如果将例 6.7 中生成的图表的数据源修改为"＝Sheet8！＄A＄2：＄C＄6",也就是只包含"计算机 171""计算机 172""通信 171""通信 172"4 个班级的"高等数学""大学英语"两门课程的成绩,单击"确定"按钮后,其图表也就自动做了相应的改变,效果如图 6-48 所示。

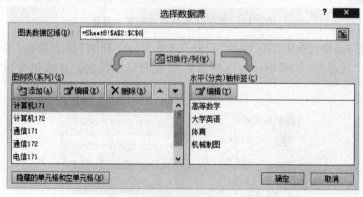

图 6-47 "选择数据源"对话框

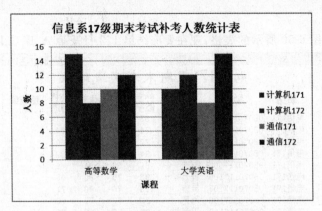

图 6-48　调整数据源区域后的图表效果

6.6　Excel 2010 的其他工作表操作

Excel 2010 对工作表的操作包括插入工作表,复制、移动工作表,冻结窗格等。

6.6.1　插入工作表

插入工作表的操作步骤一般为:右击工作区底部的工作表标签,选择快捷菜单中的"插入"命令,再选择"工作表"命令即可。新插入的工作表位于当前工作表的前面,可以将其移动到合适的位置。

6.6.2　复制、移动工作表

要复制或移动工作表,右击要复制或移动的工作表,再选择快捷菜单中的"移动或复制"命令,打开如图 6-49 所示的对话框。如果勾选"建立副本"复选框,则复制工作表,否则就是移动工作表。选择要移动或复制的目标位置,单击"确定"按钮后,工作表就会移动或复制到新的位置。

图 6-49　"移动或复制工作表"对话框

6.6.3　冻结窗格

当工作表的数据很多时,如果将垂直滚动条拉到下边或将水平滚动条拉到右边,最上边的标题行及最左边的列将被隐藏,这有时是不便的。用户可以使用冻结窗格功能使某些行或列始终可见。

例 6.8 有如图 6-50 所示的表格，现在要冻结第 1、2 行及第 A、B、C、D 列。

	A	B	C	D	E	F	G	H	I	J
1			电信171班期末考试成绩表							
2	序号	班级	学号	姓名	高等数学	大学英语	体育	机械制图	总成绩	排名
3	1	电信171	08070117101	姚磊	83	85	94	77		
4	2	电信171	08070117102	张晗	74	63	74	57		
5	3	电信171	08070117103	顾天峰	72	66	84	60		
6	4	电信171	08070117104	吴瑾	94	78	73	82		
7	5	电信171	08070117105	林珠	81	82	84	79		
8	6	电信171	08070117106	曾云祥	93	79	80	68		
9	7	电信171	08070117107	吴旋	78	70	90	71		
10	8	电信171	08070117108	邓艺	53	72	72	70		
11	9	电信171	08070117109	王孝武	85	75	88	73		
12	10	电信171	08070117110	叶家展	85	72	90	74		
13	11	电信171	08070117111	胡娟	91	80	79	75		
14	12	电信171	08070117112	戴文明	61	52	60	62		
15	13	电信171	08070117113	余佳欣	79	70	67	58		
16	14	电信171	08070117114	黄飞龙	85	67	85	85		
17	15	电信171	08070117115	孙锋	86	88	94	72		
18	16	电信171	08070117116	刘健雄	46	60	44	65		
19	17	电信171	08070117117	刘涛	78	76	71	60		
20	18	电信171	08070117118	孙宇凡	78	62	81	81		

图 6-50　窗格冻结前表格

其操作过程如下：

1）单击要冻结的行与列的交叉点右下的第一个单元格，此处为单元格 E3。

2）选择"视图"选项卡，单击"窗口"组中的"冻结窗格"按钮，选择"冻结拆分窗格"命令。

此后不管滚动条移动到哪里，第 1、2 行及第 A、B、C、D 列将始终可见，如图 6-51 所示。

	A	B	C	D	G	H	I	J	K
1			电信171班期成绩表						
2	序号	班级	学号	姓名	体育	机械制图	总成绩	排名	
12	10	电信171	08070117110	叶家展	90	74			
13	11	电信171	08070117111	胡娟	79	75			
14	12	电信171	08070117112	戴文明	60	62			
15	13	电信171	08070117113	余佳欣	67	58			
16	14	电信171	08070117114	黄飞龙	85	85			
17	15	电信171	08070117115	孙锋	94	72			
18	16	电信171	08070117116	刘健雄	44	65			
19	17	电信171	08070117117	刘涛	71	60			
20	18	电信171	08070117118	孙宇凡	81	81			
21									
22									
23									
24									
25									
26									
27									

图 6-51　冻结窗格后的效果

6.6.4　保护表格

保护表格的操作步骤如下：

1）选定需要保护的单元格区域。

2)在"设置单元格格式"对话框的"保护"选项卡中,勾选"锁定"复选框。

3)在"审阅"选项卡的"更改"组中,单击"保护工作表"按钮,打开"保护工作表"对话框,如图 6-52 所示。在"取消工作表保护时使用的密码"文本框中输入密码(此处也可不输入密码,使用空密码),然后单击"确定"按钮。

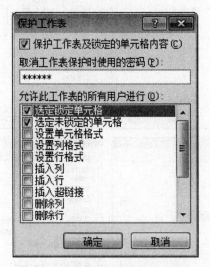

图 6-52 "保护工作表"对话框

4)在"确认密码"对话框(见图 6-53)中再次输入相同的密码,单击"确定"按钮。

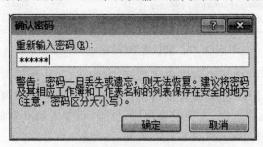

图 6-53 "确认密码"对话框

保护工作表后,设置格式为"锁定"的单元格将按照"保护工作表"对话框中的规定进行保护,通常就是用户不能修改、删除数据。

6.7 打印

在 Excel 表格建立并设置完成后,可以将表格打印输出。在打印输出的过程中,由于存在打印的内容与纸张之间的位置、大小问题,需要在打印之前进行页面设置、打印预览等操作。

6.7.1 页面设置

选择"页面布局"选项卡,单击"页面设置"组右下角的对话框启动器,打开"页面设置"对话框。该对话框共有 4 个选项卡,如图 6-54 所示。

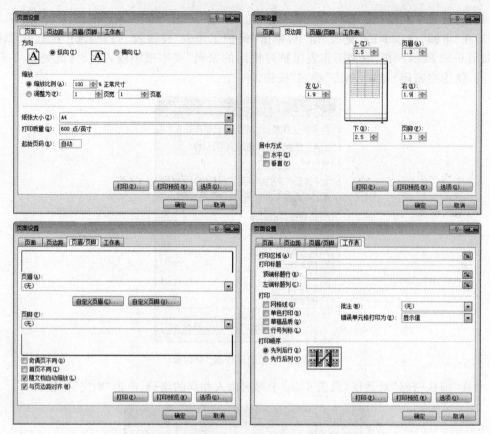

图 6-54 "页面设置"对话框的 4 个选项卡

1）在"页面"选项卡中，主要设置纸张的类型、方向、打印比例等。

2）在"页边距"选项卡中，主要设置页边距或在纸张上居中打印内容。

3）在"页眉/页脚"选项卡中，主要设置页眉、页脚，可参考第 5 章的相关内容。

4）在"工作表"选项卡中，主要设置打印区域、标题行/列等参数。

6.7.2 打印

在页面设置完成后，就可以开始打印了。在"文件"选项卡中选择"打印"命令，可以打开"打印"列表。该"打印"界面与 Word 中的相似，读者可以参考第 5 章的相关内容。

第7章 演示文稿制作软件 PowerPoint 2010

PowerPoint 2010 是一款功能强大的演示文稿制作软件,能够制作出集文字、图形、图像、声音及视频剪辑等多媒体元素于一体的演示文稿。PowerPoint 2010 操作简单、使用方便,被广泛地用于教学、会议、演讲、报告、商业展示等场合。

通过本章的学习,可以掌握演示文稿的基本操作、演示文稿中多媒体对象的使用、动画和超链接设置、演示文稿的放映和打包发布等。

7.1 PowerPoint 2010 概述

PowerPoint 2010 是微软公司推出的办公软件 Office 2010 中重要的成员。利用它可方便快捷地创建幻灯片,在幻灯片上输入文本,添加各种图形对象,插入 GIF 动画、声音、视频,加入各种特技效果,制作出形象生动、图文并茂、富有感染力的多媒体演示文稿。

PowerPoint 2010 在以前版本的基础上增加了很多新功能,新增的视频和图片编辑功能以及增强功能是 PowerPoint 2010 的新亮点。此版本提供了许多与他人一起轻松处理演示文稿的新方式。此外,切换效果和动画运行起来比以往更为平滑和丰富,并且现在它们在功能区中有自己的选项卡。此版本提供了多种使用户可以更加轻松地传播和共享演示文稿的方式。

▶ 7.1.1 PowerPoint 2010 的新增功能

1. 在新增的 Backstage 视图中管理文件

新增的 Microsoft Office Backstage 视图取代了 Office 按钮下存在的选项,可以通过 Backstage 视图快速访问与管理文件相关的常见任务,如查看文档属性、设置权限以及打开、保存、打印和共享演示文稿。

2. 与他人共同创作演示文稿

多个作者可以同时独立编辑一个演示文稿。在处理面向团队的项目时,使用 PowerPoint 2010 中的共同创作功能可以生成统一的演示文稿。同事可以看到谁在编辑演示文稿以及他们在处理文档中的哪个地方。其他人进行的更改会合并到你的文档中。你可以针对这些更改进行编辑。

3. 自动保存演示文稿的多种版本

使用 Office 自动修订功能,可以自动保存演示文稿的不同渐进版本,以便用户可以检索部分或所有早期版本。如果忘记手动保存、其他作者覆盖了你的内容,或者无意间保存了更改或者只想返回演示文稿的早期版本,那么此功能非常有用。

4. 将幻灯片组织为逻辑节

可以使用多个节来组织大型幻灯片版面,以简化其管理和导航。此外,通过对幻灯片进行标记并将其分为多个节,可以与他人协作创建演示文稿。可以命名和打印整个节,也可将效果应用于整个节。

5. 合并和比较演示文稿

使用 PowerPoint 2010 的合并和比较功能,可以比较当前演示文稿和其他演示文稿,并可立即合并它们。如果是与他人共同处理演示文稿,并使用电子邮件和网络共享与他人交换更改,则此功能非常有用。

6. 在不同窗口中使用单独的 PowerPoint 演示文稿文件

可以在一台监视器上并排运行多个演示文稿。演示文稿不再受主窗口或副窗口的限制,因此,可以采用在处理某个演示文档时引用另一个演示文稿的绝佳方法。此外,在幻灯片放映中,还可以使用新的阅读视图在单独管理的窗口中同时显示两个演示文稿,并具有完整动画效果和完整媒体支持。

7. 在演示文稿中嵌入、编辑和播放视频

通过 PowerPoint 2010,在将视频插入演示文稿中时,这些视频即已成为演示文稿文件的一部分。在移动演示文稿时不会再出现视频文件丢失的情况。可以修剪视频,并在视频中添加同步的重叠文本、标牌框架、书签和淡化效果。此外,和对图片执行的操作一样,也可以对视频应用边框、阴影、反射、柔化边缘、三维旋转和其他设计器效果。当重新播放视频时,也会重新播放所有效果。剪裁视频或音频可删除部分内容,并使剪辑更加简短。

8. 将演示文稿转换为视频

将演示文稿转换为视频是分发和传递它的一种新方法。如果希望为他人提供演示文稿的高保真版本,通过电子邮件附件形式发布到网站,或者刻录 CD 或 DVD,可将其保存为视频文件。同时,可以控制多媒体文件的大小和视频的质量。

9. 对图片应用艺术纹理和效果

通过 PowerPoint 2010,可以对图片应用不同的艺术效果,使其看起来更像素描、绘图或油画。PowerPoint 2010 新增了某些效果,包括铅笔素描、线条图、粉笔素描、马赛克气泡等。此外,PowerPoint 2010 可以自动删除不需要的图片部分,以强调或突出显示图片主题或删除杂乱的细节。

10. 使用三维动画效果切换

借助 PowerPoint 2010,可以在幻灯片之间使用新增平滑切换效果来吸引观众,这些效果包括真实三维空间中的动作路径和旋转。

11. 向幻灯片中添加屏幕截图

快速向 PowerPoint 2010 演示文稿中添加屏幕截图,而无须离开 PowerPoint。添加屏幕截图后,可以使用"图片工具"选项卡上的工具来编辑图片和增强效果。

12. 将鼠标转变为激光笔

想在幻灯片上强调要点时,可将鼠标指针变成激光笔。在"幻灯片放映"视图中,只需按住 Ctrl 键,单击鼠标左键,即可开始标记。

▶ 7.1.2 PowerPoint 2010 的启动与退出

1. PowerPoint 的启动

启动 PowerPoint 2010 应用程序的方法有以下几种:

（1）从"开始"菜单启动

选择"开始"→"所有程序"→Microsoft Office→Microsoft PowerPoint 2010 命令，可启动 PowerPoint。

（2）通过快捷方式启动

如果在安装 Microsoft Office 软件时在桌面上创建了 PowerPoint 2010 的快捷方式，可双击桌面上的 PowerPoint 快捷方式图标■来启动。

（3）通过已有的 PowerPoint 文档启动

在文件夹窗口中，双击已经存在的 PowerPoint 文档，在打开 PowerPoint 文档的同时也就启动了 PowerPoint 2010。

（4）通过新建 PowerPoint 文档启动

在文件夹窗口中右击，然后在弹出的快捷菜单中选择"新建"→"Microsoft PowerPoint 演示文稿"命令，这时会出现一个"新建 Microsoft PowerPoint 演示文稿"图标，双击该图标，即可启动 PowerPoint.

2. PowerPoint 2010 的退出

关闭或退出 PowerPoint 2010，有以下 4 种方式：

1）通过"文件"选项卡中的"退出"命令。

2）单击窗口左上角的控制菜单图标■，选择"关闭"命令，或双击控制菜单图标■。

3）单击窗口右上角的"关闭"按钮 ■ 。

4）使用 Alt＋F4 键。

另外，如果当前窗口有修改未曾保存，PowerPoint 会自动提示用户进行保存，然后退出。

▶ 7.1.3 PowerPoint 2010 的工作界面

启动 PowerPoint 2010 后，会打开一个空白的工作窗口界面，如图 7-1 所示，与 Word 2010、Excel 2010 有相似的组成部分，如标题栏、功能区、状态栏、工作区等部分，但也有许多方面是不同的。

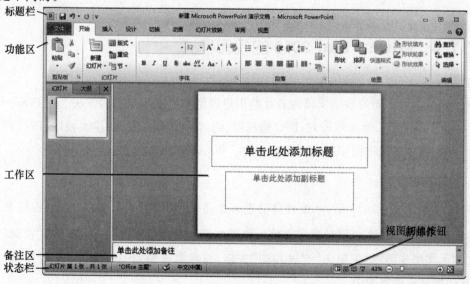

图 7-1　PowerPoint 2010 的工作界面

1. 标题栏

标题栏位于 PowerPoint 窗口的最顶端,最左侧为控制菜单图标,旁边是快速访问工具栏。

快速访问工具栏用于放置一些常用按钮,默认情况下包括"保存""撤销"和"重复"3 个按钮,用户可以根据需要进行添加。

标题栏的中间显示的是文档名称和应用程序名称。新启动 PowerPoint 时,默认文档名为"演示文稿 1",标题栏显示为"演示文稿 1 - Microsoft PowerPoint"。

标题栏右侧有 3 个按钮,依次为"最小化"按钮、"最大化"按钮和"关闭"按钮。

2. 功能区

功能区中共有 9 个选项卡,分别是"文件""开始""插入""设计""切换""动画""幻灯片放映""审阅"和"视图"。选择不同的选项卡,可以进入不同的工具组,完成不同的工作和任务。

3. 状态栏

状态栏位于工作界面的底部,其中显示的内容与当前的视图模式有关,如果当前视图为普通视图,则状态栏中将显示当前的幻灯片编号,并显示整个演示文稿中有多少张幻灯片;如果当前视图为幻灯片浏览视图,则状态栏中将显示相应的视图模式。

4. 工作区

该窗口是 PowerPoint 2010 的核心窗口,也是区别于其他软件的不同之处。用户可以在工作区中对幻灯片及演示文稿进行编辑,添加标题、内容等。

▶ 7. 1. 4　PowerPoint 2010 的视图模式

视图是指显示不同的演示文稿内容并给用户提供与其进行交互的方法。在 PowerPoint 2010 中,系统提供了 5 种视图模式,即普通视图、幻灯片浏览视图、备注页视图、阅读视图和幻灯片放映,其中普通视图中还包含了"幻灯片"和"大纲"两个标签。

1. 普通视图

启动 PowerPoint 2010 后,系统将自动进入普通视图,如图 7-2 所示。普通视图是主要的编辑视图,可用于撰写或设计演示文稿。如果当前视图为其他视图,可以选择"视图"选项卡,在"演示文稿视图"组中单击"普通视图"按钮,或者单击窗口右下角的"普通视图"按钮 ,将其切换到普通视图中。

图 7-2　普通视图

2. 幻灯片浏览视图

使用幻灯片浏览视图可以将演示文稿中的幻灯片以缩小的视图方式排列在屏幕上,以帮助用户整体浏览演示文稿中的幻灯片。

单击"视图"选项卡下"演示文稿视图"组中的"幻灯片浏览"按钮,或者单击窗口右下角的"幻灯片浏览"按钮器,可以进入幻灯片浏览视图,如图 7-3 所示。

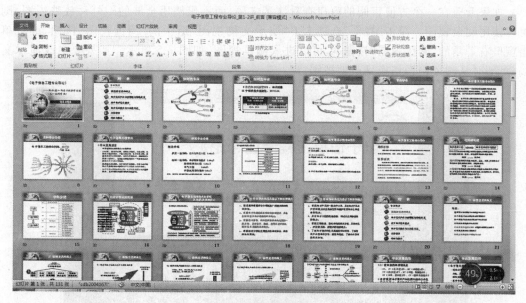

图 7-3　幻灯片浏览视图

在幻灯片浏览视图中可以直观地查看所有的幻灯片,如果幻灯片较多,可以拖动屏幕右侧的滚动条进行浏览。另外,在该视图中还可以方便地查找幻灯片、调整幻灯片的顺序、添加或删除幻灯片等。

3. 备注页视图

与其他视图模式不同的是,备注页视图在窗口中没有相应的按钮,必须单击"视图"选项卡下"演示文稿视图"组中的"备注页"按钮,才能从其他视图模式切换到备注页视图中,如图 7-4 所示。备注页视图将显示小版本的幻灯片及其备注。

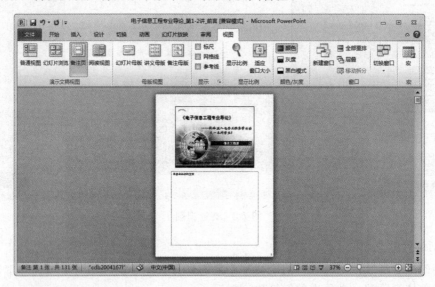

图 7-4　备注页视图

4. 阅读视图

如果希望在一个方便审阅的窗口查看演示文稿,而不想使用全屏的幻灯片放映视图,则可以使用阅读视图。单击"视图"选项卡下"演示文稿视图"组中的"阅读视图"按钮,或者单击窗口右下角的"阅读视图"按钮,可以进入阅读视图,如图 7-5 所示。如果要更改演示文稿,可随时从阅读视图切换到其他视图。

图 7-5　阅读视图

5. 幻灯片放映视图

在 PowerPoint 2010 中,通过幻灯片放映可查看幻灯片的最终效果。采用幻灯片放映视图时,视图将占据整个计算机屏幕。单击窗口右下角的"幻灯片放映"按钮 🖳 ,演示文稿将从当前幻灯片开始放映,如图 7-6 所示,再次单击鼠标可以切换到下一张幻灯片。放映结束时单击,可以结束放映,返回编辑状态。如果要从整个演示文稿的第一张幻灯片开始播放,可以选择"幻灯片放映"选项卡,单击"开始放映幻灯片"组中的"从头开始"按钮,或者按 F5 键。

图 7-6 幻灯片放映视图

7.2 演示文稿的基本操作

PowerPoint 2010 的文件称为演示文稿,它的默认扩展名是 .pptx。一个完整的演示文稿包含多张幻灯片,每张幻灯片可以添加标题、文本、各种图形对象等。演示文稿的基本操作包括演示文稿的创建、幻灯片的制作、演示文稿的编辑、演示文稿的格式化、演示文稿的美化等。

7.2.1 演示文稿的创建

启动 PowerPoint 2010 后,系统即自动创建了一个名为"演示文稿 1"的空白演示文稿。此外,用户可通过 PowerPoint 2010 提供的"空白演示文稿""样本模板""主题""根据现有内容新建"等多种方法来创建演示文稿。选择"文件"选项卡中的"新建"命令,可以打开新建演示文稿窗格,如图 7-7 所示。

图 7-7　新建演示文稿

1. 空白演示文稿

在"文件"选项卡中选择"新建"命令,在"可用的模板和主题"任务窗格中单击"空白演示文稿"按钮,在右边预览窗格下单击"创建"按钮即可,如图 7-8 所示。

图 7-8　使用"空白演示文稿"新建演示文稿

空白演示文稿是界面最简单的演示文稿,没有任何的模板设计,从而为用户提供了更为灵活的发挥空间。

2. 样本模板

PowerPoint 2010 提供了大量的样本模板,用户可以利用 PowerPoint 提供的内置模板自动、快速地形成每张幻灯片的外观,以节省格式设计的时间,专注于具体内容的处理。除了内置模板外,还可以联机在 Office.com 上搜索和下载更多的 PowerPoint 模板以满足要求。Office.com 模板提供了多种不同类型的演示文稿范例,如论文和报告、财务管理、项目等,用户选择与自己需操作的文稿内容类似的范例,便能快速制作完成演示文稿。

在"文件"选项卡中选择"新建"命令,在"可用的模板和主题"任务窗格中单击"样本模板"按钮,该任务窗格的"样本模板"列表中列出了系统提供的多种样本模板。选定模板后,在右边预览窗格下单击"创建"按钮即可,如图 7-9 所示。

图 7-9　使用"样本模板"新建演示文稿

图 7-10 所示为使用"样本模板"创建的幻灯片效果。可以看到使用"样本模板"创建的演示文稿中的许多文字、图形和内容都已经为用户预先设计好了,所要做的只是替换文字和修改图形对象。

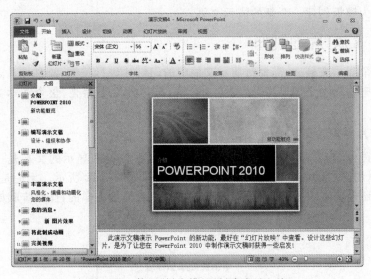

图 7-10　使用"样本模板"创建演示文稿

3. 主题

使用此方法的具体操作步骤如下:

在"文件"选项卡中选择"新建"命令,单击"可用的模板和主题"任务窗格中的"主题"按钮,该任务窗格的"主题"列表中列出了系统提供的多种主题。选定主题后,在右边预览窗格下单击"创建"按钮即可,如图 7-11 所示。

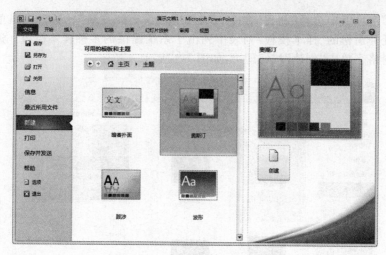

图 7-11　使用"主题"新建演示文稿

4. 根据现有内容新建

如果用户已经完成了一个演示文稿,并且希望以此为模板创建新的演示文稿,可以按照下面的步骤进行操作:

1)在"文件"选项卡中选择"新建"命令,单击"可用的模板和主题"任务窗格中的"根据现有内容新建"选项,打开对话框。

2)在该对话框中找到目标文件路径,选择所需的演示文稿,单击"新建"按钮,则以所选择的现有文稿为模板创建一个新的演示文稿。

7.2.2　幻灯片的制作

创建好一个演示文稿后,需要对演示文稿中的幻灯片进行编辑,添加图片、表格和图表,可以使幻灯片中的内容更加充实,结构更加合理,整体外观更漂亮,整个演示文稿更具有说服力。

1. 在幻灯片中输入文字

1)在占位符中输入文本。当选中一个幻灯片后,占位符中显示的文本是一些提示性的内容,用户可以用需要的内容去替换占位符中的文本,如图 7-12 所示。无论是标题占位符、副标题占位符还是文本占位符,在其中输入文本的方法都是一样的,操作步骤如下:

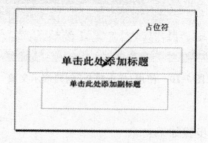

图 7-12　在占位符中输入文本

①在普通视图中打开(或新建)要输入文本的幻灯片。

②单击标题占位符,将插入点置于该占位符内。此时提示性文本会自动消失,且光标位于文本框中。

③直接输入标题文本。

④单击副标题占位符,在其中输入副标题文本内容,在文本框中便出现输入的文本内容。

⑤输入完毕后,单击幻灯片的空白区域即可。

2)在文本框中添加文本。在制作中,当需要在幻灯片的占位符外添加文本时,可以利用"插入"→"文本框"→"横排文本框"或"垂直文本框"来添加文本,操作步骤如下:

①在普通视图中打开(或新建)要输入文本的幻灯片。

②选择"插入"选项卡,在"文本"组中单击"文本框"下拉按钮[A],选择"横排文本框"或"垂直文本框"命令。

③在需要添加文本的位置单击,此时在该位置会出现一个文本输入框,表示用户可以输入文本内容。

④输入完成后,单击文本框以外的任何位置即可。

2. 在幻灯片中插入图形对象

1)插入图片文件。在需要插入图片的幻灯片中,选择"插入"选项卡,在"图像"组中可以单击"图片""剪贴画""屏幕截图"和"相册"按钮插入图片,如图 7-13 所示。

图 7-13 "图像"组

如果需要移动图片位置,只需将鼠标移动到图片文件上,当鼠标指针变为四向箭头的形状后,按住鼠标左键拖动即可改变图片位置。此外,单击图片,可以通过"图片工具"下"格式"选项卡中的各种工具按钮对图片进行编辑,如图 7-14 所示。

图 7-14 "图片工具"的"格式"选项卡

2)形状、SmartArt 与图表。在"插入"选项卡的"插图"组中有"形状"、SmartArt 和"图表"3 个选项,主要用于快速生成常用图形、结构图和图表。单击相应按钮,分别打开如

图 7-15 所示的下拉列表和对话框,分别对其进行需要的设置。

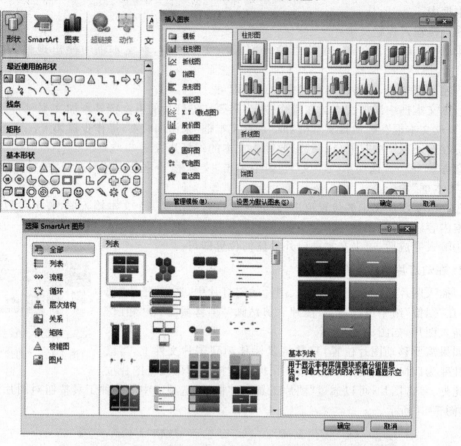

图 7-15 "插图"组中的形状、SmartArt 和图表

利用"插入图表"对话框插入一张如图 7-16 所示的图表,单击图表就可以通过"图表工具"的"设计""布局"和"格式"3 个选项卡中的工具按钮(见图 7-17),修改图表内容,如修改横轴和纵轴的坐标文字和数据,幻灯片中的内容也会随着设置的改变而发生变化。完成后,单击图表外的任意位置即可返回幻灯片编辑状态。

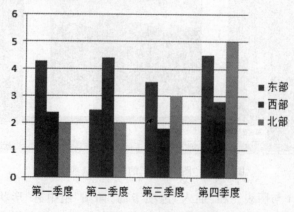

图 7-16 图表范例

图 7-17　"图表工具"中的"设计""布局"和"格式"选项卡

如果需要移动图表,只需将鼠标指针移动到图表上方,当鼠标指针变为四向箭头形状后,按住鼠标左键拖动即可改变图表的位置。

3. 在幻灯片中插入表格和符号

选择"插入"选项卡,在"表格"组中单击"表格"按钮可以插入表格,如图 7-18 所示。选择"插入"选项卡,在"符号"组中单击"公式"或"符号"按钮可以插入公式和符号,如图 7-19 所示。

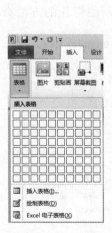

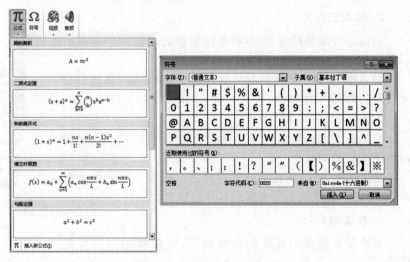

图 7-18　插入表格　　　　　　　　　　图 7-19　插入公式和符号

4. 在幻灯片中插入文本信息

选择"插入"选项卡,在"文本"组中单击"页眉和页脚""艺术字""日期和时间""幻灯片编号"和"对象"按钮可以插入相应的文本信息,如图 7-20 所示。

图 7-20 "插入"选项卡的"文本"组

5. 在幻灯片中插入视频和音频

选择"插入"选项卡,在"媒体"组中单击"视频"或"音频"按钮,可以通过下拉列表插入视频和音频信息,如图 7-21 所示。

图 7-21 插入视频和音频

7.2.3 演示文稿的编辑

制作好幻灯片后要对演示文稿进行适当的编辑、调整,如移动幻灯片位置以改变幻灯片的播放顺序,删除不需要的幻灯片等。这些操作既可以在"普通视图"模式下进行,也可以在"幻灯片浏览视图"模式下进行。

1. 选择幻灯片

在演示文稿中移动、复制、删除幻灯片之前,需要先选择幻灯片。用户可切换到幻灯片浏览视图下进行操作。如果选择单张幻灯片,单击它即可;如果选择多张幻灯片,可按住 Shift 键选取连续幻灯片,也可按住 Ctrl 键单击需选择的幻灯片。

2. 插入幻灯片

在幻灯片编辑操作中,常需要添加新的幻灯片。在演示文稿中插入新幻灯片的方法有以下几种:

1)选择"开始"选项卡,在"幻灯片"组中单击"新建幻灯片"按钮,如图 7-22 所示。

2)按 Ctrl + M 键。

3)单击大纲视图或幻灯片视图下的幻灯片,按 Enter 键即可插入新的幻灯片。

使用这些方法,可在当前幻灯片之后插入一张新的幻灯片,新幻灯片会默认使用当前幻灯片的版式。

3. 移动幻灯片

如果需要调整幻灯片的播放顺序,可以移动幻灯片的位置。

1)选中需要移动的幻灯片,选择"开始"选项卡,单击"剪贴板"组中的"剪切"按钮,然后将鼠标指针移动到需插入的位置,再单击"剪贴板"组中的"粘贴"按钮,可实现幻灯片的移动操作。

图 7-22 "新建幻灯片"下拉列表

2）通过鼠标拖动实现移动操作。选中需操作的幻灯片，按住鼠标左键拖动，拖动时有一个标识插入点的细线，将幻灯片拖动到需要位置释放。

4. 复制幻灯片

选中需复制的幻灯片，在"开始"选项卡中单击"剪贴板"组中的"复制"按钮，将鼠标指针移动到需复制的位置，再单击"粘贴"按钮。

5. 删除幻灯片

选中需删除的幻灯片，按 Delete 键，或者右击需删除的幻灯片，在弹出的快捷菜单中选择"删除幻灯片"命令，实现删除操作。

7.2.4　演示文稿的格式化

编辑、调整好一个演示文稿，在幻灯片中输入文本内容后，需要对文字、段落的布局进行设计，适当的文字、段落格式化设置可以帮助用户制作出醒目、美观的演示文稿。

对演示文稿进行格式化操作通常在"普通视图"模式下进行。

1. 设定文本的文字格式

为了整个幻灯片的美观，根据文本内容的不同，用户可以使用不同的字体，使演示文稿的风格变得生动活泼。

用鼠标选定要设定的文本，选择"开始"选项卡，在"字体"组中选择需要的文本格式进行设置，如图 7-23 所示。或者单击"字体"组右下角的对话框启动器，在打开的"字体"对话框中选择需要的文本格式进行设置，如图 7-24 所示。

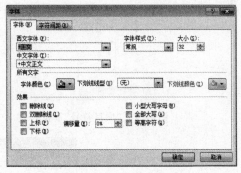

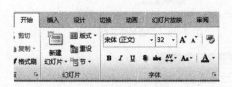

图 7-23　利用"字体"组设置字体格式　　　　图 7-24　"字体"对话框

2. 设定段落的格式

段落格式化设置包括对段落的对齐方式、间距等进行设置。在文本框输入文本后，可适当调整行距和段间距，以及调整文本在文本框中的对齐方式。选中需要调整的文本框或文本，在"开始"选项卡的"段落"组中，选择需要的段落格式进行设置，如图 7-25 所示。或者单击"段落"组右下角的对话框启动器，在打开的"段落"对话框中选择需要的段落格式进行设置，如图 7-26 所示。

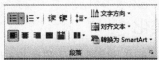

图 7-25　利用"段落"组设置段落格式

图 7-26　"段落"对话框

3. 设置项目符号和编号

设置项目符号和编号可以使幻灯片的结构清晰,层次分明。在幻灯片中输入文本时,会出现系统自带的项目符号,如果对这些项目和编号不满意,用户可以根据需要添加自己喜欢的项目符号。在"开始"选项卡的"段落"组中,单击"项目符号"旁边的下拉按钮，可以在下拉列表中选择合适的项目符号,如图 7-27 所示;单击"编号"旁边的下拉按钮，可以在下拉列表中选择合适的编号,如图 7-28 所示。或者在"符号"或"编号"下拉列表中选择"项目符号和编号"命令,打开如图 7-29 所示的"项目符号和编号"对话框,在该对话框中可对PowerPoint 预设的项目符号和编号进行修改,单击"图片"或"自定义"按钮,可选择新的项目符号图标。

图 7-27　"项目符号"下拉列表

图 7-28　"编号"下拉列表

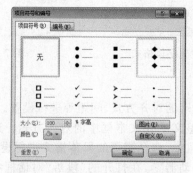

图 7-29　"项目符号和编号"对话框

7.2.5　演示文稿的美化

用户可以对演示文稿的外观进行美化设计,以获得符合自己需求的演示文稿。演示文稿的美化包括:幻灯片背景的设置、幻灯片配色方案的修改、幻灯片母版的使用、幻灯片模板的运用等。通过这些操作可使演示文稿具有统一、协调的外观,使演示文稿更美观、更具表现力。

1. 改变幻灯片背景与主题

1)改变背景。用户可以对演示文稿中幻灯片的背景进行修改,为幻灯片设置具有颜色、纹理、填充效果或图案效果的背景。用户可选择对一张幻灯片背景进行修改或对所有幻灯片设置相同的背景效果。

选中需修改的幻灯片,在"设计"选项卡的"背景"组中单击"背景样式"按钮,打开下拉列表,如图7-30所示。选择"设置背景格式"命令,打开如图7-31所示的"设置背景格式"对话框,在对话框中可设置纯色填充、渐变填充、图片或纹理填充、图案填充等样式。

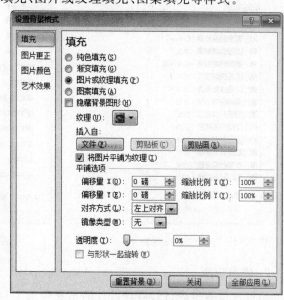

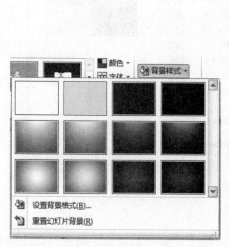

图7-30 "背景样式"下拉列表　　　　图7-31 "设置背景格式"对话框

设置完成后,选中的幻灯片会根据设置的情况,改变幻灯片的背景,如果不满意该设置可单击"重置背景"按钮重新设置;单击"全部应用"按钮,将该背景效果应用到演示文稿的所有幻灯片。

2)改变主题。主题是指可用于演示文稿中的多种协调颜色的组合、字体的搭配和效果的选择。

当改变模板中的某种颜色设置后,可能会造成整个幻灯片颜色搭配不协调,这时可以改变幻灯片的配色方案。

选定需要配色的幻灯片,在"设计"选项卡的"主题"组中单击合适的主题,可以选择相应主题的配色方案和字体格式,如图7-32所示。或者单击"颜色"按钮,打开如图7-33所示的"颜色"下拉列表,选择合适的主题颜色。

图7-32 "设计"选项卡中的"主题"组

在 PowerPoint 2010 中,可创建一种自定义主题颜色方案,将其添加到标准的颜色方案中,利用这种方法可定义演示文稿中的各个颜色元素。选择"颜色"下拉列表中的"新建主题颜色"命令,打开"新建主题颜色"对话框,如图 7-34 所示。相应位置的相应颜色会显示在位置旁边,单击右边的下拉按钮,选择自己喜欢的颜色。同时,修改后的颜色方案会显示在对话框右边的"示例"上。在"名称"框中输入新主题颜色的名称。如果不喜欢自己的颜色方案,单击"重置"按钮,会返回原来的主题颜色方案。单击"保存"按钮,PowerPoint 2010 即把自定义的颜色方案保存在主题颜色中。

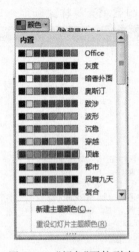

图 7-33 "颜色"下拉列表

图 7-34 "新建主题颜色"对话框

2. 使用母版

幻灯片母版是进行幻灯片设计的重要辅助工具,用于设置演示文稿中每张幻灯片的统一格式,包括各级标题样式、文本样式、项目符号样式、图片、动作按钮、背景图案、颜色、插入日期、页脚等。使用母版可以统一整个演示文稿的风格。

PowerPoint 2010 中提供了幻灯片母版、讲义母版、备注母版 3 种母版。通过"视图"选项卡中的"母版视图"组(见图 7-35),可以选择相应的母版进行编辑。

图 7-35 "视图"选项卡中的"母版视图"组

1)幻灯片母版。在"视图"选项卡的"母版视图"中单击"幻灯片母版"按钮▤,可以打开幻灯片母版对其进行编辑。如图 7-36 所示,选择母版中的"自动版式的标题区"或"自动版式的对象区"占位符,可改变占位符的大小、位置,可编辑标题样式或文本样式,设置字符格式、段落格式、项目符号和编号等。在如图 7-37 所示的"幻灯片母版"选项卡中,通过选择主题、背景、页面设置等命令,可以对幻灯片母版进行设置。单击"幻灯片母版"选项卡中的"关闭母版视图"按钮▨,即可退出对幻灯片母版的编辑。

图 7-36　幻灯片母版

图 7-37　"幻灯片母版"选项卡

2)讲义母版。讲义母版是用于控制打印输出讲义的格式。在"视图"选项卡的"母版视图"中单击"讲义母版"按钮▦，可以打开讲义母版对其进行编辑，如图 7-38 所示。在如图 7-38 所示的"讲义母版"选项卡中，用户可以设置打印页上的页眉、页脚；可以通过"页面设置"组中的"每页幻灯片数量"按钮，设置一页打印幻灯片的张数，可选择在一页打印纸上显示 1 张、2 张、3 张、4 张、6 张、9 张幻灯片。单击"讲义母版"选项卡中的"关闭母版视图"按钮⊠，即可退出对讲义母版的编辑。

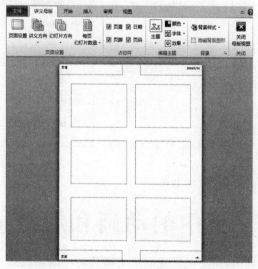

图 7-38　讲义母版及其选项卡

3)备注母版。备注母版是用于控制备注幻灯片的格式。在"视图"选项卡的"母版视图"组中单击"备注母版"按钮，可以打开备注母版对其进行编辑，如图7-39所示。

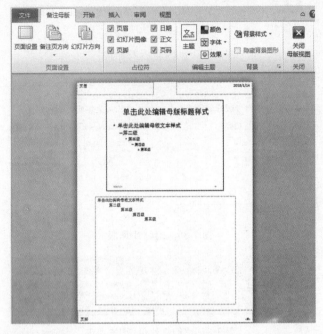

图 7-39　备注母版及其选项卡

3. 设置演示文稿页眉和页脚

设置页眉和页脚主要是显示一些特殊的内容，方便用户对幻灯片做出标记，使幻灯片更易于浏览。其操作步骤如下：

1)打开需要设置页眉和页脚的演示文稿。

2)选择"插入"选项卡，在"文本"组中单击"页眉和页脚"按钮，打开"页眉和页脚"对话框，如图7-40所示。

3)在该对话框的"幻灯片"选项卡中，勾选"日期和时间"复选框，此时预览对话框左下角位置上的日期和时间变黑，表明时期区生效。

4)选中"自动更新"单选按钮，则时间会随制作日期和时间的变化而变化。

5)勾选"页脚"复选框，在文本框中输入页脚内容。

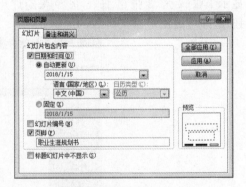

图 7-40　"页眉和页脚"对话框

6)设置完毕后，单击"应用"按钮即可。

7.3　演示文稿中的动画和超链接

为获得满意的放映效果，用户可设置演示文稿放映时的动画效果，并可在幻灯片之间建立超链接，以增加幻灯片的交互能力。

7.3.1　设置动画效果

用户通过设置动画效果,可在幻灯片放映时,动态地显示文本、图形、声音、图像等对象,以及各对象出现的先后顺序,以提高演示文稿的生动性、趣味性。

1. 设置片内动画效果

在为幻灯片中的对象设计动画效果时,可以分别对它们的进入、强调、退出及其他动作路径进行设置。

• 进入动画效果是对象进入幻灯片时产生的效果,包括基本型、细微型、温和型及华丽型4种。

• 强调动画效果用于让对象突出显示,引人注目,包括基本型、细微型、温和型及华丽型4种,一般选择一些较华丽的效果。

• 退出动画效果是对象退出幻灯片时产生的效果,包括基本型、细微型、温和型及华丽型4种。

• 其他动作路径用于自定义动画运动的路线及方向,也可以采用 PowerPoint 中预设的多种路径。

1)添加动画。添加动画可以通过在"动画"选项卡中单击"动画"组下动画库中的相应选项来完成,PowerPoint 将一些常用的动画效果放置于动画库中,如图 7-41 所示。也可以单击该选项卡下"高级动画"组中的"添加动画"按钮★,在其下拉列表中选择操作(见图 7-42)。如果想使用更多的效果,可以选择其中的相应命令,如"更多进入效果""更多强调效果""更多退出效果"和"其他动作路径"。如果选择"更多进入效果"命令,将打开"添加进入效果"对话框,如图 7-43 所示。

图 7-41　"动画"选项卡中的"动画"组

图 7-42　"添加动画"下拉列表

图 7-43　"添加进入效果"对话框

2)编辑动画。动画效果设置好后,还可以对动画方向、运行方式、顺序、声音、动画长度等内容进行编辑,让动画效果更加符合演示文稿的意图。有些动画可以改变方向,这通过单击"动画"选项卡下"动画"组中的"效果选项"按钮 来完成。动画运行方式包括"单击时""与上一动画同时""上一动画之后"3 种,这在"动画"选项卡中的"计时"组中的"开始"下拉列表框中选择,如图 7-44 所示。

图 7-44 "动画"选项卡中的"计时"组

改变动画顺序可以先选定对象,再单击"计时"组中的"向前移动"或"向后移动"按钮,此时对象左上角的动画序号会相应变化。

给动画添加声音可以先选定对象,单击"动画"选项卡中"动画"组右下角的对话框启动器 ,打开动画效果对话框。在"效果"选项卡的"声音"下拉列表框中选择合适的声音,如图 7-45 所示。在"效果"选项卡中,还可以将文本设置为按字母、按字/词或整批发送。

动画运行的时间长短包括非常快、快速、中速、慢速、非常慢 5 种方式,可以在动画效果对话框的"计时"选项卡中设置完成,如图 7-46 所示。在该选项卡中,还可以设置动画运行方式和延迟。

图 7-45 声音和动画文本的设置　　　　图 7-46 动画运行时间长度的设置

2. 设置片间切换效果

一般演示文稿中包含多张幻灯片,在幻灯片放映时,可设置幻灯片之间的切换效果,还可以在切换时播放声音。

对幻灯片切换效果的设置中,包括切换方式、切换方向、切换声音及换片方式 4 种。通过单击"切换"选项卡下"切换到此幻灯片"组和"计时"组中的相应按钮来完成,如图 7-47 所示。其中,可以用鼠标单击进行人工切换,也可以设置时间间隔来自动切换。如果要将所选的动画效果应用于其他幻灯片,单击"计时"组中的"全部应用"按钮 即可。

图 7-47 "动画"选项卡中的"计时"组

▶ 7.3.2 设置超链接和动作按钮

演示文稿播放时,默认情况下是按幻灯片的顺序放映,通过超链接和动作按钮,可实现幻灯片之间的跳转。

1. 设置超链接

超链接是指从一张幻灯片链接到任意的另一张幻灯片,用户可在现有演示文稿中将幻灯片进行分组,以便可以给特定的观众放映演示文稿的特定部分。超链接本身可以是文本、图片、图形、形状或艺术字。当用户移动鼠标指向超链接时,鼠标指针变成手形,表示超链接的文本用下画线显示,并且文本采用与配色方案一致的颜色(图片、形状和其他对象的超链接没有附加格式)。

选中对象,单击"插入"选项卡下"链接"组中的"超链接"按钮,或者右击打开快捷菜单,选择其中的"超链接"命令,弹出如图 7-48 所示的"插入超链接"对话框。

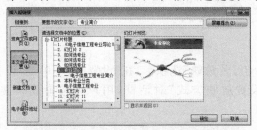

图 7-48 "插入超链接"对话框

1)如果所插入的超链接是指向本演示文稿内的某一张幻灯片,可单击"链接到"中的"本文档中的位置",然后选择所需链接的幻灯片,该幻灯片会显示在"幻灯片预览"下,单击"确定"按钮完成设置。

2)如果插入的超链接是指向其他文档,单击"链接到"中的"现有文件或网页",在"查找范围"列表框中选择所需文档,单击"确定"按钮完成设置。在幻灯片放映时,激活此超链接,即可打开所需的文档。

3)单击"链接到"中的"电子邮件地址",在"电子邮件地址"列表框中输入电子邮件地址。幻灯片放映时,单击此超链接,可运行能够发送邮件的邮件专用程序。

2. 动作按钮

动作按钮是现成的按钮,可以插入演示文稿并为其定义超链接。使用动作按钮可使演示文稿转到下一张、上一张、第一张和最后一张幻灯片的操作变得更加清晰明了。PowerPoint 还包含播放影片或声音的动作按钮。

单击"插入"选项卡下"链接"组中的"动作"按钮,打开如图 7-49 所示的"动作设置"对话框,在"超链接到"列表框中可选择需连接的幻灯片。

图 7-49 "动作设置"对话框

7.4 演示文稿的放映和打包发布

播放演示文稿是最终目的。当完成满意的演示文稿后,接下来的操作就是将它演示给观众。要想获得所希望的效果,除了要在创建演示文稿的过程中做好整体规划,精益求精,以得到出色的视觉效果外,更重要的是要设计一种能够完全吸引用户视线的演示过程。

PowerPoint 2010 提供了多种演示文稿放映方式,用户可以根据不同的需要选择不同的放映方式。此外,PowerPoint 还提供了打包发布幻灯片的操作。

7.4.1 演示文稿的放映

1. 设置放映方式

1)放映类型。选择"幻灯片放映"选项卡,在"设置"组中单击"设置幻灯片放映"按钮,打开如图 7-50 所示的"设置放映方式"对话框,用户可选择放映类型、放映选项、换片方式等。

图 7-50 "设置放映方式"对话框

PowerPoint 提供了以下 3 种不同的放映方式:

①演讲者放映(全屏幕)。这是以全屏幕方式放映演示文稿,是 PowerPoint 默认的放映方式。演讲者完全控制幻灯片的放映,可用自动或手动方式进行放映,并可在放映过程中录制旁白。

②观众自行浏览(窗口)。这是以窗口方式放映演示文稿。放映过程中观众可随时使用菜单和 Web 工具栏,可对幻灯片进行复制和编辑。在这种方式下,不能使用鼠标单击进行上一项、下一项的播放,可使用键盘上的 Page Up 键、Page Down 键进行控制。

③在展台浏览(全屏幕)。这是自动运行演示文稿的放映方式,全屏幕放映演示文稿,需先设置"排练计时",在放映过程中,只有超链接和动作按钮可以使用,快捷菜单和放映导航工具等控制都失效。放映结束后,会自动重新开始放映。

2)自定义放映。针对不同的观看者,同一个演示文稿如需播放不同的内容,可选用自定义放映。选择"幻灯片放映"选项卡,在"开始放映幻灯片"组中单击"自定义幻灯片放映"按钮,在下拉列表中选择"自定义放映"命令,打开如图 7-51 所示的"自定义放映"对话框。单击"新建"按钮,打开如图 7-52 所示的"定义自定义放映"对话框。在"在演示文稿中的幻灯片"列表框中选择需放映的幻灯片,单击"添加"按钮,将其添加到"在自定义放映中的幻灯片"列表框中,单击"确定"按钮,返回"自定义放映"对话框,"自定义放映"列表框中将显示新建的"自定义放映 1"的幻灯片放映名称,单击"放映"按钮,即可开始自定义放映。

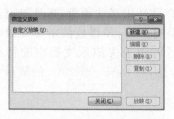

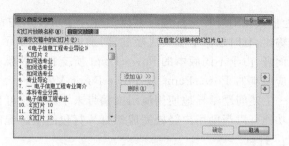

图 7-51 "自定义放映"对话框　　　　图 7-52 "定义自定义放映"对话框

3)放映计时。在演示文稿放映过程中,不方便手动换片时,如设置为"在展台浏览(全屏幕)"放映方式,可对其进行放映计时设置,精确计算放映的时间,以控制幻灯片切换以及整个演示文稿的放映速度。具体操作步骤如下:

①选择"幻灯片放映"选项卡,在"设置"组中单击"排列计时"按钮,打开幻灯片放映视图,在放映窗口的左上角显示"预演"工具栏。

②从放映第一张幻灯片开始计时,单击"预演"工具栏中的"下一项"按钮或单击,切换到第二张幻灯片,"预演"工具栏中的"幻灯片播放时间"重新计时,"演示文稿播放时间"继续计时。

③当整个演示文稿播放完成后,打开如图 7-53 所示的"保存排列计时"提示框,单击"是"按钮,保留幻灯片计时。

图 7-53 "保存排列计时"提示框

④在"设置放映方式"对话框的"换片方式"选项组中选中"如果存在排练时间,则使用它"单选按钮,确定后当再次放映幻灯片时,PowerPoint 将按录制的排练时间自动放映演示文稿;单击"手动"单选按钮,当再次放映时,不会自动放映演示文稿。

2. 演示文稿的放映

演示文稿设置完成后,通过全屏幕放映可以展示演示文稿的整体效果。

选择"幻灯片放映"选项卡,在"开始放映幻灯片"组中单击"从头开始"按钮,打开幻灯片放映视图,从第一张幻灯片开始播放演示文稿。如果单击"从当前幻灯片开始"按钮,或者单击状态栏上视图切换按钮中的"幻灯片放映"按钮,即可从当前幻灯片开始播放。

放映过程中,可以通过单击或按 Space 键、Enter 键放映下一张幻灯片,也可以用←(或↑)键返回上一张幻灯片。

放映时,"幻灯片放映"工具栏显示在屏幕的左下方,通过它,用户可方便地进行幻灯片"上一页""下一页""定位"的切换操作。此外,该工具栏中还提供绘图笔工具,供用户在放映时书写或绘制标记,以增强表达效果。用户若右击放映的幻灯片,会弹出一个快捷菜单,通过菜单提供的命令也可完成以上操作。

放映过程中按 Esc 键可结束放映,返回放映前的视图状态。

7.4.2　演示文稿的打包和发布

幻灯片打包的目的,通常是要在其他计算机(其中很多是尚未安装 PowerPoint 的计算机)上播放该幻灯片。打包时不仅幻灯片中所使用的特殊字体、音乐、视频片段等元素都要一起输出，有时还需手工集成播放器，所以较大的演示文稿只好用移动硬盘、光盘等设备携带。而且，由于不同版本的 PowerPoint 所支持的特殊效果有区别，要播放演示文稿最好安装相应版本的 PowerPoint 或 PowerPoint Viewer，否则还可能丢失演示文稿中的特殊效果……上述问题给异地使用演示文稿带来了不便。可喜的是，PowerPoint 2010 的演示文稿打包功能可以帮助用户轻松完成幻灯片打包的全过程。

1. 打包

要想将编辑好的演示文稿在其他计算机上放映，可使用 PowerPoint 的"打包成 CD"功能。利用"打包"功能可以将演示文稿中使用的所有文件（包括链接文件）和字体全部打包到磁盘或网络地址上，默认情况下会添加 Microsoft Office PowerPoint Viewer（这样即使其他计算机上没有安装 PowerPoint，也可以使用 PowerPoint Viewer 运行打包的演示文稿）。

选择"文件"选项卡，选择"保存并发送"命令，在"文件类型"栏中单击"将演示文稿打包成 CD"选项，如图 7-54 所示。再单击"打包成 CD"按钮，打开如图 7-55 所示的"打包成 CD"对话框。如果需要将多个演示文稿打包在一起，可以通过单击"添加"按钮进行添加，在"选项"中可以设置这些演示文稿的播放顺序，如图 7-56 所示。单击"复制到文件夹"按钮，打开如图 7-57 所示的"复制到文件夹"对话框，为文件夹取名并设置好保存路径，然后单击"确定"按钮，系统将上述演示文稿复制到指定的文件夹中，同时复制播放器及相关的播放配置文件到该文件夹中。以后用刻录软件将上述文件夹中所有的文件全部刻录到光盘的根目录下，也可以制作出具有自动播放功能的光盘。

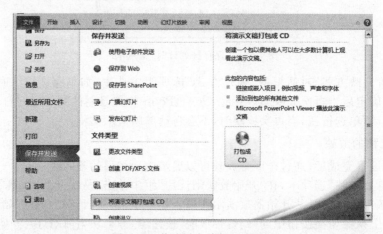

图 7-54　将演示文稿打包成 CD

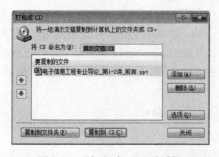

图 7-55　"打包成 CD"对话框

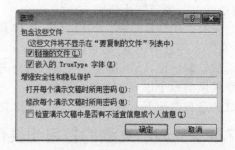

图 7-56　"选项"对话框

图 7-57　"复制到文件夹"对话框

2. 演示文稿的网上发布

要想在网上发布演示文稿,可以将演示文稿文件保存并通过网络发送出去,操作步骤如下:

打开要在网上发布的演示文稿,选择"文件"选项卡中的"保存并发送"命令,打开"保存并发送"窗格,如图 7-58 所示。在"保存并发送"窗格的"保存并发送"栏中单击相应的选项来实现。

图 7-58　"保存并发送"窗格

第8章 其他 Microsoft Office 2010 软件

Microsoft Office 2010 是一个系统的软件集合，为办公自动化提供了一整套的软件解决方案，利用它可以实现文字处理、表格处理、演示文稿制作、数据库创建、网页制作、电子事务处理、项目管理等功能。除了常用的文字处理软件 Word 2010、电子表格制作软件 Excel 2010、电子演示文稿制作软件 PowerPoint 2010 外，还有绘图软件 Visio 2010、电子事务处理软件 Outlook 2010 等，本章将对这些软件进行介绍。

8.1 绘图软件 Visio 2010

8.1.1 Visio 2010 简介

Microsoft Office Visio 2010 是 Microsoft 公司出品的一款关于图表解决方案的软件，它能够将难以理解的复杂文本和表格转换为一目了然的 Visio 图表，有助于 IT 和商务专业人员轻松地、可视化地分析和交流复杂的信息。

1. Visio 的发展历史

Visio 公司位于美国西雅图。1992 年该公司发布了用于制作商业图标的专业绘图软件 Visio 1.0，该软件一经面世立即取得了巨大的成功。Visio 公司的研发人员在此基础上开发了 Visio 2.0～5.0 等几个版本。

1999 年，Microsoft 公司收购了 Visio 公司，从此 Visio 成为 Microsoft Office 办公软件中的一个新组件。差不多在同一时间，Microsoft 发布了 Visio 2000 流程图软件，Visio 2000 分为标准版、技术版、专业版与企业版。

2001 年，Microsoft 公司发布了 Visio 2002，这是 Visio 的第一个中文版本。Visio 2002 拥有与 Microsoft Office XP 相同的外观，并且具有 Office 中常见的许多表现方式，可以与其他 Office 系列软件进行无缝集成。

Microsoft Office System 简体中文版于 2003 年 11 月 13 日正式发布。Microsoft Office System 包括核心平台产品 Office 2003、Visio 2003、FrontPage 2003、Publisher 2003 与 Project 2003 以及两个全新的程序 Microsoft Office OneNote 和 Microsoft Office InfoPath。Visio 2003 中文版超强的功能和全新的以用户为中心的设计，使用户更易于发现和使用其现有功能。

在 Visio 2003 的基础上，Microsoft 发布了 Visio 2007 软件。据统计，作为专业的办公绘图工具，Visio 在同类产品中的排名已经跃居世界前列。

Visio 2010 是通过可在 Web 上实时共享的数据驱动的动态可视效果和各种新方法，Visio 2010 中的高级图表绘制工具可降低复杂性。

2. Visio 2010 的改进

Visio 2010 包含以下新的改进。

（1）创建图表更加容易

Visio 2010 现在采用 Microsoft Office Fluent 界面，包含功能区。功能区会显示最常使用的命令，而不是将它们隐藏在菜单或工具栏下。此外，用户很容易找到之前不曾知晓的命令。命令位于选项卡上,并按使用方式分组。"开始"选项卡上有许多最常使用的命令,而其他选项卡上的命令则用于特定目的。例如,若要设计图表并设置图表格式,选择"设计"选项卡,找到主题、页面设置、背景、边框以及标题等更多选项。

(2)更多查找形状

"更多形状"菜单现在位于"形状"窗口中,因此不必离开"形状"窗口就能打开新模具。默认情况下,"搜索框"是隐藏的,以便为形状和模具留出更多空间。若要打开"搜索框",可单击"更多形状",然后单击"搜索形状"。"搜索形状"使用 Windows 搜索引擎在计算机中查找形状,因此必须开启 Windows 搜索以便使用它。若要在 Internet 上搜索形状,可单击"联机查找形状"。

(3)实时预览功能

通过实时预览,能够在确认格式设置选项(如字体和主题)之前看到它们将要呈现的外观。

(4)自动调整大小

"自动调整大小"将 Visio 绘图图面中打印机纸张大小的可见页面替换为易于创建大型图表的可扩展页面。"自动调整大小"开启后,将形状放在当前页面之外,该页面会扩展以容纳更大的图表。打印机纸张分界线会显示为点虚线。

(5)自动对齐和自动调整间距

使用"自动对齐和自动调整间距"按钮可对形状进行对齐和间距调整。可同时调整图表中的所有形状,或通过选择指定要对其进行调整的形状。

(6)增加 Visio 服务

Visio 服务将图表与 SharePoint Web 部件集成在一起,以便为一个人或同时为多个人创造高保真的交互体验,即使他们的计算机上没有安装 Visio。查看者可以沿图表缩放和平移,还可以跟踪形状中的超链接。

(7)流程管理

除了上述所有绘图方面的改进之外,Visio 2010 还包含可帮助用户建模、验证以及重用复杂流程图表的新工具。

(8)增强 SharePoint 支持

Visio 包含一个相关模板以及多种形状,用来设计可导入到 SharePoint Designer 的工作流。用户可以采用在 SharePoint Designer 中创建的工作流文件,在 Visio 中将它们打开,Visio 会为该工作流生成一个可以查看和修改的图表。此外,也可以在这两者之间来回传递文件,而且不会丢失任何数据或功能。

3. Visio 2010 产品组成

Visio 2010 产品系列包括 3 种产品,可以满足不同用户的需求。

1)Visio 2010 标准版。它拥有全新的外观,全面引入了 Office Fluent 用户界面和重新设计的 Shapes Windows。Quick Shapes、Auto Align & Space 等新功能可以帮助用户更轻松地创建维护图表。除了适用于所有图表类型的新功能外,Visio 2010 标准版中的交叉功能流程图绘制模板也更加简单、可靠,拥有更好的可扩展性。

2)Visio 2010 专业版。在标准版的基础上,专业版允许用户将图表连接至 Visio Services,可以上传数据,将图表发布到 Visio Services 上。Visio Services 可以帮助实现在 SharePoint 中浏览最新更新的数据图表,即使没有安装 Visio。Visio 2010 专业版还包括高级的图表模板,如复杂网络图表、工程图表、线框图表、软件和数据库图表。

3)Visio 2010 高级版。高级版包括专业版提供的所有功能,并且新增了高级进程管理功能,包括新的 SharePoint 工作流图表模板、业务流程建模标注(Business Process Modeling Notation,BPMN)、Six Sigma。新的 SharePoint 工作流图表可以导入 SharePoint Designer 2010,还可以进行进一步的自定义操作。此外,子进程功能允许用户停止当前进程并可以轻松恢复进程。Visio 2010 高级版整合了 SharePoint Server 2010。

8.1.2 Visio 2010 工作环境

绘图软件 Visio 2010 作为 Microsoft Office 系列软件之一,包含 Microsoft Office 的许多特性,提供了一般的 Office 功能,Visio 2010 所提供的工具和菜单包含了 Office 系列软件相同的个性化选项,使 Visio 2010 与 Office 产品系统中的其他软件可以一同使用。

1. 工作窗口

Visio 2010 的工作窗口包括开始窗口、绘图工作窗口。

1)开始窗口。启动 Visio 2010 后,通常其工作界面出现"选择绘图类型"对话框,如图 8-1 所示。

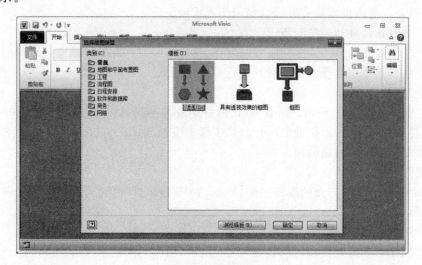

图 8-1　开始窗口

"选择绘图类型"对话框分为"类别"和"模板"两个区域。其中,"类别"区域列出了"常规""地图和平面布置图""工程"等绘图类别,每一个绘图类别包含若干模板,用户可以使用它们迅速创建特定的图表。

2)绘图工作窗口。Visio 2010 的绘图工作窗口如图 8-2 所示,它主要由标题栏、功能区、状态栏、模具与形状窗口、绘图窗口、页面标签、标尺等组成。

下面对绘图工作窗口中一些主要元素的功能进行介绍。

①模具与形状:模具是与当前图形有关的各种标准图件的集合;形状是 Visio 2010 的核心元素之一,是绘图的基本单元。

②绘图窗口:一个可以放置绘图页面及其他组件的平台。

③绘图页面:位于窗口中间的一张"图纸",可以在该区域绘制各种图形。为了在绘图时准确地定位和对齐,绘图页面上给出了由固定间隔的水平线条和垂直线条所组成的"网格",

就像传统的图纸一样,网格不会被打印出来,但用户可以在"文件"选项卡中单击"打印"→"打印预览",在"打印预览"选项卡中单击"打印"组中的"页面设置"按钮,打开"页面设置"对话框,在其对话框的"打印设置"选项卡中,设定网格随绘图页一起打印出来。

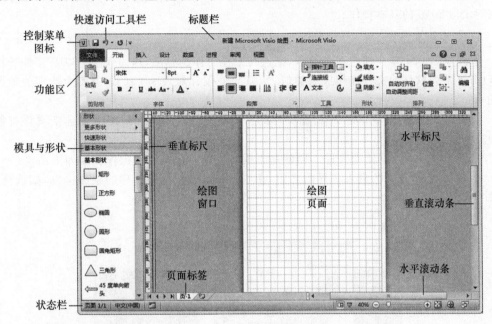

图 8-2　Visio 2010 的绘图工作窗口

2. Visio 2010 的主要元素

Office Visio 2010 利用强大的模板(Template)、模具(Stencil)与形状(Shape)等元素,来实现各种图表与模具的绘制功能,其各种元素的具体情况如下:

1)模板和模具。模板是一组模具和绘图页的设置信息,是一种专用类型的 Visio 绘图文件,是针对某种特定的绘图任务或样板而组织起来的一系列主控图形的集合,其扩展名为 .vst。每一个模板都由设置、模具、样式或特殊命令组成。模具是指与模板相关联的图件或形状的集合,其扩展名为 .vss。模具中包含了图件,而图件是指可以用来反复创建绘图的图形,通过拖动的方式可以迅速生成相应的图形。

2)形状。形状是在模具中存储并分类的图件,预先画好的形状称为主控形状,主要通过拖放预定义的形状到绘图页上的方法进行绘图操作。其中,形状具有内置的行为与属性。形状的行为可以帮助用户定位形状,并正确地连接到其他形状。形状的属性主要显示用来描述或识别形状的数据。

形状既可以表示实际的对象,也可以表示抽象的概念。具体来说,形状可表示以下内容:

①现实世界中的实体对象,如汽车、大楼、桥梁等。

②组织层次结构中的对象,如组织结构图中的成员或职位。

③某一进程或顺序中的对象,如流程图中的步骤。

④软件模型或数据库模型中的对象,如关系数据库中的实体和关系等。

3)连接符。在 Visio 2010 中,形状与形状之间需要利用线条来连接,该线条被称作连接符。连接符会随着形状的移动而自动调整,其起点和终点标识了形状之间的连接方向。

8.1.3　Visio 2010 基础操作

通过前面各小节的介绍，读者已经熟悉了 Visio 2010 的工作环境与主要元素，本小节将介绍 Visio 2010 的基本操作。

1. 文件基本操作

掌握 Visio 2010 文件的基本操作，是进行绘图工作的基础，因为 Visio 2010 文件的操作与 Office 系列软件的文件操作极为类似，所以此处仅针对 Visio 2010 中较为特别的地方进行介绍。

1）新建文件。Visio 2010 中绘图文件的扩展名是 .vsd。Visio 2010 创建新文件有如下 3 种方法：

①基于模板创建新绘图文件。创建基于模板的新绘图文件的操作步骤如下：

a. 启动 Visio 2010，进入主界面之后，在"类别"区域选择要创建的绘图类别，如选择"流程图"，如图 8-3 所示。

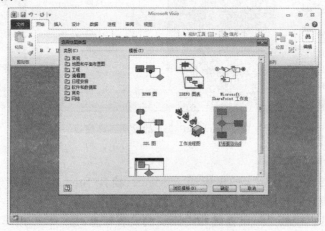

图 8-3　选择"类别"中的"流程图"

b. 在"模板"区域选择要创建的绘图类型，如选择"基本流程图"，这样便基于模板创建了一个新绘图文件，如图 8-4 所示。

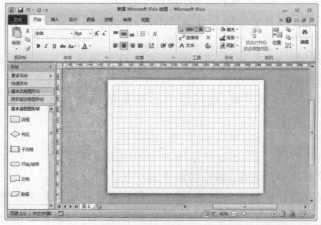

图 8-4　基于模板创建的新绘图文件

此外,也可以通过以下方法来创建基于模板的新绘图文件,操作步骤如下:

a. 启动 Visio 2010,进入其启动界面。

b. 选择"文件"→"新建"命令,在"新建"窗格中选择绘图的类别和类型,如"模板类别"选择"流程图"→"基本流程图",如图 8-5 所示,即可创建新的绘图文件,最终效果也如图 8-4 所示。

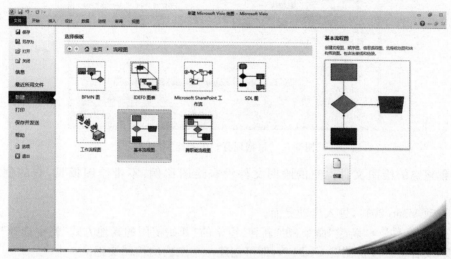

图 8-5 通过"文件"选项卡创建新绘图文件

②根据现有绘图创建新绘图文件,具体操作步骤如下:

a. 启动 Visio 2010,进入启动界面。

b. 选择"文件"→"新建"命令,在"新建"窗格的"开始使用的其他方式"栏中选择"根据现有内容新建"选项,如图 8-6 所示。

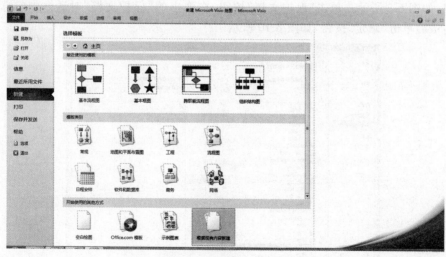

图 8-6 根据现有内容新建

c. 将弹出"根据现有绘图新建"对话框,如图 8-7 所示。通过该对话框找到一个已有的绘图文件,单击"创建"按钮,即可在此文件的基础上创建一个新的绘图文件,新文件将默认使用与此文件一样的绘图模具。

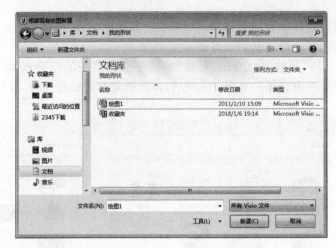

图 8-7　"根据现有绘图新建"对话框

③创建空的绘图文件。空的绘图文件没有绘图比例,不带绘图模具,它的创建步骤如下:

• 启动 Visio 2010,进入启动界面。

• 选择"文件"→"新建"命令,在"新建"窗格的"开始使用的其他方式"栏中选择"空白绘图"选项,或者直接按快捷键 Ctrl+N,即可创建一个空白的绘图文件。

2)打开及保存文件。打开或保存一个 Visio 绘图文件,与在 Office 系列软件中打开文件和保存文件类似。

3)保护文档。选择"文件"→"选项"命令,打开如图 8-8 所示的"Visio 选项"对话框,在对话框中选择"快速访问工具栏"选项,在"从下列位置选择命令"中选择"所有命令",选中"保护文档",单击"添加"按钮后再单击"确定"按钮,则在快速访问工具栏中会出现"保护文档"按钮,如图 8-9 所示。单击"保护文档"按钮,在弹出的"保护文档"对话框中勾选要保护的对象,最后单击"确定"按钮,如图 8-10 所示。

图 8-8　"Visio 选项"对话框

图 8-9 在快速访问工具栏中添加"保护文档"按钮

图 8-10 "保护文档"对话框

要清除对文件的保护,只要打开"保护文档"对话框,取消复选框的勾选即可。

2. 快速创建图表

为了让读者能够尽快掌握 Visio 2010 创建图表的过程、方法与步骤,下面介绍创建简单图表的方法。为了直观及连贯,下面的介绍将围绕以下实例展开。

例 8.1 现需绘制解决以下问题的程序流程图:由用户输入两个正整数,比较其大小,将最大的那个数输出到屏幕上。

1)使用模板创建图表。启动 Visio 2010,在"类别"中选择一种类型的绘图,然后选择相应的模板,在例 8.1 中,需要画出程序流程图,所以应选择"流程图"中的"基本流程图",如图 8-3 所示。

2)添加形状及调整形状。使用"基本流程图"模板创建新的绘图文件之后,便可以从"模具与形状"窗口中选择所需的形状,可使用鼠标左键将它拖放到绘图页面的适当位置,如图 8-11 所示。

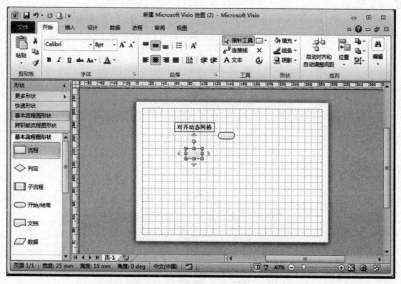

图 8-11 将形状拖放到绘图页面

按照上述拖放方法,将所需的形状逐一添加到绘图页面中,并按照相互之间的关系排列好位置。如需移动形状并调整它们的位置,只需在该形状上按住鼠标左键,将其拖放到所需位置处即可;对形状大小的调整,可以先单击需调整的形状,然后调整其周边的 8 个调整手柄来实现,如图 8-12 所示。

3）为形状添加文本。Visio 2010 允许用户向图表中添加文本，可以添加与形状相关联的文本，也可以添加独立的文本。要在形状中输入文本，只需双击形状，即可进入输入状态，如图 8-13 所示。

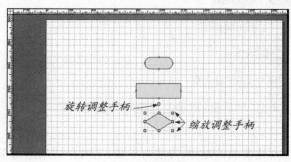

图 8-12　调整形状大小

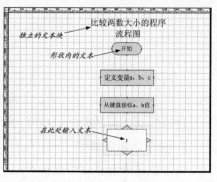

图 8-13　输入文本

4）连接形状。很多情况下，在绘图中需要使用一些连线来连接形状，以表示它们之间的关系，可以在"开始"选项卡中单击"工具"组中的"连接线"按钮，如图 8-14 所示。这样就可以在绘图区用连接线连接各图形的连接点。如果要退出"连接线"，只需要在"工具"组中单击"指针工具"按钮即可。

图 8-14　"工具"组中的"连接线"按钮

此外，当用户移动一个具有连接的形状时，它将仍保持连接状态，连接线会随着形状位置的变化而动态地变动。将各形状连接完整之后的图形如图 8-15 所示。

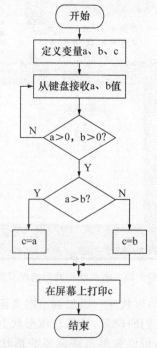

图 8-15　完整的程序流程图

5)设置形状格式。在 Visio 2010 中,可以方便地设置形状的格式。Visio 2010 提供了两种设置形状格式的方式,具体使用方法见后文介绍。用户可以通过改变形状的颜色来突出图表中的特定形状,或者用线条图案或线条粗细来表示信息流的特定类型,还可以拖动控制手柄来更改形状的外观。如图 8-15 所示,为了突出该流程图中两个菱形判断框,其填充颜色被设置为白色,其他功能框的填充色则为灰色;为了突出条件为"N"(否)的支路,其连线被加粗了。

6)完成和使用图表。图表绘制完成之后,要将其保存,然后可以预览并打印,也可以将图表保存为网页或用于其他 Microsoft Office 产品中。

3. 形状的编辑与设置

上文围绕例 8.1 介绍了绘制图表的一般步骤,从中可以看出,图表的绘制主要是围绕形状来展开的,包括形状的添加、调整、连接、设置等工作,因此,下面将详细介绍形状的一些主要操作。

1)形状的分类。在 Visio 2010 中,各种类型的图表都有与之对应的模具,这些模具中包含了绘制该类图表所需要的若干主控形状。从图 8-3 的"类别"中可以看到 Visio 2010 默认的绘图包含了 8 个大类,每一类又提供了若干个模板,每个模板中又包含若干形状,这些为快速绘制标准通用的图表提供帮助。

①简单形状和复杂形状。Visio 2010 的形状有如线条一样的简单形状,也有如日历、表格一样复杂的形状。例如,以下都是形状。

- 使用绘图工具绘制的一条直线、一系列线段、弧线或自由绘制曲线等。
- 模具中出现的预先提供的形状。
- 组合在一起的几个形状。
- 用户自己绘制的形状。

②一维形状和二维形状。一维形状类似于线段,具有两个端点:起点和终点。起点带有"□"号的蓝色空心方块,终点带有"■"号的蓝色实心方块。一维形状可以粘附在两个形状之间,从而起到连接它们的作用,常见的一维图形如图 8-16 所示。

二维形状具有两个维度,它没有起点和终点,类似于矩形。二维形状具有两个以上的选择手柄,可以拖动其中的某个手柄调整形状的大小。典型的二维形状如图 8-17 所示。

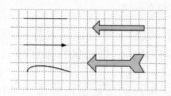

图 8-16 常见的一维形状

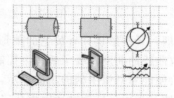

图 8-17 典型的二维形状

2)形状的手柄。手柄主要是供绘图人员操作控制形状的切入点,可以通过拖动手柄来修改形状的外观、位置或方式,也可以使用手柄将一个形状粘附到另一个形状,还可以完成移动形状的文本、更改弧线曲度和对称性等。手柄包括以下几种:

①连接点。在 Visio 2010 中,可以通过将连接线附加或粘附到形状的连接点上来连接图形。连接点类型决定了连接形状的顺序或方向。连接点可以分为以下 3 种类型:

- 向内连接点✕:大多数形状都具有向内的连接点,通过该连接点可以将连接线或其他形状粘附到这种连接点上。

- 向外连接点 ■：一般出现在二维形状中,使用它可以将当前形状粘附到其他二维图形上。例如,"文件柜"模具中的形状便有向外连接点,能够直接粘附到其他形状上,如图 8-18 所示。

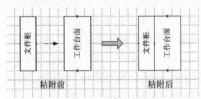

图 8-18　向外连接点示例

- 向内/向外连接点 ✳：使用这种连接点,可以使形状以任何顺序粘附在一起,当用户将一维连接线或二维形状的内外连接点粘附到向内/向外连接点上时,该连接点的行为类似向内连接点。当将向内/向外连接点粘附到二维图形上时,该连接点的行为类似于向外连接点。

在实际使用中,除了可以使用形状中固定的连接点,用户还可以根据需要添加连接点。当要添加连接点时,先选择相应形状,然后单击"开始"选项卡下"工具"组中的"连接点"按钮 ⊠,在按住 Ctrl 键的同时,单击形状上要添加连接点的位置,形状上将出现以洋红色突出显示的新连接点。如果要删除新添加的连接点,只要在选取"连接点"工具后选中该连接点,然后按 Delete 键即可。

②选择手柄和端点。使用"开始"选项卡下"工具"组中的"指针工具"按钮 �9 时,将在形状周围显示选择手柄 ▣ 和端点 □、▪,如图 8-19 所示。当选择一个形状之后,可以通过拖动形状的选择手柄和端点来调整其大小。大多数形状都具有角选择手柄和边选择手柄,拖动角选择手柄可以成比例地调整形状的大小,拖动边选择手柄可以调整形状的各边的大小。一维形状具有一个起点和一个终点,共两个端点,某些一维形状也具有选择手柄。

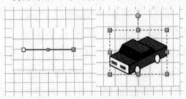

图 8-19　选择手柄与端点示例

③控制手柄。某些形状具有黄色的菱形控制手柄 ◇,一般可以通过拖动控制手柄来修改形状,如修改曲线的曲度。要了解每个控制手柄的功能,可以将鼠标指针移动到该控制手柄上,停留一会便能看到该手柄的功能提示,如图 8-20 所示。

④旋转手柄。当用鼠标指针选定形状之后,在该形状的顶部会出现旋转手柄,旋转的中心用旋转中心点标记,如图 8-21 所示。拖动旋转手柄可以使形状绕着旋转中心旋转。

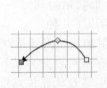

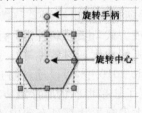

图 8-20　控制手柄示例图　　　图 8-21　旋转手柄示例

3）创建形状。创建形状可以通过两种方法，一种是使用模具中的主控形状，另外一种是利用"开始"选项卡的"工具"组。

①放置主控形状。创建形状最快捷的方法就是将"形状"窗格的主控形状拖放到绘图页面上。拖放到绘图页面上的形状被称为主控形状的一个副本或实例。

②绘制形状。绘制形状需要用到"开始"选项卡中的"工具"组。单击指针工具右边的"矩形"下拉按钮，可以打开下拉列表，包括"矩形"工具、"椭圆"工具、"折线图"工具、"任意多边形"工具、"弧形"工具、"铅笔"工具，如图 8-22 所示。

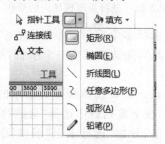

图 8-22 绘制形状下拉列表

绘制线段。使用"工具"组中的"铅笔"工具或"折线图"工具。在绘图页面单击，确定线段起始点，然后拖动鼠标到目的点，即可绘制出一条线段。

绘制弧线。绘制弧线可以选择"铅笔"工具或"弧形"工具，绘制外观类似于圆形的一部分的弧线，选择"铅笔"工具；绘制外观类似于椭圆形的一部分的弧线时，选择"弧形"工具。选中相应工具之后，在绘图页面上单击确定起始点，然后拖动鼠标至结束点再松开鼠标，即可完成弧线绘制。

绘制自由曲线。可以使用"任意多边形"工具绘制连续平滑的曲线。选择该工具，在绘图页面上确定起始点，然后在任意方向上拖动鼠标到结束点，松开鼠标即可绘制所需的曲线。

绘制矩形或正方形。选择"矩形"工具，在绘图页面先用鼠标指针指向矩形某个顶点位置，然后沿着对角线的方向拖动鼠标，直到拖动到所需大小的矩形为止，然后松开鼠标即可完成绘制。如果要绘制正方形，只需要在拖动鼠标的同时按住 Shift 键。

绘制椭圆或圆。选择"椭圆形"工具，在绘图页面先用鼠标指针指向椭圆形开始位置，然后拖动鼠标直到所需的大小为止，松开鼠标即可完成绘制。如果要绘制圆形，只需要在拖动鼠标的同时按住 Shift 键。

4）选择形状。通常要对已经绘制的形状进行编辑、修改时，必须先选择该形状，其方法有以下几种：

①选择单个形状。可使用"开始"选项卡下"工具"组中的"指针工具"按钮，将指针移动到所需选择的形状之上，然后单击即可选中该形状，此时该形状四周出现了蓝色的选择手柄。

②选择矩形区域内的形状。使用"开始"选项卡下"工具"组中的"指针工具"按钮，拖动鼠标画出一个矩形框，将这些需要被选中的形状包括其中，即可选择在这个矩形区域内的所有形状。被选中的主控形状周围会有洋红色的轮廓线，同时还会有一个带有选择手柄和旋转手柄的矩形蓝色虚线框将所有选中的形状包围起来，这样就可以对它们进行整体操作，如图 8-23 所示。

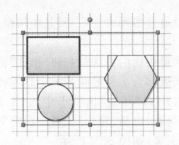

图 8-23　选择矩形区域内的形状

③选择多个形状。如果需要选择多个离散的形状，就不能使用上面的方法了。要连续选择多个形状，可以使用"指针工具"，先选中其中一个形状，然后在按住 Shift 键的同时依次单击其他所要选择的形状即可。

④选择绘图页面中的所有形状。需要选择绘图页面中的所有形状，单击"开始"选项卡下"编辑"组中的"选择"下拉按钮，在下拉列表中选择"全选"命令，或者按 Ctrl＋A 键即可。

⑤按形状类型选择形状。单击"开始"选项卡下"编辑"组中的"选择"下拉按钮，在下拉列表中选择"按类型选择"命令，打开"按类型选择"对话框，如图 8-24 所示。先在"选择方式"选项组中选中"形状类型"单选按钮，然后根据需要勾选相应的类型，包括形状、参考线、图元文件、墨迹对象、组合、OLE 对象、位图等，最后单击"确定"按钮，这样就完成了按类型选择形状的操作。

图 8-24　"按类型选择"对话框

5）调整形状。当用户将主控形状从模具中拖放到绘图页面，或者使用绘图工具绘制形状时，难免需要进行诸如移动、缩放、旋转等调整操作，下面就如何调整形状做一下介绍。

①缩放形状。单击"开始"选项卡下"工具"组中的"指针工具"按钮，然后单击需要调整的形状，此时将在该形状周围出现选择手柄，将鼠标指针指向选择手柄，当鼠标指针变成双向箭头时，拖动选择手柄即可改变形状的大小。如果要成比例地调整形状的大小，可以拖动角手柄。

②移动形状。在绘制图形过程中，常需要通过移动形状的方式来完成手工排列和布局。移动形状的方法为：单击"开始"选项卡下"工具"组中的"指针工具"按钮，然后选择需要拖动的形状，此时鼠标指针变为一个四向箭头，拖动形状到所需的位置上。

③旋转或翻转形状。"旋转"是指形状围绕一个点转动。形状的旋转有以下几种方法：

· 旋转 90°：可逆时针方向或顺时针方向旋转 90°。选择需旋转的形状，在"开始"选项卡的"排列"组中单击"位置"下拉按钮，选择"旋转形状"命令，选择"向右旋转 90°"或"向左旋转 90°"命令，可完成旋转 90°。如果连续执行该操作，就可以旋转 180°或 270°，如图 8-25 所示。

• 使用旋转手柄旋转形状：先选择需旋转的形状，此时将在该形状上方出现蓝色的旋转手柄，将鼠标指针移到该手柄上，等其变成黑色圆形箭头时拖动这个手柄即可进行旋转，其效果如图8-26所示。

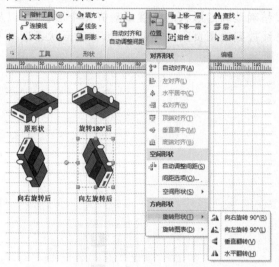

图 8-25　旋转形状

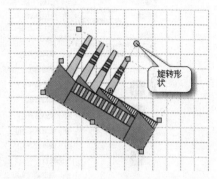

图 8-26　使用旋转手柄旋转形状的效果

• 按角度值精确旋转形状：选择"视图"选项卡，在"显示"组中单击"任务窗格"下拉按钮，选择"大小和位置"命令（见图8-27），弹出"大小和位置"任务窗格，在"角度"文本框中输入形状需要旋转的角度值，然后按 Enter 键，形状将按照该设置角度进行精确旋转，如图8-28所示。

图 8-27　打开"大小和位置"任务窗格

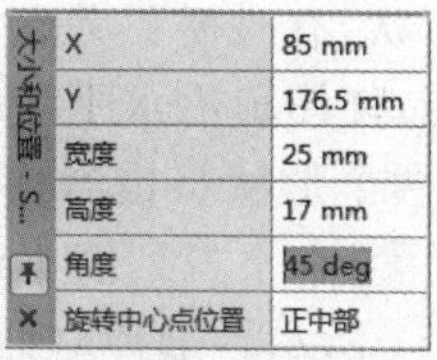

X	85 mm
Y	176.5 mm
宽度	25 mm
高度	17 mm
角度	45 deg
旋转中心点位置	正中部

图 8-28　精确旋转形状

翻转是指形状围绕一个轴的转动。形状的翻转可以分为两种，即垂直翻转和水平翻转。垂直翻转就是在垂直方向上翻转180°，水平翻转则是形状在水平方向翻转180°。

要实现形状的翻转，可以使用鼠标选中所需翻转的形状，在"开始"选项卡的"排列"组中单击"位置"下拉按钮，选择"旋转形状"命令，选择"垂直翻转"或"水平翻转"命令，即可完成形状的翻转，如图8-25所示。

④对齐和分布形状。

• 对齐形状。

对齐就是沿其他形状或标尺细分线、网格线、参考线或辅助点来拖动形状，使形状的位置可以按照要求放置。对齐形状的常用方法有以下3种：

使用标尺与网格线对齐形状：拖动形状时，标尺上会显示出与形状的顶点或边相对应的虚线，利用这根虚线及标尺的刻度便可以实现对齐形状。

使用"对齐形状"下拉列表：先选择基准形状，再选择其他需要统一排列的形状，然后在"开始"选项卡的"排列"组中单击"位置"下拉按钮，在"对齐形状"列表中选择相应的对齐方式，如图8-29所示。

使用参考线对齐形状：使用参考线可以精确地确定形状的位置或对齐多个形状，可以从水平标尺或垂直标尺拖出参考线，可将参考线放到绘图页面的任何位置，移动形状靠近参考线，即可将形状粘附到参考线上，如图8-30所示。

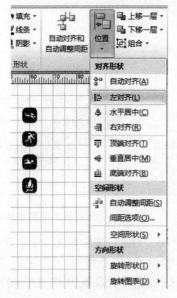

图8-29 "对齐形状"下拉列表

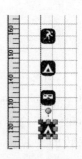

图8-30 利用参考线对齐形状

• 分布形状。

对于多个形状，有时需要考虑它们相互之间的位置关系，此时可以使用Visio 2010提供的分布形状功能，使图形沿水平或垂直方向等间距分布。首先选择需要进行分布的若干个形状，最靠边的两个形状将被看作分布的基准，然后选择"开始"选项卡，在"排列"组中单击"位置"下拉按钮 ，在下拉列表中选择"空间形状"→"其他分布选项"命令，弹出"分布形状"对话框，如图8-31所示。选择对话框中的适当分布方式即可。

图8-31 "分布形状"对话框

• 自动布局。

对于某些类型的绘图文件，包括流程图、组织结构图、网络图表、树图表等，用户可以使用"设计"选项卡下"版式"组中的"重新布局页面"下拉按钮 来自动放置图形，如图8-32所示。与将形状拖放到绘图页面上相比,自动放置的速度更快。

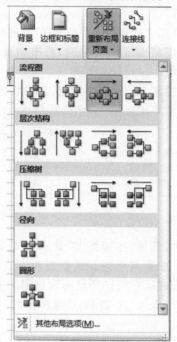

图 8-32 "重新布局页面"下拉列表

· 微调形状位置。

可利用微调控制组合键精确地调整形状位置。先选择需微调的形状,按↑、↓、←、→方向键,可以微调形状使其对齐网格线或标尺细分线等位置。如果没有形状与之对齐,则按↓键后会使形状在标尺上移动一个刻度。如果要使形状只移动一个像素,可按住 Shift 键的同时按↓键。

6)连接形状。放置在绘图页面上的形状常常需要相互连接,以表达相互之间的某种关系,下面介绍如何连接形状。

①连接线。连接线是粘附在两个形状之间,用来连接它们的任何一维图件,如直线、弧线、箭头等。当移动连接线所附加的形状时,连接线将保持粘附状态。

要获得连接线,可以采用以下方法:

· 使用"开始"选项卡下"工具"组中的"连接线"按钮🖵。

· 使用"开始"选项卡下"工具"组中的"弧形"工具和"铅笔"工具等。

总的来说,Visio 2010 提供了 3 类连接线:直线连接线、直角连接线和曲线连接线。

· 直线连接线:只显示起点和终点。

· 直角连接线:包括顶点和中点,拖动它们可以更改连接线的路径。

· 曲线连接线:包括控制点和离心率手柄,可以用来更改图形的曲度。

②连接的类型。在 Visio 2010 中,有两种类型的连接,即形状到形状的连接和点到点的连接。

使用形状到形状的连接可以将两个所连接的形状始终保持最近的连接,即移动形状时,连接线将改变连接点而附着在两个形状间最近的点上,如图 8-33 所示。

创建形状到形状的连接方法如下:

• 单击"连接线"工具 🖑，然后将需要连接的形状从模具中拖放到绘图页面上，默认情况下，将自动创建形状到形状的连接。

• 要连接已经存在于绘图页面上的形状，可先选择"连接线"工具，将鼠标指针放到第 1 个形状的中心上，此时该形状周围将出现红色轮廓，再拖动鼠标指针到第 2 个形状的中心，直到该形状周围出现红色轮廓，然后松开鼠标即可。

使用点到点的连接，可以通过将端点粘附到形状上的特定点来确定连接点。无论怎样改变形状的位置，连接点的位置始终保持不变，如图 8-34 所示。

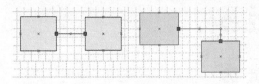

图 8-33　形状到形状的连接

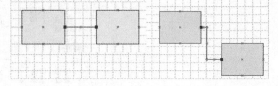

图 8-34　点到点的连接

创建点到点的连接的方法为：选择"连接线"工具 🖑，然后将鼠标指针从第 1 个形状的连接点拖到第 2 个形状的连接点。如果需要连接的位置没有连接点，用户可自行添加一个连接点，连接线的端点将变为红色，表示它们已经粘附到指定的连接点上了。

③静态连接与动态连接。Visio 2010 提供了两种形状连接方式，即静态连接和动态连接。

使用静态连接方式连接的形状，直线连接线不能围绕形状自动弯曲。它总是以直线方式连接，即它可能与其他形状的线条路径重叠。

动态连接线又称为"可穿绕连接线"，包括直角连接线和曲线连接线，当在绘图页面上调整形状位置时，这些连接线可以围绕形状自动弯曲。

7) 形状组合。形状组合是指将多个形状"捆绑"在一起，以便进行同样的操作，并保持它们之间的相对关系。组合中的各个形状保持各自的格式设置和行为特性，可以单独进行编辑，可删除组合内的形状，也可以添加新的形状到组合中。

①创建组合及取消组合。创建组合的方法为：首先选择需要组合在一起的全部形状，然后在"开始"选项卡中单击"排列"组中的"组合"按钮，选择"组合"命令 🔲；或者在这些形状上右击，在弹出的快捷菜单中选择"组合"命令，则这些形状将成为一组，可以作为一个整体来执行缩放、旋转、移动、翻转、设置格式等操作。如图 8-35 所示，将打印机与椭圆桌组合在一起，使之成为一个整体。

取消组合的方法为：先选择某组合，然后在"开始"选项卡中单击"排列"组中的"组合"下拉按钮，选择"取消组合"命令 🔁 即可。

②添加形状到组合与从组合中删除形状。添加形状到组合的方法为：先选择需要添加的形状及形状组合，然后在"开始"选项卡中单击"排列"组中的"组合"下拉按钮，选择"添加到组"命令即可。

从组合中删除形状的方法为：先选择某个组

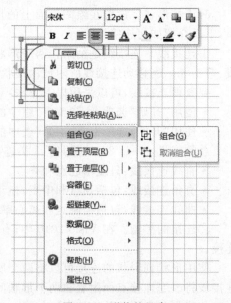

图 8-35　形状的组合

合,单击需要从该组中删除的形状,然后在"开始"选项卡中单击"排列"组中的"组合"下拉按钮,选择"从组中删除"命令即可。

③组合形状的编辑。编辑组合形状的方法与编辑一般形状的方法相同,而且组合中的每个形状都可单独被编辑。

8)形状的格式设置。可以针对线条样式、填充样式、图层、圆角、透明度、填充图案、阴影颜色等属性对形状格式进行设置,实现方法有如下两种:

• 选择需设置格式的形状,使用"开始"选项卡中的"字体"组、"段落"组和"形状"组来实现。

• 右击需要设置格式的形状,选择快捷菜单下"格式"级联菜单中的相关命令来实现,如图 8-36 所示。

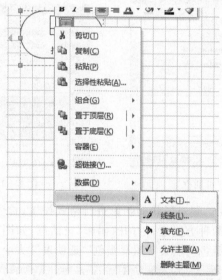

图 8-36　使用快捷菜单设置形状格式

①设置形状的文本格式。要设置形状中的文本格式,可以按照以下步骤来操作:

a.选择需要设置文本格式的形状。

b.按照上述两种方法之一打开"文本"对话框,如图 8-37 所示。在该对话框中可以完成对文本的"字体""字符""段落""文本块""制表位"及"项目符号"等属性的设置。

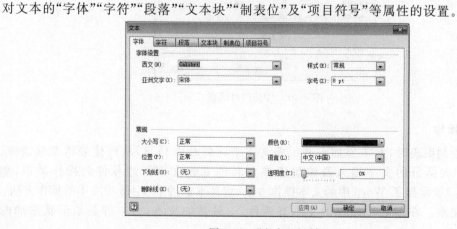

图 8-37　"文本"对话框

②设置形状的线条格式。所谓形状的线条除了指直线、弧线、自由绘制的线段等之外，还包括各种形状的边缘线。设置形状的线条格式的具体步骤如下：

a.选择需要设置线条格式的形状。

b.使用上文介绍的两种方法之一打开"线条"对话框，如图 8-38 所示。通过该对话框，可以完成对线条的"虚线类型""粗细""颜色""线端""透明度""圆角""箭头"等属性的设置。

③设置形状的填充格式。填充主要是指在封闭的形状中间，不包括边缘线的部分，按要求填充颜色或图案。首先选择需要设置填充格式的形状，然后使用上文介绍的两种方法之一打开"填充"对话框，如图 8-39 所示。通过该对话框，可完成对填充的"颜色""图案""图案颜色""透明度""阴影"等属性的设置。

图 8-38 "线条"对话框

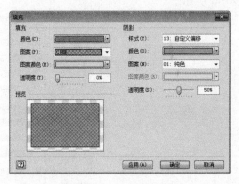

图 8-39 "填充"对话框

④设置形状的阴影格式。要对形状的阴影进行格式设置，首先选择需要设置阴影格式的形状，然后使用上文介绍的两种方法之一打开"阴影"对话框，如图 8-40 所示。通过该对话框，可以完成对阴影的"样式""颜色""图案""图案颜色""透明度""大小和位置"等属性的设置。

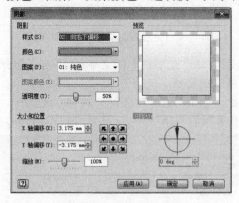

图 8-40 "阴影"对话框

4. 文本操作

人们在绘制图表时，常需添加一些说明文字来注释相关信息，从而使表达准确清晰。Visio 2010 中大部分的文字输入及编辑操作与其他专业文字处理软件的操作类似，如 Word。读者只要掌握了 Word 中的文本操作方法，就基本掌握了 Visio 中文本的操作方法。

1）添加文本。在图表中添加的文本有两种，一种是纯文本，另一种是给形状添加的文本。

①添加纯文本。纯文本是单独存在的一个对象,不属于某个形状,但是可以作为形状的注释或说明而放置到绘图页面的任意位置。

创建纯文本的方法是:单击"开始"选项卡下"工具"组中的"文本工具"**A**,在绘图页面的任何地方单击,或者单击并拖动鼠标,直到文本块达到所需大小,然后可在文本块中输入文字,最后按 Esc 键,或在绘图页面其他地方单击即可,如图 8-41 所示。单击"工具"组中的"指针工具"，退出文本编辑状态。

要删除纯文本,只需选中该文本块,然后按 Delete 键即可;要移动纯文本,只需选中该文本块,按住鼠标左键拖动到目的位置,松开鼠标即可;要复制已经创建的纯文本,只要在拖动该文本块的同时按住 Ctrl 键即可。

②为形状添加文本。大部分的形状都带有文本输入框,可以直接输入文本,具体方法是:在需要输入文本的形状上双击即可出现一个矩形框,中间是文本编辑光标,此时可输入文本;选择"开始"选项卡,单击"工具"组中的"文本工具"**A**,然后单击需要输入文本的形状,同样会出现矩形输入框,如图 8-42 所示。

图 8-41　创建纯文本

图 8-42　为形状添加文本

2)设置文本格式。可对纯文本及形状中的文本进行格式设置,包括"字体""字号""字形""对齐方式""颜色"等属性。要完成这一设置,有如下两种方法:

①使用"开始"选项卡中的工具,其操作与其他的 Microsoft Office 软件类似。

②使用"文本"对话框,如图 8-37 所示。首先双击需要设置文本格式的形状或纯文本,此时将出现矩形输入框,已有的文字将以被选中的阴影方式出现,在这些文字上右击,在弹出的快捷菜单中选择"字体"命令,如图 8-43 所示。此时会打开"文本"对话框,可在此对话框中设置文本格式。

图 8-43　使用快捷菜单打开"文本"对话框

5. 使用图层

图层是图表中一个用来存放具有特定共性的形状的集合,多个图层可相互重叠地共存于一个图表中,也就是允许用户将不同性质的形状分别建立在不同的图层上。一个图层中的形状可以同时显示、隐藏、锁定或打印,使用图层可以方便地将形状分组操作。充分、灵活地应用图层,可以使绘图页面上的形状更加容易组织和管理。

1）创建图层。选择"开始"选项卡，在"编辑"组中单击"层"下拉按钮，在下拉列表中选择"层属性"命令，将打开"图层属性"对话框，如图 8-44 所示。在该对话框中单击"新建"按钮，打开"新建图层"对话框，在"图层名称"文本框中输入图层的名称，然后单击"确定"按钮，即可创建一个新的图层，如图 8-45 所示。

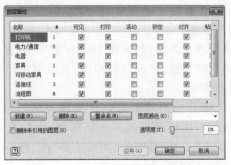

图 8-44　"图层属性"对话框

2）图层属性设置。对图层进行属性设置就是针对"图层属性"对话框中的项目进行设置。利用该对话框可以设置图层的可见性、活动状态、锁定等属性，具体包括以下各项：

①名称：用于区别不同图层的名称，选中某图层的名称之后，单击"重命名"按钮，将打开"重命名图层"对话框，如图 8-46 所示。利用该对话框可进行图层重命名。

图 8-45　"新建图层"对话框　　　　图 8-46　"重命名图层"对话框

②♯：用于显示分配给每个图层的图形个数。

③可见：用于设置图层是否显示，选中出现"√"，表示显示，否则表示隐藏。

④打印：用于指定是否打印某一图层。

⑤活动：控制形状的激活。处于激活状态的图层，将接受所有未被指定图层的形状。

⑥锁定：用于确定图层是否被锁定。如果图层被锁定，其上的形状将不能被选中，也不能被修改，被锁定的图层也不能被激活。

⑦对齐：用于确定其他形状能否与图层上的形状对齐。

⑧粘附：用于确定此图层上的形状是否可以被其他形状粘附。如果一个形状所在的图层没有选择粘附，则它仍能被其他形状粘附，但它自身不能粘附其他形状；如果该图层选择了粘附，则该形状已被图层粘附，而不能再被其他形状粘附。

⑨颜色：用于设置一个图层上所有形状暂时以某种可以区别于其他图层形状的颜色来显示，但该选项不能永久地改变形状的颜色。

⑩"删除未引用的图层"复选框：如果勾选该复选框，则所有空图层将被删除。

3）将形状分配到图层。将形状分配到图层可以用以下方法：

选择"开始"选项卡，在"编辑"组中单击"层"下拉按钮，在下拉列表中选择"分配层"命令，打开"图层"对话框，如图 8-47 所示。在该对话框中单击要向其分配该形状的图层。如果要将该形状分配到多个图层，可以勾选多个图层的复选框；如果要将一个形状分配到所有图层，可以单击"全部"按钮；如果要取消形状分配方案，可单击"无"按钮。

图 8-47 "图层"对话框

4)选择图层上所有形状。当需要选择图层上的所有形状,或想知道某个图层上有哪些形状时,可以选择"开始"选项卡,在"编辑"组中单击"选择"下拉按钮,在下拉列表中选择"按类型选择"命令,打开"按类型选择"对话框,并在"选择方式"选项组中选中"图层"单选按钮,如图 8-48 所示。利用该对话框,可以在列出的图层中勾选需要选择的图层。如果要选择未被分配到任何图层的形状,则只需勾选"没有图层"复选框即可。

图 8-48 "按类型选择"对话框

6. Visio 与 Office 应用软件的整合

将 Visio 2010 与 Office 应用软件整合,既可以充分发挥各种软件的长处,也可以发挥相互合作所带来的便利性。Visio 与 Office 应用软件的整合主要可以采用 4 种方法,即"复制—粘贴"、嵌入、链接和转换格式。限于篇幅,此处以 Visio 2010 与 Word 2010 的整合为例,说明具体整合步骤。

1)"复制—粘贴"的方法。首先在 Visio 2010 中绘制所需的图表,完成后在"开始"选项卡中单击"编辑"组的"选择"按钮,选择"全选"命令,或者使用快捷键 Ctrl+A,将选择绘图页面上的全部形状。在"剪贴板"组中单击"复制"按钮复制图表,然后切换到 Word 2010,确定插入位置,再单击"粘贴"按钮,那么使用 Visio 绘制的图表就嵌入 Word 中了,如图 8-49 所示。

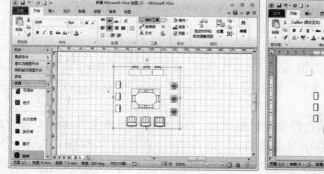
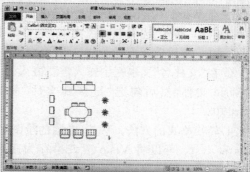

图 8-49 将 Visio 图表嵌入 Word 中

2)嵌入对象的方法。嵌入对象是指将某个对象插入到目标文件中,使之成为该目标文件的一部分,即使源文件修改了,目标文件中的信息也不会更改。对象一旦嵌入目标文件,可通过双击对象在源程序中打开它。

嵌入对象的操作步骤如下:

①打开需要嵌入 Visio 图表的 Word 文档,将插入点定位到嵌入位置。

②选择"插入"选项卡,在"文本"组中单击"对象"下拉按钮,选择"对象"命令,如图 8-50 所示。

图 8-50 "对象"命令

③在打开的"对象"对话框中选择"新建"选项卡,然后在"对象类型"列表框中选择"Microsoft Visio 绘图"选项,如图 8-51 所示。也可以选择"由文件创建"选项卡,如图 8-52 所示,然后在"文件名"文本框中输入需要嵌入的 Visio 文件名,或单击"浏览"按钮找到需要嵌入的 Visio 文件,注意不要勾选"链接到文件"复选框。

 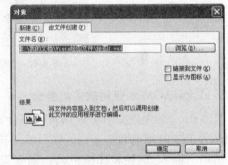

图 8-51 "新建"选项卡   图 8-52 "由文件创建"选项卡

3)链接对象的方法。链接对象是指在保持两个文件之间的连接的同时,在一个文件(源文件)中创建并插入另一个文件(目标文件)中的信息。当源文件更新时,所链接的对象也同时得到更新。

在 Word 中链接 Visio 图表的步骤如下:

①在 Word 中定位需要插入 Visio 图表的位置。

②选择"插入"选项卡,在"文本"组中单击"对象"下拉按钮,选择"对象"命令,打开"对象"对话框,然后选择该对话框中的"由文件创建"选项卡,如图 8-52 所示。

③在"文件名"文本框中输入需要嵌入的 Visio 文件名,或单击"浏览"按钮找到需要嵌入的 Visio 文件,然后勾选"链接到文件"复选框,这样便把 Visio 2010 图表链接进入了 Word 中。

4)转换格式的方法。Visio 专用的绘图文件格式是 .vsd,模具和模板文件的格式分别为 .vss 和 .vst。可以将 Visio 图表另存为多种格式,如 AutoCAD 绘图文件格式(.dwg 和 .dxf)、压缩的增强型图元文件(.emz)、增强型图元文件(.emf)、JPEG 文件交换格式(.jpg)、Windows 位图(.bmp)、可移植网络图形(.png)等,如图 8-53 所示。

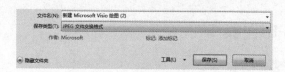

图 8-53 "另存为"对话框

先将 Visio 图表另存为其他格式,如.jpg 格式,然后在 Word 中选择"插入"选项卡,在"插图"组中单击"图片"按钮,打开"插入图片"对话框,再选择该.jpg 文件,即可将 Visio 图表插入 Word 中。

8.2 电子事务处理软件 Outlook 2010

Outlook 是 Microsoft 公司推出的电子事务处理软件,可以完成电子邮件的收发,管理联系人项目,提供日历、日记和个人文件管理。

8.2.1 Outlook 2010 主界面

启动 Outlook 2010 之后,将进入其主界面,如图 8-54 所示。选择"导航窗格"中的图标即可进入相应的视图;通过调整"导航窗格"最下面的"配置按钮",可添加、减少、顺序排列"导航窗格"上的图标,如图 8-55 所示。

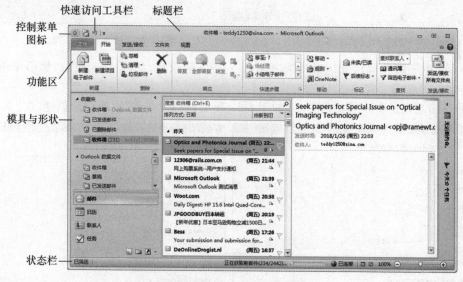

图 8-54 Outlook 2010 主界面

图 8-55 "配置按钮"的使用

8.2.2 电子邮件操作

1. 添加电子邮件账户

要使用 Outlook 2010 对电子邮件进行操作，必须先设置需要使用的账户。添加电子邮件账户的步骤如下：

1）如图 8-56 所示，选择"文件"选项卡，单击"信息"，再单击"添加账户"按钮，打开"添加新账号"对话框。

2）在"选择服务"中选中"电子邮件账户"单选按钮，然后单击"下一步"按钮，如图 8-57 所示。

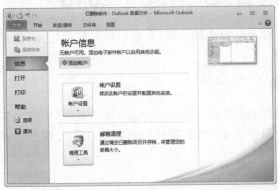

图 8-56　添加账户

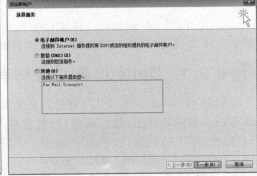

图 8-57　"添加新账户"对话框（一）

3）在"电子邮件账户"相应的文本框中输入特定的信息，如图 8-58 所示，然后单击"下一步"按钮。

4）将出现设置账户成功的提示，如图 8-59 所示，单击"完成"按钮结束创建。

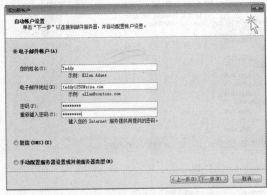

图 8-58　"添加新账户"对话框（二）

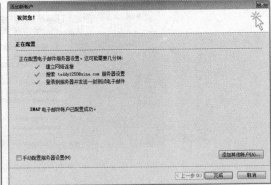

图 8-59　添加电子邮件账户完成

2. 创建与发送电子邮件

创建电子邮件的方法如下：

1）选择"开始"选项卡，在"新建"组中单击"新建电子邮件"按钮，或者单击"新建项目"下拉按钮，在下拉列表中选择"电子邮件"命令，将打开"未命名-邮件（HTML）"窗口，如图 8-60 所示。

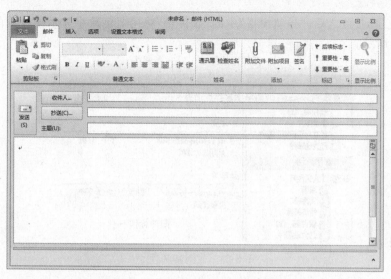

图 8-60　"未命名-邮件（HTML）"窗口

　　2）在"收件人"文本框中输入收件人姓名或者收件人邮件地址；或单击"收件人"按钮收件人...，然后从邮件姓名列表中选择收件人。如果要填写多个收件人，需要在收件人之间用";"隔开。类似地，可以在"抄送"文本框中设置副本收件人。

　　3）在"主题"文本框中输入该邮件的主题。

　　4）在邮件内容窗口中输入邮件内容，或利用"插入"选项卡插入对象或文件。

　　5）当邮件编辑完成之后，单击"发送"按钮，即可发送邮件。

　　当单击"发送"按钮后，邮件将被送到发件箱，邮件是否真正被发送出去，有以下几种可能：

　　1）如果邮件设定了发送时间，在时间到达且计算机处于在线状态，邮件将被真正发送出去。

　　2）如果邮件未设发送时间，且计算机处于在线状态，则邮件将被立即真正发送出去。

　　3）如果目前计算机不处于在线状态，那么邮件将存放在发件箱，直到计算机在线，邮件才能真正被发送出去。

3. 阅读和回复电子邮件

　　选择"发送/接收"选项卡，单击"发送/接收所有文件夹"按钮，将打开"Outlook 发送/接收进度"对话框，如图 8-61 所示。

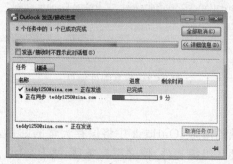

图 8-61　"Outlook 发送/接收进度"对话框

当完成发送/接收之后,"导航窗格"中的"收件箱"将用蓝色数字显示接收到的新邮件数量,如图 8-62 所示。

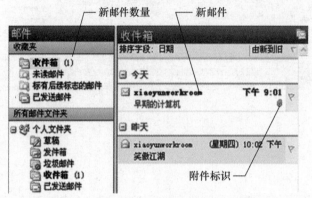

图 8-62　收到新邮件

如果在邮件标题旁边出现 ,则表示邮件带有附件。要查看该附件,可以先选择该邮件,在阅读窗格打开邮件并显示出附件列表,在需要查看的附件上右击,选择"打开"或"另存为",将附件打开或存储到指定目录中。

需要回复电子邮件时,双击打开需要回复的邮件,弹出邮件窗口,然后选择"开始"选项卡,在"删除"组中单击"答复"按钮；如果要回复"收件人"和"抄送"文本框中的所有人,则在"删除"组中单击"全部答复"按钮,将弹出答复邮件窗口,如图 8-63 所示。可按照前面介绍的方法编辑答复邮件,然后发送出去。

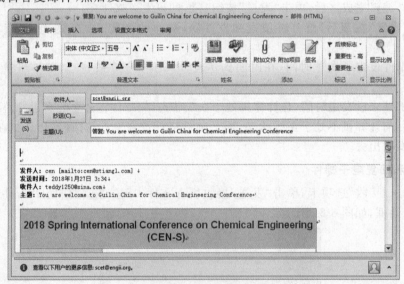

图 8-63　答复邮件窗口

4. 管理电子邮件

随着电子邮件收发次数的增多,Outlook 中将保存大量的邮件,可以采用自动对项目分组或取消分组的方法来管理和组织邮件,使之更有条理,便于查阅。

对项目进行分组的步骤如下:

1）选中需要进行分组的项目，然后选择"视图"选项卡，在"排列"组中单击下拉按钮，选择"视图设置"命令，将打开"高级视图设置"对话框。在该对话框中选择"分组依据"选项卡，将打开"分组依据"对话框，如图 8-64 所示。

图 8-64　"分组依据"对话框

2）取消勾选"根据排列自动分组"复选框，然后根据需要分别选择分组的第一、第二、第三和第四依据，并适当选择"升序"或"降序"。

3）如果要显示作为分组依据的字段，则勾选"在视图中显示字段"复选框。

4）在"展开/折叠默认值"下拉列表框中，选择代表组的视图中显示方式的默认值。

5）完成设置之后，单击"确定"按钮。

如果要取消项目的分组，可以在"分组依据"对话框的"项目分组依据"下拉列表框中选择"（无）"选项。

8.2.3　使用日历

使用 Outlook 2010 提供的日历，可以安排各项工作，计划各种项目。日记、任务、会议安排和约会等项目，都可以使用日历项目来创建。单击导航窗格中的"日历"图标，将进入日历视图，如图 8-65 所示。Outlook 2010 提供了按照天、工作周、周、月查看日历中的约会和会议安排，在"开始"选项卡的"排列"组中单击查看周期的相应按钮（见图 8-66），则可以改变日历呈现的状态。

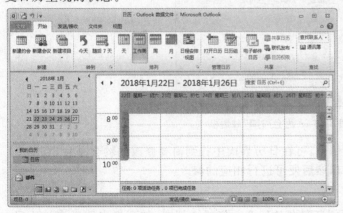

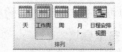

图 8-65　Outlook 的日历视图　　　　　　图 8-66　"开始"选项卡中的"排列"组

1．约会

约会是指在日历中安排一件事务，可以按照时间顺序按天指定各个时段的忙、闲、暂定

或外出,以便他人查看。在日历中创建一个新约会的步骤如下:

1)选择"开始"选项卡,在"新建"组中单击"新建项目"按钮,在下拉列表中选择"约会"命令,打开"创建约会"窗口,如图 8-67 所示。

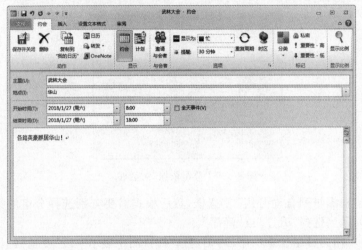

图 8-67 "创建约会"窗口

2)将窗口中的相关栏目填写完整,包括"主题""地点""开始时间""结束时间"以及其他选项。

3)单击"保存并关闭"按钮,即可保存该约会。如果要设置在一定的时期内重复该约会的事情,可以单击"重复周期"按钮,将打开"约会周期"对话框,如图 8-68 所示。根据需要勾选相应项目即可。

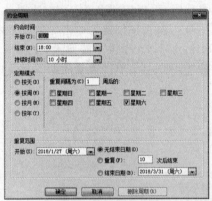

图 8-68 "约会周期"对话框

4)如果要对已保存的约会进行修改,可在日历界面中找到需要修改的约会项目,在其上双击,即可重新打开"创建约会"窗口,然后便可进行相应的修改。

2. 安排会议

会议是一种邀请其他人参加或预订资源的约会。安排会议时,需要指出要邀请的人员和预订的资源,并选定会议时间。要创建新的会议,可以按照下面的步骤来操作。

1)选择"开始"选项卡,在"新建"组中单击"新建项目"按钮,在下拉列表中选择"会议"命令,打开"会议"窗口,如图 8-69 所示。

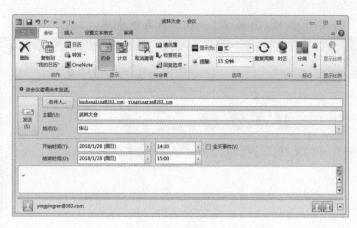

图 8-69　"会议"窗口

2)单击"收件人"按钮,可以从通讯簿中选择参加会议的人员名单及信箱地址。

3)在编辑区填写会议的相关内容,然后单击"发送"按钮 ，即可将会议事宜通过电子邮件发送到参会人员。

收到会议邀请邮件的人员可以在"收件箱"中查看该信件,并双击进入"会议"窗口,再通过"接受""暂时接受""拒绝"来回复会议邀请。

8.2.4　任务管理

任务是一项以完成特定目标而组织起来的一系列事务,且在完成过程中可以进行跟踪。任务可以是一次性的,也可以是重复发生的。在导航窗格中单击"任务"选项 ，即可打开任务视图,如图 8-70 所示。

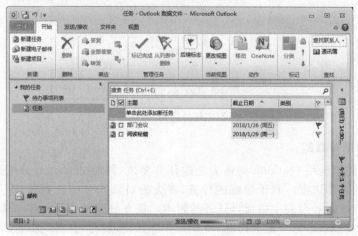

图 8-70　任务视图

1. 创建任务

可以创建 3 种任务,即一次性任务、按固定间隔重复的任务、基于完成日期重复的任务。具体创建过程如下:

1)创建一次性任务。选择"开始"选项卡,单击"新建"组中的"新建任务"命令,打开创建任务窗口,如图 8-71 所示。根据实际情况填写"主题""截止日期""开始日期"等项目,填写完成后,单击"保存并关闭"按钮,便完成了一次性任务的创建。

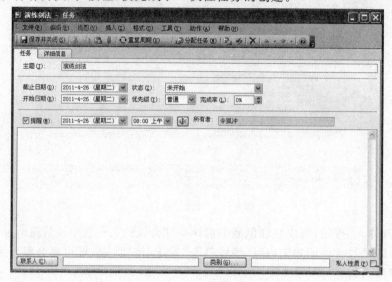

图 8-71　创建任务对话框

2)创建定期任务。首先创建一个一次性的任务,单击"重复周期"按钮,将弹出"任务周期"对话框,如图 8-72 所示。其填写方法与"约会周期"对话框一样。

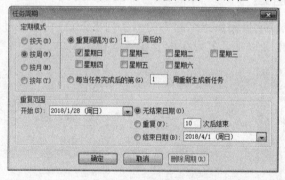

图 8-72　"任务周期"对话框

2. 任务的分配与跟踪

任务的分配是指利用 Outlook 向他人发送任务要求,同时还可以对分配的任务进行跟踪,以了解最新的工作进度。对于分配的任务,将失去对该任务的所有权,即不能再改变任务的内容,但是可在任务列表中保留该任务的副本。任务分配的具体操作步骤如下:

1)在任务列表中双击需分配的任务,将此任务打开,然后在"任务"选项卡中,单击"管理任务"组中的"分配任务"按钮,将打开分配任务对话框,如图 8-73 所示。

2)在"收件人"文本框中输入任务接受者的姓名,并设置好其他选项,然后单击"发送"按钮,即可将任务通过电子邮件发送给任务接受者。

3)当任务接受者收到邮件之后,如果接受该任务,那么在他的任务清单中将添加收到的任务。如果在分配任务时,勾选"在我的任务列表中保留此任务的更新副本"复选框,那么任务接受者对任务的状态做了更改,将会及时在任务副本上显示出来,这就实现了对任务状态的跟踪。

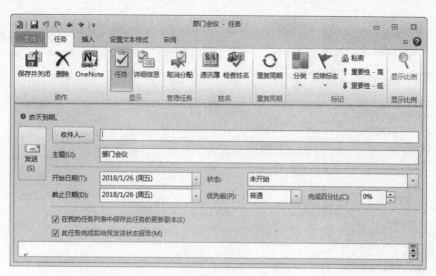

图 8-73　分配任务窗口

8.2.5　管理联系人

如果 Outlook 2010 中保存了大量联系人,则应系统地管理这些联系人的信息,以便快速查找和使用。单击导航窗格中的"联系人"选项，可进入联系人视图,如图 8-74 所示。

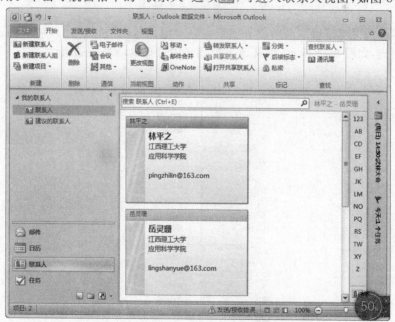

图 8-74　联系人视图

1.创建新联系人

创建新联系人的步骤如下:

1)选择"开始"选项卡,在"新建"组中单击"新建联系人"按钮,将弹出新建联系人窗口,如图 8-75 所示。

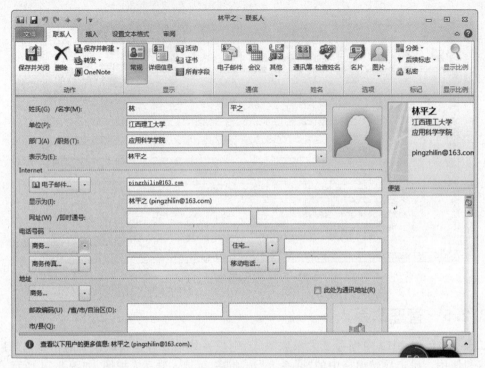

图 8-75　新建联系人窗口

2)按照实际情况填写该窗口中的各项目,其中"电话号码"栏目可以单击其右边的 ,打开一个下拉列表,如图 8-76 所示,可从该下拉列表中选择电话号码的属性。

图 8-76　电话号码的属性

2. 查找联系人

查看通讯簿中联系人的资料,可双击要查看的联系人,打开该联系人的信息窗口进行查看。

8.2.6 日记与便笺

使用日记与便笺可以方便记录各种事务,为工作提供辅助功能,从而提高工作效率。在 Outlook 2010 的导航窗格中单击"日记"选项,即可打开日记视图,如图 8-77 所示。

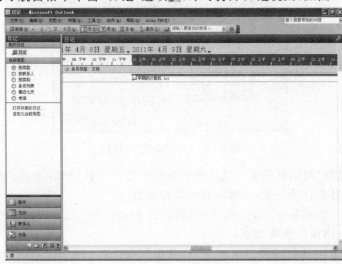

图 8-77 日记视图

1. 使用日记

Outlook 2010 的日记可以用于记录与联系人进行的各种交流和事务。可以通过设置相关选项,在 Outlook 的日记中自动记录 Office 2010 系列软件中所有程序创建的文档、发送和接收到的邮件以及单个的项目和文档等。此外,对于一些无法自动记录的内容,可以通过手工的方式进行记录。

1)自动记录。要让 Outlook 2010 启动自动记录功能,以便自动记录各种活动和项目,可按照以下方法操作:

①选择"文件"→"选项"命令,弹出"Outlook 选项"对话框,如图 8-78 所示。

图 8-78 "Outlook 选项"对话框

②在"Outlook 选项"的"便笺和日记"选项卡中,单击"日记选项"中的"日记选项"按钮,打开"日记选项"对话框,如图 8-79 所示。

图 8-79 "日记选项"对话框

③在"日记选项"对话框的各个选项中勾选所需要的项目,然后单击"确定"按钮。如果要停止对某些项目的自动记录,可将所选的项目取消。

2)手工记录。如果要在 Outlook 2010 的日记中记录一个已存在的文档,则可以通过手工记录来完成,具体操作步骤如下:

①从"计算机"中选择需要记录的文档,并将其拖动到 Outlook 2010 日记中,此时将弹出"日记条目"窗口,如图 8-80 所示。

图 8-80 "日记条目"窗口

②按照需要填写该窗口中的选项,然后单击"保存并关闭"按钮,便可以将该日记条目保存起来。

2. 便笺

Outlook 2010 中的便笺是贴纸便笺的电子替代品,主要用于随时记录一些简短的问题、想法、口信等信息,可以说是生活和工作中不可缺少的小助手。

在 Outlook 2010 的导航窗格中单击"便笺"选项,即可打开便笺视图。在"开始"选项卡的"新建"组中,单击"新便笺"按钮,或者单击"新建项目"下拉按钮,在下拉列表中选择"其他项目"→"便笺",可以创建便笺,如图 8-81 所示。在便笺纸上输入需要记录的文字,完成之后，单击便笺纸右上角的"关闭"按钮即可。如要删除便笺，只需选中该便笺，然后按Delete 键即可。

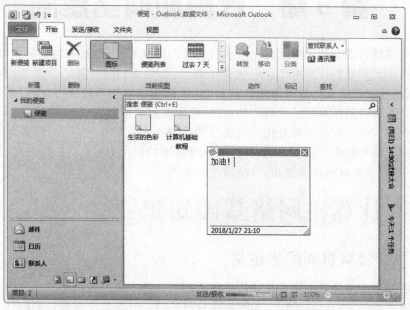

图 8-81　添加便笺

如要修改便笺的格式或内容，只需要双击该便笺将其打开，然后编辑其文字。如果要修改便笺纸的颜色，可以单击该便笺纸，在"开始"选项卡的"标记"组中单击"分类"下拉按钮，在下拉列表中选择所需颜色，或者在该便笺纸上右击，在弹出的快捷菜单中选择"分类"命令，然后选择所需颜色。

第9章 计算机网络基础

随着计算机科学与技术的迅猛发展和信息社会的到来,面对越来越多的信息和知识,人们越来越认识到单独的计算机已经不能满足需要,于是人们将计算机技术和通信技术进行了结合,利用计算机技术进行信息的存储和加工,利用通信技术传播信息,因此计算机网络是计算机技术和通信技术相结合的产物,它的产生奠定了信息化社会发展的技术基础。

计算机网络在当前高度信息化的社会中得到越来越广泛的应用,同时在计算机应用领域中也占据着越来越重要的地位。当今因特网便捷的通信、取之不尽的信息,使人们在生产、生活中都在直接或间接地使用它,渐渐地离不开它。

9.1　计算机网络基础知识

9.1.1　计算机网络的定义

计算机网络是现代通信技术与计算机技术相结合的产物。人们对网络的研究和应用的侧重点不同。对计算机网络的含义和理解也有所不同。以资源共享为目的的计算机网络定义为:将相互独立的计算机系统以通信线路相连接,按照全网统一的网络协议进行数据通信,从而实现网络资源共享的计算机系统的集合。

1)相互独立的计算机系统:网络中各计算机系统具有独立的数据处理能力,它们既可以连入网内工作,也可以脱离网络独立运行,而且联网工作时,没有主从关系,即网内的一台计算机不能强制性地控制另一台计算机。从分布的地理位置来看,它们既可以相距很近,也可以相隔万里。

2)通信线路:可以用多种传输介质实现计算机的互联,如双绞线、同轴电缆、光纤、微波等。

3)网络协议:即网络中各计算机在通信过程中必须共同遵守的规则。

4)数据:可以是文本、图形、声音、图像等多媒体信息。

5)资源:可以是网内计算机的硬件、软件和信息。

9.1.2　计算机网络的发展

计算机网络的形成和发展大致可以分为以下4个阶段:

1)第一代计算机网络——具有通信功能的单机系统。产生于20世纪50年代,人们将多台终端(键盘和显示器)通过通信线路连接到一台中央计算机上,构成"主机-终端"系统,如图9-1(a)所示。这一阶段的计算机网络是以面向终端为特征的,其中具有代表性的是美国20世纪50年代建立的半自动地面防空系统(SAGE),以及20世纪60年代美国航空公司建成的全国性飞机订票系统。

根据现代资源共享观点对计算机网络的定义,这种"主机-终端"系统还算不上是真正的计算机网络,因为终端没有独立处理数据的能力。但这一阶段进行的计算机技术与通信技术相结合的研究,成为计算机网络发展的基础。

2)第二代计算机网络——具有通信功能的多机系统。第二代计算机网络强调的是通信。网络主要用于传输和交换信息,而资源共享程度不高,并且没有成熟的网络操作系统软件来管理网上的资源。由于已产生了通信子网和用户资源子网的概念,第二代计算机网络也称为两级结构的计算机网络,如图 9-1(b)所示。美国的 ARPAnet 是第二代计算机网络的典型代表。ARPAnet 为 Internet 的产生和发展奠定了基础。

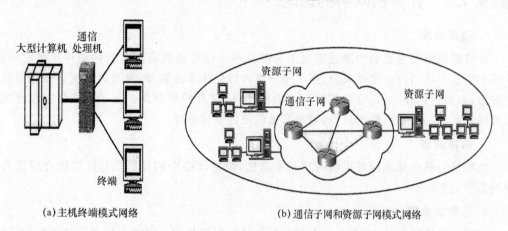

(a)主机终端模式网络　　　　　　　　(b)通信子网和资源子网模式网络

图 9-1　计算机网络的发展

3)第三代计算机网络——真正意义的计算机网络。第三代计算机网络的主要特征是全网中所有的计算机遵守同一种协议,强调以实现资源共享(硬件、软件和数据)为目的。Internet 充分体现了这些特征,全网中所有的计算机遵守同一种 TCP/IP 协议。

从 20 世纪 70 年代中期开始,网络体系结构与网络协议的国际标准化已成为迫切需要解决的问题。当时,许多计算机生产商纷纷开发出自己的计算机网络系统,并形成各自不同的网络体系结构。例如,IBM 公司的系统网络体系结构 SNA、DEC 公司的数字网络体系结构 DNA。这些网络体系结构有很大的差异,只能连接本公司的设备,无法实现不同网络之间的互联。1977 年,国际标准化组织(ISO)制定了著名的计算机网络体系结构国际标准——"开放系统互联参考模型"(Open System Interconnection/Reference Model,OSI/RM)。OSI/RM 尽管没有成为市场上的国际标准,但它对网络技术的发展产生了极其重要的影响。

4)第四代计算机网络——宽带综合业务数字网。第四代计算机网络的特点是综合化和高速化。从 20 世纪 90 年代开始,Internet 实现了全球范围的电子邮件、WWW、文件传输、图像通信等数据服务的普及,但电话和电视仍各自使用独立的网络系统进行信息传输。人们希望利用同一网络来传输语音、数据和视频图像,因此提出了宽带综合业务数字网(Broadband Integrated Service Digital Network,B-ISDN)的概念。这里"宽带"是指网络具有极高的数据传输速率,可以承载大数据量的传输;"综合"是指信息媒体,包括语音、数据和图像可以在网络中综合采集、存储、处理和传输。

计算机网络的发展趋势将是 IP 技术的充分运用,实现"三网合一"。目前广泛使用的网络有电话通信网络、有线电视网络和计算机网络。这 3 类网络中,新的业务不断出现,各种业务之间的相互融合,最终 3 种网络将向单一的 IP 网络发展。在 IP 网络中,利用 IP 技术进行数据、语音、图像和视频的传输,能提供目前电话网、电视网和计算机网络的综合服务;能支持多媒体信息通信,提供多种形式的视频服务;具有高度安全的管理机制,以保证信息安全传输;具有开放统一的应用环境,智能化系统的自适应性和高可靠性;网络的使用、管理和维护更加方便。同时随着移动通信技术的发展,计算机和其他通信设备在没有与固定的物理设备相连的情况下接入网络成为可能,特别是 4G 系统的实现,使人们使用 Internet 变得更加方便、快捷。

9.1.3　计算机网络的功能

1. 资源共享

计算机网络最主要的功能是实现了资源共享。这里说的资源包括网内计算机的硬件、软件和信息。从用户的角度来看,网中用户既可以使用本地资源,又可以使用远程计算机上的资源,如通过远程登录,可以共享大型机的 CPU 和存储器资源。至于在网络中设置共享的外部设备,如打印机、绘图仪等,更是常见的硬件资源共享。

2. 数据通信

数据通信是计算机网络提供的最基本功能,是指网络中的计算机与计算机之间交换各种数据和信息。

3. 分布式处理

利用计算机网络技术,将一个大型复杂的计算问题分配给网络中的多台计算机,在网络操作系统的调度和管理下,由这些计算机分工协作来完成。此时的网络就像一个具有高性能的大中型计算机系统,能很好地完成复杂的处理,但费用比大中型计算机低很多。

4. 提高了计算机的可靠性和可用性

在网络中,当一台计算机出现故障无法继续工作时,可以调度另一台计算机接替完成任务。很显然,比起单机系统来说,整个系统的可靠性在提高。当一台计算机的工作任务过重时,可以将部分任务转交给其他计算机来处理,实现整个网络中各计算机负担的均衡,从而提高了每台计算机的可用性。

9.1.4　计算机网络的分类

计算机网络的种类很多,根据不同的分类原则,可以得到各种不同类型的计算机网络。

1. 按网络的覆盖范围与规模分类

按网络的覆盖范围与规模可分为 3 类:局域网(Local Area Network ,LAN)、城域网(Metropolitan Area Network,MAN)、广域网(Wide Area Network,WAN)。

1)局域网。局域网覆盖有限的地域范围,一般在几千米的范围之内,是将这个范围内的各种计算机网络设备互联在一起的通信网络。如公司、机关、学校、工厂等,将本单位的计算机、终端以及其他的信息处理设备连接起来,实现办公自动化、信息汇集与发布等功能。

2)城域网。城域网所覆盖的地域范围介于局域网和广域网之间,一般从几千米到几十万米,是一种大型的局域网。城域网是随着各单位大量局域网的建立而出现的。同一个城市内各个局域网之间需要交换的信息量越来越大,为了解决它们之间信息高速传输的问题,提出了城域计算机网络的概念,并为此制定了城域网的标准。

3)广域网。广域网是由相距较远的局域网或城域网互联而成的,它可以覆盖一个地区、国家,甚至横跨几个洲而形成国际性的广域网络。Internet 就是一个横跨全球、可公共商用的广域网络。

2. 按网络的拓扑结构分类

按网络的拓扑结构可以分为星型网、环型网、总线型网等。

1)星型网。星型网中所有主机和其他设备均通过一个中央连接单元或集线器(Hub)连接在一起,如图 9-2(a)所示。如果集线器遭到破坏,整个网络将不能正常运行。如果某台计算机损坏,则不会影响整个网络的运转。

星型结构具有较高的可靠性,目前应用较为广泛。它的优势在于扩充简单方便、网络内可以混用多种传输介质、分支线路故障不会影响全网的安全稳定、多台主机可以同时发送信息等。

2)环型网。环型网中全部的计算机连接成一个逻辑环,数据沿着环传输,通过每一台计算机,如图 9-2(b)所示。环型网的优点在于网络数据传输不会出现冲突或堵塞情况,但同时也有物理链路资源浪费多、环路构架脆弱(环路中任何一台主机发生故障将造成整个环路崩溃)等缺点。

3)总线型网。总线型网是将所有的计算机和打印机等网络资源都连接到一条主干线(即总线)上,如图 9-2(c)所示。这种结构的所有主机都通过总线来发送或接收数据,当一台主机向总线上“广播”发送数据时,其他主机以“收听”的方式接收数据,这是一种“共享传播介质”的通过总线交换数据的方式。总线型网具有结构简单、扩展容易和投资少等优点,但是它传送速度比较慢,而且一旦总线损坏,整个网络将不可用。

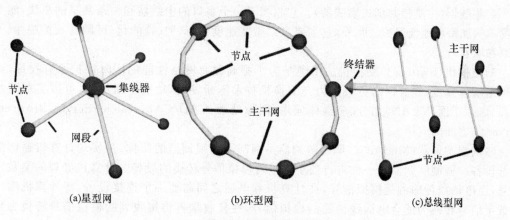

(a)星型网　　　　　　　　　　(b)环型网　　　　　　　　　　(c)总线型网

图 9-2　网络拓扑结构

3. 按通信传输的介质分类

按通信传输介质可以分为双绞线网、同轴电缆网、光纤网、无线电网、卫星网等。

4. 按数据传输速率分类

按数据传输速率可以分为低速网、中速网、高速网。有时也直接用数据传输速率的值来划分,如 10Mbps 网络、100Mbps 网络、1000Mbps(1Gbps)网络、10000(10Gbps)Mbps 网络。

5. 按网络的信道带宽分类

按网络的信道带宽可以分为基带网和宽带网。

9.1.5　计算机网络的组成

计算机网络是由网络硬件和网络软件组成的。在网络系统中,硬件的选择对网络起着决定性作用,而网络软件是挖掘网络潜力的工具。

1. 网络硬件

网络硬件是计算机网络系统的物质基础。要构成一个计算机网络系统,首先要将计算机及其附属硬件设备与网络中的其他计算机系统连接起来,实现物理连接。不同的计算机网络系统,在硬件方面是有差别的。随着计算机技术和网络技术的发展,网络硬件日趋多样化,且功能更强、更复杂。常见的网络硬件有服务器、工作站、网络接口卡、集线器、交换机、调制解调器、路由器及传输介质等。

1)服务器。在计算机网络中,分散在不同地点担负一定数据处理任务和提供资源的计算机称为服务器。服务器是网络运行、管理和提供服务的中枢,它影响着网络的整体性能。

2)工作站。在局域网中,网络工作站通过网卡连接到网络上的一台个人计算机,它仍保持原有计算机的功能,作为独立的个人计算机为用户服务,同时它又可以按照授予的一定权限访问服务器。工作站之间可以进行通信,可以共享网络的其他资源。

3)网络接口卡。网络接口卡也称为网卡或者网络适配器,是计算机与传输介质进行数据交换的中间部件,主要进行编码转换。在接收传输介质上传送的信息时,网卡把传来的信息按照网络上信号编码要求和帧的格式接收并交给主机处理。在主机向网络发送信息时,网卡把发送的信息按照网络发送的要求装配成帧的格式,然后采用网络编码信号向网络发送出去。

4)集线器(主要指共享式集线器)。它相当于一个多口的中继器和一条共享的总线,能实现简单的加密和地址保护。此外,它主要考虑带宽速度、接口数、智能化(可网管)、扩展性(可并联和堆叠)。

5)交换机(Switch)。交换机的出现是为了提高原有网络性能的同时保护原有投资,提高网络响应速度,提高网络负载能力。交换机技术不断发展,功能不断加强,可以实现网络分段、虚拟子网(VLAN)划分、多媒体应用、图像处理、CAD/CAM、Client/Server、Browser/Server 等方面的应用。

6)调制解调器(Modem)。调制解调器是调制器和解调器的简称,是实现计算机通信的外部设备。调制解调器是一种进行数字信号与模拟信号转换的设备。计算机处理的是数字信号,而电话线传输的是模拟信号,在计算机和电话之间需要一个连接设备,将计算机输出的数字信号转换为适合电话线传输的模拟信号,在接收端再将接收到的模拟信号转换为数字信号由计算机处理。因此,调制解调器必须成对使用。

7)路由器(Router)。广域网的通信过程与邮局中信件传递的过程类似,都是根据地址来寻找到达目的地的路径,这个过程在广域网中称为"路由"。路由器负责不同广域网中各局域网之间的地址查找(建立路由)、信息包翻译和交换,实现计算机网络设备与电信设备的电气连接和信息传递。因此路由器必须具有广域网和局域网两种网络通信接口。

8)传输介质。传输介质是传送信号的载体,在计算机网络中通常使用的传输介质有双绞线、同轴电缆、光纤、微波及卫星通信等。它们可以支持不同的网络类型,具有不同的传输速率和传输距离。

2. 网络软件

在网络系统中,网络中的每个用户都可享用系统的各种资源。为了协调系统资源,系统需要通过软件工具对网络资源进行全面的管理,进行合理的调度和分配,并采取一系列的保密安全措施,防止用户对数据和信息进行不合理的访问,防止数据和信息的破坏与丢失。

网络软件是实现网络功能所不可缺少的软环境。通常网络软件包括网络协议软件(如

TCP/IP)、网络通信软件(如 IE 浏览器)和网络操作系统。

目前,客户机/服务器非对等结构模型中流行的网络操作系统主要有:

- Microsoft 公司的 Windows Server 2012 等操作系统。
- Novell 公司的 NetWare 操作系统。
- IBM 公司的 LAN Server 操作系统。
- UNIX 操作系统。
- Linux 操作系统。

在实际网络环境中,服务器上常采用 Windows Server 2012、NetWare、UNIX、Linux 等操作系统,客户机(工作站)上常采用 Windows 10、Windows 7 等。

9.1.6　计算机网络协议

在计算机网络中,为了实现各种服务功能,就必然要在计算机系统之间进行各种各样的通信和对话。通信时为了使通信双方能正确理解、接受和执行,就必须遵守相同的规定,就如同两个人交谈时必须采用能让对方听得懂的语言,且语速既不能太快,也不能太慢。

两个对象要想成功地通信,它们必须"说同样的语言",并按既定控制法则来保证相互的配合。具体地说,在通信内容、怎样通信以及何时通信等方面,两个对象要遵从相互可以接受的一组约定和规则。这些约定和规则的集合称为协议。因此,协议是指通信双方必须遵守的控制信息交换的规则的集合,作用是控制并指导通信双方的对话过程,发现对话过程中出现的差错并确定处理策略。

20 世纪 70 年代,国际标准化组织提出的"开放系统互联参考模型"(OSI/RM),它是连接异种计算机的标准框架。OSI 为连接分布式的"开放"系统提供了基础。OSI 采用了分层的结构化技术,共有 7 层:物理层、数据链路层、网络层、传输层、会话层、表示层和应用层。

Internet 之所以能够将不同的网络相互连接,主要是因为它使用了 TCP/IP,TCP/IP 就是 OSI 中的两个重要协议:TCP(传输控制协议)和 IP(网络协议)。

9.1.7　局域网技术

局域网具有广泛的应用。将基于个人计算机的智能工作站连成局域网可以共享文件和相互协同工作,还可以共享磁盘、打印机等资源。

1. 局域网的特点

由于数据传输距离远近的不同,广域网、局域网和城域网在基本通信机制上有很大的差异,各自具有不同的特点。局域网的主要特点归纳如下:

1)覆盖一个有限的地理范围,如一个办公室、一栋大楼或几栋大楼之间的地域范围,适用于机关、学校、公司、工厂等单位。一般属于一个单位所有。

2)易于建立、维护和扩展。

3)数据通信设备是广义的,包括计算机、终端、电话机等通信设备。

4)局域网的数据传输速率高、误码率低。目前局域网的数据传输速率在 10~1000Mbps 之间。

2. 局域网的类型

1)对等网络。没有专门的服务器,每一台连接在此网络上的计算机既是服务器,又是客户机。所有计算机的地位相等,无论哪一台计算机出现死机现象或者被关闭,都不会影响网络的正常运行。

2)基于服务器的网络。至少有一台计算机用于服务器功能,全部数据都存储于中央服务器上。一旦服务器出现死机现象或者被关闭,整个局域网将瘫痪。

3. 局域网的拓扑结构

拓扑学是几何学的一个分支,它是把实体抽象成与其大小、形状无关的点,将点对点之间的连接抽象成线段,进而研究它们之间的关系。计算机网络中也借用这种方法,将网络中的计算机和通信设备抽象成节点,将节点与节点之间的通信线路抽象成链路。这样一来,计算机网络可以抽象成由一组节点和若干链路组成,这种由节点和链路组成的几何图形称为计算机网络拓扑结构。

计算机网络由两台及两台以上的计算机连接而成,计算机连接的物理方式决定了网络的拓扑结构。目前,常见的办公局域网拓扑结构有总线型、星型、环型及其混合型。

4. 传输介质

传输介质是连接网络中各节点的物理通路。在局域网中,常用的网络传输介质有双绞线、同轴电缆、光纤和无线电等。

9.2 Internet 基础

9.2.1 Internet 的发展

Internet 的汉语意义为"国际互联网",简称"互联网",我国规定它的标准音译词为"因特网",是一种全球性的、开放性的计算机互联网络。Internet 起源于 1969 年 11 月美国国防部高级研究计划局(ARPA)资助研究的 ARPANET 网络。自 1983 年 1 月 TCP/IP 协议成为正式的 ARPANET 网络协议标准后,ARPANET 便得以迅速发展,最终发展成为今天的 Internet。

Internet 是一个富有旺盛生命力的全球性社团,目前已有数千万用户,应用范围从商业、教育等领域一直到个人,影响极其广泛。在整个世界范围的大家庭中,人们进行各种前沿科学的研究,讨论问题及传播信息(包括 E-mail、Telnet 和 BBS 等),人们之间消除了时间、空间的差别,也感觉不到计算机的差异。从新闻角度衡量,Internet 涵盖世界上数量最多的杂志,几乎每秒钟都有成千上万的人通过 E-mail 进行多方电子会谈,它提供的信息和资源之广、之巨无法衡量。

9.2.2 Internet 的特点及功能

Internet 不仅是网络系统,更重要的是一个信息资源系统。这个庞大的信息资源系统的使用对象不仅是工程师和科研人员,各行各业的人也在不断地加入 Internet,通过它便捷的通信功能和外界交换着信息,加入 Internet 正如 20 世纪初使用电话一样成为一种潮流。

Internet 上有众多的服务,如 E-mail(电子邮件)、FTP(文件传输)、Telnet(远程登录)、WWW(万维网)、BBS(电子公告牌)等。特别是 WWW 的应用,在 Internet 上实现的全球性、交互、动态、多平台、分布式图形信息系统,使人们通过互联网看到的不仅是文字,还有图片、声音、动画甚至电影。在人们的工作、生活和社会活动中,Internet 起着越来越重要的作用。网络已成为人类社会存在与发展不可或缺的一部分,网络已成为一种文化,并随之产生且蓬勃发展起来。

人们喜欢 Internet，正是因为它具有如下突出的特点：

1）进行非常便捷的通信。

2）获取应有尽有的信息。

9.2.3　IP 地址

Internet 采用 TCP/IP 协议。所有连入 Internet 的计算机必须拥有一个网内唯一的地址，以便相互识别，就像每台电话机必须有一个唯一的电话号码一样。这个唯一的地址称为 IP 地址。

1.IP 地址的结构

IP 地址由两部分构成：网络地址和主机地址，如图 9-3 所示。

网络地址	主机地址

图 9-3　IP 地址的结构

网络地址标识一个逻辑网络。

主机地址标识该网络中的一台主机。

IP 地址由因特网信息中心（NIC）统一分配。NIC 负责分配最高级 IP 地址，并给下一级网络中心授权在其自治系统中再次分配 IP 地址。在国内，用户可向电信公司、ISP 或单位局域网管理部门申请 IP 地址，这个 IP 地址在因特网中是唯一的。如果是使用 TCP/IP 构成局域网，可自行分配 IP 地址，该地址在局域网内是唯一的，但对外通信时需经过代理服务器。

2.IP 地址的分类

IP 地址长度为 4 个字节，即 32 位二进制数，由 4 个用小数点隔开的十进制数字域组成（如 192.168.1.1），称为点分十进制表示法，其每个十进制数字域的取值在 0～255 之间。根据网络地址和主机地址的不同划分，编址方案将 IP 地址划分为 A、B、C、D、E 等 5 类，其中 A、B、C 等 3 类为基本 IP 地址，D、E 类作为多播和保留使用。A、B、C 类 IP 地址划分如图 9-4 所示。

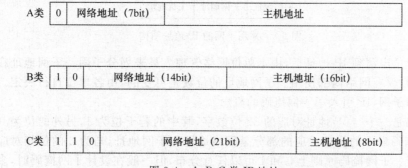

图 9-4　A、B、C 类 IP 地址

A 类 IP 地址：第一位用 0 标识，网络地址占 7 位，最多允许容纳 2^7 个网络，第一数字域取值为 1～126，0 和 127 保留，用于特殊目的；主机地址占 24 位，即 3 个数字域，即每个网络可接入多达 $2^{24}=16\ 777\ 216$ 台主机，适用于少数规模很大的网络。

B类IP地址:第1、2位用10来标识,网络地址占14位,最多允许容纳2^{14}个网络,第一数字域取值为128~191;每个网络可接入2^{16}台主机,适用于国际性大公司。

C类IP地址:第1~3位用110来标识,网络地址占21位,最多允许容纳2^{21}个网络,第一数字域取值为192~223;每个网络可接入2^8台主机,适用于小公司和研究机构小规模的网络。

对于一个IP地址,直接判断它属于哪类IP地址的最简单方法是,判断它的第一个十进制数字域所在范围。如202.115.65.189是一个C类IP地址。表9-1归纳了A、B、C类IP地址的第一数字域及IP地址的起止范围。

表9-1　A、B、C类IP地址的第一数字域及IP地址的起止范围

	第一数字域取值范围	IP地址起止范围
A类	0~127	1.0.0.0~126.255.255.255(0和127保留作为特殊用途)
B类	128~191	128.0.0.0~191.255.255.255
C类	192~223	192.0.0.0~223.255.255.255

3. 特殊IP地址

1)网络地址:当一个IP地址的主机地址部分为0时,它表示一个网络地址。例如:202.115.65.0表示一个C类网络。

2)广播地址:当一个IP地址的主机地址部分为1时,它表示一个广播地址。例如:142.55.255.255表示一个B类网络142.55中的全部主机,即广播地址。

3)回送地址:任何一个IP地址以127为第一个十进制数时,则称为回送地址,如127.0.0.1。回送地址可用于对本机网络协议进行测试。

4. 子网和子网掩码

从IP地址的分类可以看出,地址中的主机地址部分最少有8位,这对于一个网络来说,最多可连接254台主机(全0和全1地址除外),这往往容易造成地址浪费。为了充分利用IP地址,TCP/IP采用了子网技术。子网技术把主机地址空间划分为子网和主机两部分,使网络被划分为更小的网络——子网。这样一来,IP地址结构则由网络地址、子网地址和主机地址3部分组成,如图9-5所示。

网络地址	子网地址	主机地址

图9-5　采用子网的IP地址结构

当一个单位申请到IP地址后,由本单位网络管理人员来划分子网。子网地址在网络外部是不可见的,仅在网络内部使用。子网地址的位数是可变的,由各单位自行决定。为了确定哪几位表示子网,IP引入了子网掩码的概念。

子网掩码是一个与IP地址对应的32位数字,其中的若干位为1,另外的位为0。IP地址中与子网掩码为1的位相对应的部分是网络地址和子网地址,与为0的位相对应的部分则是主机地址。子网掩码原则上0和1可以任意分布,但一般在设计子网掩码时,多是将子网地址开始连续的几位设为1。

为了更好地保持兼容性,原来的IP地址分类,在不加任何说明的情况下,也会自动对其添加子网掩码,各类IP地址的默认子网掩码如下:

A类:255.0.0.0

B类:255.255.0.0

C类:255.255.255.0

下面通过一个例子来看看使用子网划分的一个地址的分析。

IP 地址:11000000 10101000 00000000 11001000

子网掩码:11111111 11111111 11111111 11100000

即 IP 地址为 192.168.0.200。其中,网络地址是 192.168.0.0,取了后 8 位中的高 3 位作为子网,子网掩码为:255.255.255.224,说明本网中最多可接 2^5(即 32)台计算机。

9.2.4 域名

直接使用 IP 地址就可以访问 Internet,但是 IP 地址很难记忆,也不能反映主机的相关信息,于是 Internet 中采用了层次结构的域名系统(Domain Namespace System,DNS)来协助管理 IP 地址。

1. 域名的层次结构

Internet 域名具有层次型结构,整个 Internet 被划分为几个顶级域,每个顶级域规定了一个通用顶级域名。顶级域名采用两种划分模式:组织模式和地理模式。Internet 顶级域名组织模式分配见表 9-2。地理模式的顶级域名采用两个字母缩写形式来表示一个国家或地区。例如,cn 代表中国,us 代表美国,jp 代表日本,ca 代表加拿大,uk 代表英国等。

表 9-2 Internet 顶级域名组织模式分配

顶级域名	com	edu	gov	int	mil	net	org
分配情况	商业组织	教育机构	政府部门	国际组织	军事部门	网络支持中心	各种非营利性组织

NIC 将顶级域名的管理授权给指定的管理机构,由各管理机构再为其子域分配二级域名,并将二级域名管理授权给下一级管理机构,依此类推,构成一个域名的管理层次结构。Internet 中主机域名也采用一种层次结构,从右至左依次为顶级域名、二级域名、三级域名等,各级域名之间用"."隔开。每一级域名由英文字母、符号和数字构成。总长度不能超过 254 个字符。主机域名的一般格式如下:

… 四级域名 . 三级域名 . 二级域名 . 顶级域名

例如,www.pku.edu.cn 是一个典型的主机域名。其中,"cn"代表中国;"edu"代表教育机构;"pku"代表北京大学;"www"代表提供 Web 信息服务。

2. 我国的域名结构

我国的顶级域名 cn 由中国互联网信息中心(CNNIC)负责管理。cn 按照组织模式和地理模式被划分为多个二级域名。对于地理模式是行政区代码,表 9-3 列举了我国二级域名对应于组织模式的分配。

表 9-3 我国二级域名对应于组织模式的分配

顶级域名	com	edu	gov	ac	net	org
分配情况	商业组织	教育机构	政府部门	科研机构	网络支持中心	各种非营利性组织

3. 域名解析和域名服务器

域名相对于主机的 IP 地址来说,方便了用户记忆,但在数据传输时,Internet 上的网络互联设备却只能识别 IP 地址,不能识别域名,因此,当用户输入域名时,系统必须能够根据主机域名找到与其对应的 IP 地址,即将主机域名映射成 IP 地址,这个过程称为域名解析。

为了实现域名解析,需要借助于一组既独立又协作的域名服务器。域名服务器是一个安装有域名解析处理软件的主机,在 Internet 中拥有自己的 IP 地址。每台域名服务器中都设置了一个数据库,其中保存着它所负责区域内的主机域名和主机 IP 地址的对照表。

9.2.5 Internet 的接入

用户要上 Internet,首先要接入 Internet,这需要在硬件及软件方面做一些准备工作,如安装调制解调器、安装浏览器、选择适当的入网方式及网络服务商等。

1. 因特网服务提供者(ISP)

ISP 能为用户提供因特网接入服务,它是用户接入因特网的入口点。另一方面,ISP 还能为用户提供多种信息服务,如电子邮件服务、信息发布代理服务、网络故障排除及技术咨询等。国内常见的 ISP 有中国电信、中国联通等。

2. Internet 接入技术

用户在加入互联网之前,需要根据自己的需求和经济条件选择适当的接入方式。

(1)电话拨号接入

用户计算机通过调制解调器和电话网相连。常用调制解调器的速率是 28.8Kbps、33.6Kbps 和 56Kbps。

(2)xDSL 接入

DSL 是数字用户的缩写。xDSL 技术是基于铜缆的数字用户线路接入技术。非对称数字用户线(ADSL)是目前广泛使用的一种接入方式。其下行速率可达 8Mbps,上行速率可达 640Kbps~1Mbps,传输距离可达 3~5km。

ADSL 接入充分利用现有大量的市话用户电缆资源,可同时提供传统业务和各种宽带数字业务,两类业务互不干扰。用户接入方便,仅需安装一台 ADSL 调制解调器即可。

(3)局域网接入

公司、学校和机关可建成局域网,通过一台边界路由器,将局域网连入因特网的 ISP。用户只需将自己的计算机通过网卡正确接入局域网,然后对计算机进行适当的配置,包括正确配置 TCP/IP 中的相关地址等参数,则可以访问因特网上的资源。

(4)DDN 专线接入

DDN 专线连接方式通信效率高,误码率低,但价格也相对昂贵,比较适合大业务量的用户使用。这种连接方式下用户需要向电信部门申请一条 DDN 数字专线,并安装支持 TCP/IP 的路由器和数字调制解调器。

(5)无线接入

使用无线传输介质,提供固定和移动接入服务技术。它具有不需要布线、可移动等优点,是目前很有潜力的接入方式。

9.2.6 Internet 中的常用术语

1. 浏览器

WWW 客户端软件,目前常用的浏览器有 Microsoft 公司的 IE(Internet Explorer)和 Netscape 公司的 Netscape Communicator。

2．主页和页面

主页是网站的第一个页面，WWW 服务器设置主页为默认值，主页是一个网站的入口点。页面上可以包含指向其他网页的超链接。正是因为有了超链接才能将遍布全球的信息联系起来，形成浩如烟海的信息网。

3．HTML

HTML（超文本标记语言）是用于创建 Web 页面的一种计算机程序语言。HTML 的出现极大地促进了 WWW 的迅速发展。

4．超文本和超媒体

超文本技术是将一个或多个可单击跳转的"关键字"集成于文本信息之中，"关键字"后面链接新的页面，来解释或者说明对应的文本信息。"关键字"不仅能够链接文本，还可以链接声音、图形、动画等，因此也称为超媒体。

5．HTTP

WWW 服务中客户机和服务器之间采用 HTTP（超文本传输协议）进行通信。使用HTTP 定义的请求和响应报文，客户机发送"请求"到服务器，服务器则返回"响应"。

6．统一资源定位器（URL）

URL 体现了因特网上各种资源统一定位和管理的机制，极大地方便了用户访问各种Internet 资源。URL 的作用就是指出用什么方法、去什么地方、访问哪个文件。不论身在何处、用何种计算机，只要输入同一个 URL，就会连接到相同的网页。现在几乎所有 Internet的文件或服务器都可以用 URL 表示。

URL 的组成如下：

＜协议类型＞：//＜域名或 IP 地址＞/路径及文件名

其中，协议类型可能是 HTTP、FTP、Telnet 等，常用的 WWW 上的协议见表 9-4。因此利用浏览器不仅可以访问 WWW 服务，还可以访问 FTP 等服务。"域名或 IP 地址"指明要访问的服务器，"路径及文件名"指明要访问的页面名称。例如，http://www.sina.com.cn表示连接到 www.sina.com.cn 这台 WWW 服务器上，省略路径及文件名，表示访问该网站默认主页。

表 9-4　常用的 WWW 上的协议

协议方式	功能
http	采用 HTTP 访问 WWW 服务器
file	将远程服务器上的文件传送到本地显示
ftp	使用 FTP 访问 FTP 服务器
mailto	向指定地址发送电子邮件
news	阅读 USENET 新闻组
telnet	远程登录访问某一站点

第10章　计算机病毒与安全

随着计算机及网络技术与应用的不断发展,伴随而来的计算机系统安全问题越来越引起人们的关注。计算机系统一旦遭受破坏,将给使用单位造成重大经济损失,并严重影响正常工作的顺利开展。加强计算机系统安全工作,是信息化建设工作的重要工作内容之一。

计算机病毒是计算机安全的一个最大威胁,它可以通过U盘、硬盘、光盘及网络等多种途径进行传播。当计算机因使用带病毒的磁盘或文件,或访问带有病毒的网站而遭到感染后,又会感染以后被使用的磁盘或文件,甚至会再通过网络传播出去,如此循环往复使传播的范围越来越大。通过计算机网络传播病毒已经成为感染计算机病毒的主流方式。这种方式传播病毒的速度极快,且范围广。人们在 Internet 中进行邮件收发、下载程序、文件传输等操作时,均可感染计算机病毒。

10.1　计算机安全概述

随着计算机硬件的发展,计算机中存储的程序和数据的量越来越大,如何保障存储在计算机中的数据不被偷窃、丢失、篡改,是任何计算机应用部门要首先考虑的问题,计算机的硬件、软件生产厂家也在努力研究和不断解决这个问题。

▶ 10.1.1　计算机安全的基本概念

一般来说,安全的系统会利用一些专门的安全特性来控制对信息的访问,只有经过适当授权的人,或者以这些人的名义进行的进程可以读、写、创建和删除这些信息。

计算机安全,国际标准化委员会的定义是"为数据处理系统建立和采取的技术和管理的安全保护,保护计算机硬件、软件、数据不因偶然的或恶意的原因而遭到破坏、更改、显露";美国国防部国家计算机安全中心的定义是"要讨论计算机安全首先必须讨论对安全需求的陈述"。

我国公安部计算机管理监察司的定义是"计算机安全是指计算机资产安全,即计算机信息系统资源和信息资源不受自然和人为有害因素的威胁和危害"。

▶ 10.1.2　计算机安全的常用术语

所有计算机信息系统都会有程度不同的缺陷,会面临或多或少的威胁和风险(Risks),也会因此遭受或大或小的损害。

1. 缺陷

缺陷是指信息技术系统或行为中存在的对其本身构成危害的缺点或弱点。这种弱点可能存在于系统安全过程,包括管理的、操作的和技术的控制之中,从而造成非授权的信息访问和破坏重要的数据处理过程。

2. 威胁

威胁是指行为者对计算机系统、设施或操作施加负面影响的能力或企图。换句话说,威胁是一种对计算机系统或活动产生危害的有意或无意的行为。威胁可划分为有意或无意的人为威胁、自然的或人造的环境威胁。

3. 风险

风险是指威胁发生的可能性、发生威胁后造成不良后果的可能性以及不良后果的严重程度的组合。它是安全威胁利用系统缺陷进行攻击的可能性。减少系统缺陷或减少威胁都可以达到减少风险的目的。

4. 损害

损害是指发生威胁事件后由于系统被侵害而造成的不良后果的情况。

10.1.3　计算机安全的三大目标

信息安全有 3 个重要的目标或要求：完整性（Integrity）、机密性（Confidentiality）和可用性（Availability）。

1. 完整性

完整性要求信息必须是正确和完全的，而且能够免受非授权、意料之外或无意的更改。完整性还要求计算机程序的更改在特定的和授权的状态下进行。普遍认同的完整性目标有：

- 确保计算机系统内数据的一致性。
- 在系统失败事件发生后能够恢复到已知的一致状态。
- 确保无论是系统还是用户进行的修改都必须通过授权的方式进行。
- 维持计算机系统内部信息和外部真实世界的一致性。

2. 机密性

机密性要求信息免受非授权的披露。它涉及对计算机数据和程序文件读取的控制，即谁能够访问哪些数据。它和隐私、敏感性和秘密有关。例如，它保护包括个人（健康）数据、市场计划、产品配方以及生产和开发技术等信息。

3. 可用性

可用性要求信息在需要时能够及时获得以满足业务需求。它确保系统用户不受干扰地获得诸如数据、程序和设备之类的系统信息和资源。不同的应用有不同的可用性要求。

- 国防系统等高度敏感的系统对保密信息的机密性要求很高。
- 电子金融汇兑系统或医疗系统对信息完整性的要求很高。
- 自动柜员机系统对三者都有很高的要求。如客户个人识别码需要保密，客户账号和交易数据需要准确，柜员机应能够提供 24 小时不间断服务。

10.1.4　计算机安全的三大防线

防线是指用于控制和限制对计算机系统资源的访问和使用的机制。这种机制对使用系统的行为和系统的内容施加直接或间接的影响。安全防线根据在使用中的优先级可分为 3 类：第一道防线、第二道防线和最后防线。第一道防线总是优先于第二道和最后防线进行部署。如果第一道防线由于某种原因无法落实或生效，第二道防线应该发挥作用。如果第二道防线由于某种原因无法落实或生效，最后防线应该发挥作用。以下是各道防线的例子。

1. 第一道防线

- 防止有害行为的政策和流程。
- 内部控制，尤其是预防有害业务操作的控制手段。

- 防止非法访问和使用计算机资源的口令和身份识别码。
- 防止网络入侵的防火墙。
- 预防错误、疏漏、违法行为(如欺诈、盗窃)和系统入侵的职务划分。
- 防止非法访问(如冒充、模仿)的身份识别技术。
- 对员工进行防护技术和流程知识的教育、培训和普及。
- 防止非法进出的物理保安手段(如锁匙、警卫)。
- 防止电子欺骗的网络监控。
- 防止伪劣、冲突和残缺的质量保证体系。
- 防止篡改、滥用和入侵的系统安全管理员。
- 防止数据丢失和拒绝服务的容错(如磁盘镜像和磁盘阵列技术)和冗余(设备备份)技术。
- 使用虚假数据和系统防止攻击的陷阱技术。
- 防止非法程序修改的程序修改控制手段。
- 防止非法入侵的回叫技术。
- 防止数据丢失的备份文件。
- 限制登录连接尝试次数。
- 防止财产损失、侵害和非法进入的隔离护栏。
- 防止错误数据的完整性验证软件。
- 防止病毒和其他形式攻击的系统隔离技术。
- 防止非法用户访问或合法用户越权访问多用户系统的最低安全要求。
- 防止侵害系统及其完整性的多人控制流程。

2. 第二道防线

- 发现非法操作(如添加、修改和删除)的审计和日志。
- 监视非法操作。
- 发现有害攻击的攻击探测软件。
- 发现计算机系统安全缺陷的入侵测试。
- 诸如墙壁和天花板等防止非法进入的外围设施。

3. 最后防线

- 发现设计和编程错误的软件测试。
- 灾难(自然的和人为的)保险。
- 留意有问题的员工。
- 安放物品的安全容器。
- 防止数据丢失的备份。
- 防止在正式发布前使用系统的配置管理。
- 发现伪劣质量的质量检查测试。
- 在不测事件和状况下使用的应急计划。
- 员工对异常事件的警惕性。

▶ 10.1.5 计算机安全违法犯罪行为及攻击手段

常用的攻击手段包括窃听、越权存取、计算机病毒、网络攻击等。

1. 窃听

计算机在工作时会向周围空间辐射出电磁波,这些电磁波可以被截收,解译以后能将信息复现。搭线窃听是另一种窃取计算机信息的手段,特别对于跨国计算机网络,很难控制和检查国境外是否有搭线窃听。美欧银行均遇到过搭线窃听并改变电子汇兑目的地址的主动式窃听,经向国际刑警组织申请协查,才在第三国查出了窃听设备。

网络窃听是目前对计算机网络攻击的主要方法之一,是通过观察、监听、分析数据流和数据流模式,窃取敏感信息的一种手段,其方法主要有搭线监听和无线截获两种。搭线监听是将导线搭到无人值守的传输线上进行监听,只要所搭载的监听设备不影响网络负载平衡,就难以被发现。通过解调和正确的协议分析,可以完全掌握通信的全部内容;无线截获是通过高灵敏接收装置接收网络站点或网络连接设备辐射的电磁波,通过对电磁波信号的分析,恢复原数据信号,从而获得网络信息。尽管有时数据不能全部恢复,但有可能从中得到极有价值的情报。目前,对付网络窃听的主要手段有硬件屏蔽和数据加密,如链路加密、路由器加密、协议加密和文档加密等,以确保信息不被非法解读。

2. 越权存取

战争期间,敌对的国家既担心本国计算机中机密数据被他人越权存取,又千方百计窃取他国计算机中的机密。在冷战结束后,各情报机关不仅继续收集他国政治、军事情报,而且将重点转到经济情报上。

在金融电子领域用计算机犯罪更加容易,更隐蔽。犯罪金额增加 10 倍,只不过在键盘上多敲一个"0"。如深圳招商银行证券部计算机管理员孙某利用计算机作案,1993 年 12 月至 1994 年 4 月挪用公款和贪污资金 880 万元人民币,被判处死刑缓期执行。

3. 黑客

"黑客"是英文 Hacker 的音译,是指对计算机系统的非法入侵者。从信息安全角度来说,多数黑客非法闯入信息禁区或者重要网络,以窃取重要的信息资源、篡改网址信息或者删除内容为目的,给网络和个人计算机造成了巨大的危害。

尽管对黑客的定义有许多种,态度褒贬不一,但黑客的破坏性是客观存在的。黑客干扰计算机网络,并且破坏数据,甚至有些黑客的"奋斗目标"是渗入政府或军事计算机存取其信息。

4. 计算机病毒

计算机病毒是指编制或者在计算机程序中插入的破坏计算机功能或者毁坏数据,影响计算机使用,并能自我复制的一组计算机指令或者程序代码。由于传染和发作都可以编制成条件方式,像定时炸弹那样,所以计算机病毒有极强的隐蔽性和突发性。目前病毒种类已有 7000～8000 种,主要在 DOS、Windows、Windows NT、UNIX 等操作系统下传播。1995年以前的计算机病毒主要破坏 DOS 引导区、文件分配表、可执行文件,近年来主要是专门针对 Windows、文本文件,数据库文件的网络病毒。1999 年使计算机用户担忧的 CIH 病毒,不仅破坏硬盘中的数据,而且损坏主板中的 BIOS 芯片。计算机的网络化又增加了病毒的危害性和清除的困难性。

5. 有害信息

有害信息主要是指计算机信息系统及其存储介质中存放的,以计算机程序、图像、文字、声音等多种形式表示的,含有恶意攻击党和政府,破坏民族团结等危害国家安全内容的信息;含有宣扬封建迷信、淫秽色情、凶杀、教唆犯罪等危害社会治安秩序内容的信息。目前,这类有害信息基本上都来自境外,主要形式有两种,一是通过计算机国际互联网络进入国内,二是以计算机游戏、教学、工具等各种软件以及多媒体产品(如 VCD)等形式流入国内。目前计算机软件市场盗版盛行,许多含有有害信息的软件就混杂在众多的盗版软件中。

6. 因特网带来新的安全问题

目前,信息化的浪潮席卷全球,世界正经历着以计算机网络技术为核心的信息革命,信息网络将成为这个社会的神经系统,它将改变人类传统的生产、生活方式。

今天的计算机网络不仅是局域网,而且还跨过城市、国家和地区,实现了网络扩充与异型网互联,形成了广域网,使计算机网络深入科研、文化、经济与国防的各个领域,推动了社会的发展。但是,这种发展也带来了一些负面影响,网络的开放性增加了网络安全的脆弱性和复杂性,信息资源的共享和分布处理增加了网络受攻击的可能性。如目前的 Internet 网络延伸到全球五大洲每一个角落,网络覆盖的范围和密度还在不断地增大,难以分清它所连接的各种网络的界限,难以预料信息传输的路径,更增加了网络安全控制和管理难度。就网络结构因素而言,Internet 包含了星型、总线和环型等 3 种基本拓扑结构,而且众多子网异构纷呈,子网向下又连着子网。结构的开放性带来了复杂化,这给网络安全带来很多无法避免的问题,为了实现异构网络的开放性,不可避免要牺牲一些网络安全性。如 Internet 遍布世界各地,所连接的各种站点地理位置错综复杂、点多面广,通信线路质量难以得到保证,可能对传输的信息数据造成失真或丢失,也给专事搭线窃听的间谍和黑客以大量的可乘之机。随着全球信息化的迅猛发展,国家的信息安全和信息主权已成为越来越突出的重大战略问题,关系到国家的稳定与发展。

10.1.6 计算机安全措施

计算机安全的威胁从威胁对象上大致可以分为两大类:一是对设备的威胁;二是对信息的威胁。从发生上大致可以分为偶然威胁和有意威胁两类。偶然威胁包括如自然灾害、意外事故、人为失误等。故意威胁又可进一步分为被动攻击和主动攻击两类。被动攻击主要威胁信息的保密性,主动攻击对数据进行修改,并破坏信息的有效性、完整性和真实性。

计算机安全措施主要从物理安全、管理方面及技术方面进行。

1. 物理安全方面的措施

物理安全包括环境安全、电源系统安全、设备安全和通信线路安全。

(1)环境安全

计算机网络通信系统的运行环境应按照国家有关标准设计实施,应具备消防报警、安全照明、不间断供电、温湿度控制系统和防盗报警,以保护系统免受水、火、有害气体、地震、静电的危害。

(2)电源系统安全

电源是所有电子设备正常工作的能量源泉,在信息系统中占有重要地位。电源安全主要包括电力能源供应、输电线路安全、保持电源的稳定性等。

(3)设备安全

要保证硬件设备随时处于良好的工作状态,应建立健全的管理规章制度,建立设备运行日志。同时要注意保护存储介质的安全性,包括存储介质自身和数据的安全。存储介质本身的安全主要是安全保管、防盗、防毁和防霉,数据安全是指防止数据被非法复制和非法销毁。

(4)通信线路安全

通信设备和通信线路的装置安装要稳固牢靠,具有一定对抗自然因素和人为因素破坏的能力,包括防止电磁信息的泄漏、线路截获,以及抗电磁干扰。

具体来说,物理安全主要包括以下内容:

- 计算机机房的场地、环境及各种因素对计算机设备的影响。
- 计算机机房的安全技术要求。
- 计算机的实体访问控制。
- 计算机设备及场地的防火与防水。
- 计算机系统的静电防护。
- 计算机设备及软件、数据的防盗防破坏措施。
- 计算机中重要信息的磁介质的处理、存储和处理手续的有关问题。

2. 管理方面的措施

管理方面的措施主要有:

- 建立健全的法律、政策,规范和制约人们的思想和行为。
- 建立和落实安全管理制度,是实现计算机安全的重要保证。
- 提高人员的安全意识,安全问题归根结底是人的问题,安全的最终解决也在于提高人的素质。

3. 技术方面的措施

技术方面的措施主要有:

- 操作系统的安全措施,即充分利用操作系统提供的安全保护功能保护自己的计算机,如 Windows 操作系统中的访问控制、口令认证等。
- 数据库的安全措施,即使用安全性高的数据库产品,采用存取控制策略,对数据库进行加密,实现数据库的安全性、完整性及保密性。
- 网络的安全措施,如防火墙技术。
- 防病毒措施,如防病毒软件等。

10.2　计算机病毒概述

计算机病毒(Computer Virus)在《中华人民共和国计算机信息系统安全保护条例》中被明确定义,病毒是指"编制者在计算机程序中插入的破坏计算机功能或者破坏数据,影响计算机使用并且能够自我复制的一组计算机指令或者程序代码"。计算机病毒最早出现在20世纪70年代David Gerrold的科幻小说 *When Harlie was One* 中。而最早的科学定义出现在1983年,美国南加州大学的学生弗雷德·科恩(Fred Cohen)在其博士论文《计算机病毒实验》中描述了"一种能把自己(或经演变)注入其他程序的计算机程序"的启动区病毒、宏(Macro)病毒、脚本(Script)病毒。

▶ 10.2.1　计算机病毒的分类

计算机病毒可以根据下面的属性进行分类:

1. 按病毒存在的媒体分类

根据病毒存在的媒体,病毒可以划分为网络病毒、文件病毒、引导型病毒。

1)网络病毒:通过计算机网络传播感染网络中的可执行文件。

2)文件病毒:感染计算机中的文件(如 COM、EXE、DOC 等)。

3）引导型病毒：感染启动扇区（Boot）和硬盘的系统引导扇区（MBR）。

另外还有这3种情况的混合型，如多型病毒（文件和引导型）感染文件和引导扇区两种目标，这样的病毒通常都具有复杂的算法，它们使用非常规的方法侵入系统，同时使用了加密和变形算法。

2. 按病毒传染的方法分类

根据病毒传染的方法可分为驻留型病毒和非驻留型病毒。

驻留型病毒感染计算机后，把自身的内存驻留部分放在内存中，这一部分程序挂接系统调用并合并到操作系统中，它处于激活状态，直到关机或重新启动。

非驻留型病毒在得到机会激活时并不感染计算机内存，一些病毒在内存中留有小部分，但是并不通过这一部分进行传染，这类病毒也被划分为非驻留型病毒。

3. 按病毒破坏的能力分类

按照病毒破坏的能力，计算机病毒又可分为良性病毒（包括无害型病毒、无危险型病毒）和恶性病毒（包括危险型病毒、非常危险型病毒）。

1）无害型：除了传染时减少磁盘的可用空间外，对系统没有其他影响。

2）无危险型：这类病毒仅仅是减少内存、显示图像、发出声音及同类声响。

3）危险型：这类病毒在计算机系统操作中造成严重的错误。

4）非常危险型：这类病毒删除程序、破坏数据、清除系统内存区和操作系统中重要的信息。这类病毒对系统造成的危害，并不是本身的算法中存在危险的调用，而是当它们传染时会引起无法预料的和灾难性的破坏。由病毒引起其他的程序产生的错误也会破坏文件和扇区，这些病毒也按照它们引起的破坏能力划分。一些现在的无害型病毒也可能会对新版的DOS、Windows和其他操作系统造成破坏。例如在早期的病毒中，有一个Denzuk病毒在360K磁盘上很好地工作，不会造成任何破坏，但是在后来的高密度软盘上却能引起大量的数据丢失。

4. 按病毒的算法分类

按照病毒的运行、传染、攻击算法，计算机病毒可分类为伴随型病毒、蠕虫型病毒、寄生型病毒、诡秘型病毒及变形病毒。

1）伴随型病毒：这一类病毒并不改变文件本身，它们根据算法产生EXE文件的伴随体，具有同样的名字和不同的扩展名（以COM作为扩展名），如XCOPY.EXE的伴随体是XCOPY.COM。病毒把自身写入COM文件且并不改变EXE文件，当DOS加载文件时，伴随体优先被执行，再由伴随体加载执行原来的EXE文件。

2）蠕虫型病毒：通过计算机网络传播，不改变文件和资料信息，利用网络从一台机器的内存传播到其他机器的内存，将自身的病毒通过网络发送。有时它们在系统中除了存在于内存中，并不占用其他资源。

3）寄生型病毒：除了伴随型和蠕虫型，其他病毒均可称为寄生型病毒，它们依附在系统的引导扇区或文件中，通过系统的功能进行传播。

4）诡秘型病毒：它们一般不直接修改DOS中断和扇区数据，而是通过设备技术和文件缓冲区等DOS内部修改，利用DOS空闲的数据区进行工作。

5）变形病毒（又称幽灵病毒）：这一类病毒使用一个复杂的算法，使自己每传播一份都具有不同的内容和长度。它们一般由一段混有无关指令的解码算法和被变化过的病毒体组成。

⏵ 10.2.2 计算机病毒的特征

各种计算机病毒从外部表现上看千差万别,但它们通常都具有 5 个共同的特征:隐蔽性、传染性、潜伏性、表现性或破坏性、可触发性。

1. 隐蔽性

计算机病毒是一种具有很高编程技巧、短小精悍的可执行程序。它通常"粘附"在正常文件、程序之中,隐藏在磁盘引导扇区中,或者隐蔽在磁盘上标为坏簇的扇区中,以及一些空闲概率较大的扇区中,这是它的非法可存储性。病毒想方设法隐藏自身,就是为了防止用户察觉。

2. 传染性

传染性是计算机病毒最重要的特征,是判断一段程序代码是否为计算机病毒的依据。病毒程序一旦侵入计算机系统就开始搜索可以传染的程序或者磁介质,然后通过自我复制迅速传播。由于目前计算机网络日益发达,计算机病毒可以在极短的时间内,通过网络传遍到世界各地。

3. 潜伏性

计算机病毒具有依附于其他媒体(文件或磁盘)而寄生的能力,这种媒体称为计算机病毒的宿主。依靠病毒的寄生能力,病毒传染合法的程序和系统后,一般不会立即发作,而是悄悄隐藏起来,然后在用户不察觉的情况下进行传染。这样病毒的潜伏性越好,它在系统中存在的时间也就越长,病毒传染的范围也越广,其危害性也越大。

4. 表现性或破坏性

无论何种病毒程序一旦侵入系统都会对操作系统的运行造成不同程度的影响。即使不直接产生破坏作用的病毒程序也要占用系统资源(如占用内存空间,占用磁盘存储空间以及系统运行时间等)。而绝大多数病毒程序要显示一些文字或图像,影响系统的正常运行,还有一些病毒程序删除文件,加密磁盘中的数据,甚至摧毁整个系统和数据,使之无法恢复,造成无可挽回的损失。因此,病毒程序的副作用轻者降低系统工作效率,重者导致系统崩溃、数据丢失。病毒程序的表现性或破坏性体现了病毒设计者的真正意图。

5. 可触发性

计算机病毒一般都有一个或者几个触发条件。满足其触发条件或者激活病毒的传染机制,使之进行传染,或者激活病毒的表现部分或破坏部分。触发的实质是一种条件的控制,病毒程序可以依据设计者的要求,在一定条件下实施攻击。这个条件可以是输入特定字符,使用特定文件,某个特定日期或特定时刻,或者是病毒内置的计数器达到一定次数等。

⏵ 10.2.3 计算机病毒的传播途径

目前计算机病毒的传播途径主要为移动存储设备、计算机网络。

1. 移动存储设备

移动存储设备主要有 U 盘、光盘和移动硬盘等。这些移动存储设备具有携带方便的特点,已成为计算机之间相互交流的重要工具,同时也成为计算机病毒的主要传染介质之一。

2. 计算机网络

随着 Internet 的风靡,给病毒的传播又增加了新的途径,它的发展使病毒可能成为灾难,病毒的传播更迅速,反病毒的任务更加艰巨。Internet带来两种不同的安全威胁,一种威胁来自文件下载,这些被浏览的或被下载的文件可能存在病毒。另一种威胁来自电子邮件。大多数Internet邮件系统提供了在网络间传送附带格式化文档邮件的功能,因此,遭受病毒的文档或文件就可能通过网关和邮件服务器涌入企业网络。网络使用的简易性和开放性使这种威胁越来越严重。

10.2.4 计算机病毒的运行机制

1. 病毒的藏身之处

计算机病毒能隐藏在不同的地方。主要隐藏之处如下:

1)可执行文件。病毒"贴附"在这些文件上,使其能被执行。

2)引导扇区。这是磁盘中的一个特别扇区,它包含一个程序,当启动计算机时该程序将被执行。它也是病毒可能隐藏的地点。

3)表格和文档。某些程序允许内置一些宏文件,宏文件随着该文件的打开而被执行。病毒利用宏的存在进入其中。

4)Java小程序和ActiveX控件。这是两个最新隐藏病毒的地方。Java小程序和ActiveX控件都是与网页相关的小程序,通过访问包含它们的网页,可以执行这些程序。

2. 计算机病毒运行机制

典型的病毒运行机制可以分为感染、潜伏、繁殖和发作等4个阶段。

(1)感染

感染是指病毒自我复制并传播给其他程序,病毒感染主要通过电子邮件、外部介质、下载文件感染等。在这3种感染途径中,电子邮件已经成为病毒传播的最主要途径。由于可同时向一群用户或整个计算机网络系统发送电子邮件,一旦一个信息点被感染,整个系统在短时间内都可能被感染。

(2)潜伏

潜伏是指病毒等非法程序为了逃避用户和防病毒软件的监视而隐藏自身行踪的行为。病毒一般通过隐蔽或自我变异等方法潜伏下来,以躲避用户和防病毒软件的侦查。

(3)繁殖

繁殖是病毒程序不断地由一部计算机向其他计算机进行传播的状态。病毒通过电子邮件、外部载体、下载等方式进行繁殖传播。最典型的例子是梅莉莎病毒和UNIX蠕虫病毒。

(4)发作

发作是非法程序所实施的各种恶意行动。病毒的破坏行为、主要破坏目标和破坏程度取决于病毒制作者的主观愿望和其技术能力。不同的病毒,其破坏行为各不相同,但主要为:

- 攻击系统数据区。
- 攻击文件。
- 攻击内存。
- 干扰系统运行,使运行速度下降。
- 干扰键盘、喇叭或屏幕。
- 攻击CMOS。
- 干扰打印机。
- 网络病毒破坏网络系统。

10.2.5　几种著名的计算机病毒

1. Elk Cloner(1982 年)

它被看作攻击个人计算机的第一款全球病毒,也是所有令人头痛的安全问题先驱者。它通过 Apple Ⅱ 软盘进行传播。这个病毒被放在一个游戏磁盘上,可以被使用 49 次。在第 50 次使用的时候,它并不运行游戏,取而代之的是打开一个空白屏幕,并显示一首短诗。

2. Brain(1986 年)

Brain 是第一款攻击运行 MS-DOS 的病毒,可以感染 360K 软盘,该病毒会填充满软盘上未用的空间,导致它不能被使用。

3. Morris(1988 年)

Morris 病毒利用了系统存在的弱点进行入侵,设计 Morris 的最初目的并不是搞破坏,而是用来测量网络的大小。但是由于程序的循环没有处理好,计算机会不停地执行、复制 Morris,最终导致死机。

4. CIH(1998 年)

CIH 病毒是迄今为止破坏性最严重的病毒,也是世界上首例破坏硬件的病毒。它发作时不仅破坏硬盘的引导区和分区表,而且破坏计算机系统 BIOS,导致主板损坏。此病毒是由中国台湾的大学生陈盈豪研制的,据说他研制此病毒的目的是纪念 1986 年的灾难或让反病毒软件难堪。

5. Melissa(1999 年)

Melissa 是最早通过电子邮件传播的病毒之一,当用户打开一封电子邮件的附件时,病毒会自动发送到用户通讯簿中的前 50 个地址,因此这个病毒在数小时之内传遍全球。

6. Love bug(2000 年)

Love bug 也通过电子邮件附件传播,它利用了人类的本性,把自己伪装成一封求爱信来欺骗收件人打开。这个病毒以其传播速度和范围让安全专家吃惊。在数小时之内,这个小小的计算机程序征服了全世界范围内的计算机系统。

7. 红色代码(2001 年)

红色代码被认为是史上最昂贵的计算机病毒之一,这个自我复制的恶意代码“红色代码”利用了微软 IIS 服务器中的一个漏洞。该蠕虫病毒具有一个更恶毒的版本,被称作红色代码Ⅱ。这两个病毒除了可以对网站进行修改外,被感染的系统性能还会严重下降。

8. Nimda(2001 年)

尼姆达(Nimda)是历史上传播速度最快的病毒之一,在上线之后的 22 分钟后就成为传播最广的病毒。

9. 冲击波(2003 年)

冲击波病毒的英文名称是 Blaster,又称为 Lovsan 或 Lovesan,它利用 Microsoft 软件中的一个缺陷,对系统端口进行疯狂攻击,可以导致系统崩溃。

10. 震荡波(2004 年)

震荡波是又一个利用 Windows 缺陷的蠕虫病毒,震荡波可以导致计算机崩溃并不断重启。

11. 熊猫烧香(2007 年)

熊猫烧香会使所有程序图标变成熊猫烧香,并使它们不能应用。

12. 扫荡波(2008 年)

同冲击波和震荡波一样,也是利用漏洞从网络入侵的程序。而且正好在黑屏时间,大批用户关闭自动更新以后,更加剧了该病毒的蔓延。这个病毒可以导致被攻击者的机器被完全控制。

13. Conficker(2008 年)

Conficker 病毒原来要在 2009 年 3 月进行大量传播,然后在 4 月 1 日实施全球性攻击,引起全球性灾难。不过,这种病毒实际上没有造成什么破坏。

14. 木马下载器 (2009 年)

传染该病毒后会产生 1000~2000 个木马病毒,导致系统崩溃,短短 3 天变成 360 安全卫士首杀榜前 3 名。

15. 鬼影病毒(2010 年)

该病毒成功运行后,在进程中、系统启动加载项中找不到任何异常,同时即使格式化重装系统,也无法彻底清除该病毒。

16. 极虎病毒(2010 年)

该病毒类似 QVOD 播放器的图标。感染极虎之后可能会遭遇的情况:计算机进程中莫名其妙地有 ping.exe 和 rar.exe 进程,并且 CPU 占用率很高,风扇转得很响、很频繁(笔记本电脑),并且这两个进程无法结束。某些文件夹会出现 usp10.dll、lpk.dll 文件,杀毒软件和安全类软件会自动关闭,如果没有及时升级到最新版本都有可能被停掉。破坏杀毒软件、系统文件,感染系统文件,让杀毒软件无从下手。极虎病毒最大的危害是造成系统文件被篡改,无法使用杀毒软件进行清理,一旦清理,系统将无法打开和正常运行,同时基于计算机和网络的账户信息可能会被盗,如网络游戏账户、银行账户、支付账户及电子邮件账户等。

▶ 10.2.6　计算机病毒的防治

1. 计算机病毒的日常防治方法

(1)建立良好的安全习惯

例如:不要打开一些来历不明的邮件及附件,不要上一些不太了解的网站,不要执行从 Internet 下载后未经杀毒处理的软件等,这些习惯会使您的计算机更安全。

(2)关闭或删除系统中不需要的服务

默认情况下,许多操作系统会安装一些辅助服务,如 FTP 客户端、Telnet 和 Web 服务器。这些服务为攻击者提供了方便,而又对用户没有太大用处,如果删除它们,就能大大减小被攻击的可能性。

(3)经常升级安全补丁

据统计,有 80% 的网络病毒是通过系统安全漏洞进行传播的,如蠕虫王、冲击波、震荡波等,所以应该定期到微软网站去下载最新的安全补丁,以防患未然。

(4)使用复杂的密码

有许多网络病毒就是通过猜测简单密码的方式攻击系统的,因此使用复杂的密码将会大大提高计算机的安全系数。

（5）迅速隔离受感染的计算机

当您的计算机发现病毒或异常时应立刻断网，以防止计算机受到更多的感染，或者成为传播源，再次感染其他计算机。

（6）了解一些病毒知识

这样可以及时发现新病毒并采取相应措施，在关键时刻使自己的计算机免受病毒破坏。如果能了解一些注册表知识，就可以定期看一看注册表的自启动项是否有可疑键值；如果了解一些内存知识，就可以经常看内存中是否有可疑程序。

（7）安装专业的杀毒软件进行全面监控

在病毒日益增多的今天，使用杀毒软件进行防毒是越来越经济的选择，不过用户在安装反病毒软件之后，应该经常进行升级，将一些主要监控长期打开（如邮件监控、内存监控等），遇到问题要上报，这样才能真正保障计算机的安全。

（8）安装个人防火墙软件进行防黑

由于网络的发展，用户计算机面临的黑客攻击问题也越来越严重，许多网络病毒都采用了黑客的方法来攻击用户计算机，因此，用户还应该安装个人防火墙软件，将安全级别设为高，这样才能有效地防止网络上的黑客攻击。

2. 网络计算机病毒的防治

网络防病毒不同于单机防病毒，单机版的杀毒软件并不能在网络上彻底有效地查杀病毒。网络计算机病毒的防治是一个颇让人棘手但又很简单的问题，在实际应用中，多用几种防毒软件比较好，因为每一种防毒软件都有它的特色，几种综合起来使用可以优势互补，产生更强的防御效果。防范网络病毒应从两个方面着手：第一，加强网络管理人员的网络安全意识，有效控制和管理内部网与外界进行数据交换，同时坚决抵制盗版软件的使用；第二，以网为本，多层防御，有选择地加载保护计算机网络安全的网络防病毒产品。

网络病毒的防治措施主要包括：

1）在网络中尽量多用无盘工作站，不用或少用有软驱的工作站。

2）在网络中要保证系统管理员有最高的访问权限，避免过多地出现超级用户。

3）对非共享软件，将其执行文件和覆盖文件（如 *.com、*.exe、*.ovl 等）备份到文件服务器上，定期从服务器上复制到本地硬盘上进行重写操作。

4）接受远程文件输入时，一定不要将文件直接写入本地硬盘，而应将远程输入文件写到软盘上，然后对其进行杀毒，确认无毒后再复制到本地硬盘上。

5）工作站采用防病毒芯片，这样可以防止引导型病毒。

6）正确设置文件属性，合理规范用户的访问权限。

7）建立健全的网络系统安全管理制度，严格操作规程和规章制度，定期进行文件备份和病毒检测。

8）在计算机中安装防病毒软件，及时升级更新。

9）安装病毒防火墙，在局域网与 Internet、用户与网络之间进行隔离。

3. 电子邮件病毒的防范措施

电子邮件病毒一般是通过邮件中"附件"夹带的方法进行扩散，无论是文件型病毒还是引导型病毒，如果用户没有运行或打开附件，病毒一般是不会被激活的；只有用户运行了该附件中的病毒程序，才能够使计算机染毒。对于各 E-mail 用户而言，杀毒不如防毒。知道了这一点，对电子邮件病毒就可以从下面几个方面采取相应的防范措施了。

1）不要轻易打开陌生人来信中的附件，尤其对一些 *.exe 之类的可执行文件，就更要慎之又慎。

2）对于比较熟悉的朋友寄来的信件，如果其信中夹带了程序附件，但是他没有在信中提及或说明，也不要轻易运行。

3）给别人发送程序文件甚至包括电子贺卡时，一定要在自己的计算机中试一试，确认没有问题后再发，以免好心办坏事。

4）不断完善网关软件及防火墙软件，加强对整个网络入口点的防范。

5）使用优秀的防病毒软件对电子邮件进行专门的保护。

6）使用防病毒软件的同时保护客户机和服务器。

7）使用特定的 SMTP 杀毒软件。

10.3 常用防病毒软件简介

1. Kaspersky

Kaspersky（卡巴斯基）杀毒软件来自俄罗斯，其查杀病毒的性能远高于同类产品。卡巴斯基杀毒软件具有超强的中心管理和杀毒能力，能真正实现带毒杀毒，提供了一个广泛的抗病毒解决方案。

它提供了所有类型的抗病毒防护：抗病毒扫描仪、监控器、行为阻断、完全检验、E-mail检测和防火墙。它支持几乎所有的普通操作系统。卡巴斯基杀毒软件控制所有可能的病毒进入端口，它强大的功能和局部灵活性以及网络管理工具为自动信息搜索、中央安装和病毒防护控制提供最大的便利和最少的时间来建构抗病毒分离墙。卡巴斯基杀毒软件有许多国际研究机构、中立测试实验室和 IT 出版机构的证书，确认了卡巴斯基具有汇集行业最高水准的突出品质。

2. ESET NOD 32

国外很权威的防病毒软件评测给了 NOD 32 很高的分数，在全球共获得超过 40 多个奖项，包括 Virus Bulletin、PC Magazine、ICSA、Checkmark 认证等。其产品线很长，从 DOS、Windows 9x/Me、Windows NT/XP/2000 到 Novell Netware Server、Linux、BSD 等都有提供。可以对邮件进行实时监测，占用内存资源较少，清除病毒的速度和效果都令人满意。

3. Norton AntiVirus

Norton AntiVirus（诺顿）是一套强而有力的防毒软件，它可侦测上万种已知和未知的病毒，并且每当开机时，自动防护便会常驻在 System Tray，当从磁盘、网络、E-mail 中打开文件时便会自动侦测文件的安全性，若文件内含病毒，便会立即警告，并进行适当的处理。另外，它还附有 LiveUpdate 功能，可自动连上 Symantec 的 FTP Server 下载最新的病毒码，在下载完后自动完成安装更新的动作。

4. Avast

Avast 中文版来自捷克，它在国外市场一直处于领先地位。

Avast 家庭版是免费的，但 Avast 的实时监控功能十分强大。它拥有六大防护模块：网络防火墙防护、标准的本地文件读取防护、网页防护、即时通信软件防护、邮件收发防护、P2P 软件防护。

Avast 的主要特点如下：

1）高侦测的反病毒表现。

2）较低的内存占用和直观、简洁的使用界面。

3）支持 SKIN 更换，完善的程序内存检测。

4）对 SMTP/POP3/IMAP 邮件收发监控的全面保护。

5）支持 MS OUTLOOK 外挂，智能型邮件账号分析。

6）支持宏病毒文档修复，修复文档后自动产生病毒还原数据库（VRDB 功能）。

7）支持 P2P 共享下载软件和即时通信病毒检测，保护全面。

8）良好、有效地侦测并清除病毒，如广告和木马程序。

9）病毒库更新速度快，对新型病毒和木马有迅捷的反应。

5. AVG Anti-Virus

AVG Anti-Virus 是欧洲有名的杀毒软件，其功能相当完善，可即时对任何存取文件侦测，防止计算机病毒感染；可对电子邮件和附件进行扫描，防止计算机病毒通过电子邮件和附件传播；病毒库中则记录了一些计算机病毒的特性和发作日期等相关资讯；开机保护可在计算机开机时侦测开机型病毒，防止开机型病毒感染。在扫毒方面，可扫描磁片、硬盘、光盘外，也可对网络磁盘进行扫描。在扫描时也可只对磁片、硬盘、光盘上的某个目录进行扫描。可扫描文件型病毒、压缩文件（支持 ZIP、ARJ、RAR 等压缩文件即时解压缩扫描）。在扫描时如发现文件感染病毒，会将感染病毒的文件隔离至 AVG Virus VauIt，待扫描完成后一起解毒。

6. BitDefender

BitDefender 杀毒软件是来自罗马尼亚的老牌杀毒软件，具有超大病毒库，它将为用户的计算机提供最大的保护，具有功能强大的反病毒引擎以及互联网过滤技术，为用户提供即时信息保护功能，通过回答几个简单的问题，用户就可以方便地进行安装，并且支持在线升级。它包括永久的防病毒保护、后台扫描与网络防火墙、保密控制、自动快速升级模块、创建计划任务和病毒隔离区等功能。

7. 江民杀毒软件 KV

江民杀毒软件 KV 秉承了江民一贯的尖端杀毒技术，更在易用性、人性化、资源占用方面取得了突破性进展。它具有九大特色功能和三大贴身安全防护，可以有效防御各种已知和未知病毒、黑客木马，保障用户网上银行、网上证券、网上购物等网上财产的安全，杜绝各种木马病毒窃取用户账号、密码。

KV 的九大特色功能包括：智能主动防御、增强启发式扫描功能、嵌入式江民防火墙、移动存储即插即杀、增强虚拟机脱壳技术、增加网页防木马墙技术、增强云安全防毒系统、新江民安全专家秒杀木马、杀毒速度快且占用资源少。

KV 的三大贴身安全防护包括对网上银行和网上交易的贴身防护、U 盘和移动存储用户的贴身防护、系统加速优化杜绝流氓软件侵害。

8. 瑞星杀毒软件

瑞星杀毒软件的主要功能如下：

（1）查杀病毒

后台查杀：在不影响用户工作的情况下进行病毒的处理。

断点续杀：智能记录上次查杀完成文件，针对未查杀的文件进行查杀。

异步杀毒处理：在用户选择病毒处理的过程中，不中断查杀进度，提高查杀效率。

空闲时段查杀：利用用户系统空闲时间进行病毒扫描。

嵌入式查杀：可以保护 MSN 等即时通信软件，并在 MSN 传输文件时进行传输文件的扫描。

开机查杀：在系统启动初期进行文件扫描，以处理随系统启动的病毒。

（2）智能启发式检测技术＋云安全

根据文件特性进行病毒的扫描，最大范围发现可能存在的未知病毒并极大程度避免误报给用户带来的烦恼。

（3）智能主动防御技术

系统加固：针对系统的薄弱环节进行加固，防止系统被病毒破坏。

木马入侵拦截：最大程度保护用户访问网页时的安全，阻止绝大部分挂马网页对用户的侵害。

木马行为防御：基于病毒行为的防护，可以阻止未知病毒的破坏。

（4）瑞星实时监控

文件监控：提供高效的实时文件监控系统。

邮件监控：提供支持多种邮件客户端的邮件病毒防护体系。

（5）安全检测

针对用户系统进行有效评估，帮助用户发现安全隐患。

（6）软件安全

密码保护：防止用户的安全配置被恶意修改。

自我保护：防止病毒对瑞星杀毒软件进行破坏。

（7）工作模式

家庭模式：适用于用户在游戏、视频播放、上网等情况下，为用户自动处理安全问题。

专业模式：用户拥有对安全事件的处理权。

（8）"云安全"（Cloud Security）计划

与全球瑞星用户组成立体监测防御体系，最快速度发现安全威胁，解决安全问题，共享安全成果。

10.4 计算机安全法律法规与软件知识产权

10.4.1 计算机有关的法律法规

1. 相关法律法规

中国自 20 世纪 90 年代起，有关信息安全的法律法规相继出台。

1991 年 10 月 1 日《计算机软件保护条例》开始实施。1994 年 2 月 18 日发布实施了《计算机信息系统安全保护条例》，规定"公安部主管全国计算机信息系统安全保护工作"的职能。1995 年 2 月 28 日，全国人大常委会通过了警察法，规定"履行监督管理计算机信息系统安全保护工作"职责。1997 年 3 月八届全国人大五次会议修订通过的刑法，较全面地将计算机犯罪纳入刑事立法体系，增加了针对计算机信息系统和利用计算机犯罪的条款。

1997 年 5 月 20 日，国务院公布了经过修订的《中华人民共和国计算机信息网络国际联网管理暂行规定》。1997 年 12 月 12 日，公安部发布《计算机信息系统安全专用产品检测和销售许可证管理办法》，规定"公安部计算机管理监察机构负责销售许可证的审批颁发工作和安全专用产品安全功能检测机构的审批工作"。1997 年 12 月 30 日，公安部发布《计算机信息网络国际联网安全保护管理办法》，规定任何单位和个人不得利用国际互联网从事违法犯罪活动等 4 项禁则和从事互联网业务的单位必须履行的 6 项安全保护责任。2000 年 4 月 26 日,公安部发布《计算机病毒防治管理办法》。2000 年 12 月,《全国人民代表大会常务委员会关于维护互联网安全的决定》发布。这些法律法规的出台,结束了中国计算机信息系统安全及计算机犯罪领域无法可依的局面,并为打击计算机犯罪活动提供了法律依据。

原国务院信息办及其他相关部门也制定了一些行政法规和部门规章,如《商用密码管理条例》《计算机信息系统国际联网保密管理规定》。所有这些法律法规奠定了中国加强信息网络安全保护和打击网络违法犯罪活动的法律基础。此外,一些地方性法规也相继出台,如 1997 年 6 月江苏省保密局、公安厅联合制定了《江苏省计算机信息系统国际联网保密管理工作暂行规定》,明确规定全省计算机信息系统国际联网的安全保护工作由省公安厅主管,保密管理工作由省保密局负责。

2. 中国网络信息安全法律保障的特点

(1)多头制定,多头管理

由于信息资源管理工作涉及包括公安部、国家安全部、国家保密局、商用密码管理办公室以及信息产业部等诸多部门,在信息安全上出现了各部门各有各的法律规章、条块分割地进行管理的现象。

例如,1994 年 2 月 18 日国务院发布的《计算机信息系统安全保护条例》规定:"公安部主管全国计算机信息系统安全保护工作。国家安全部、国家保密局和国务院其他有关部门,在国务院规定的职责范围内做好计算机信息系统安全保护的有关工作。"《中华人民共和国国家安全法》规定:"国家安全机关是本法规定的国家安全工作的主管机关。国家安全机关和公安机关按照国家规定的职权划分,各司其职,密切配合,维护国家安全。"《计算机信息系统国际联网保密管理规定》则要求:"国家保密工作部门主管全国计算机信息系统国际联网的保密工作。县级以上地方各级保密工作部门,主管本行政区域内计算机信息系统国际联网的保密工作。中央国家机关在其职权范围内,主管或指导本系统计算机信息系统国际联网的保密工作。"

(2)有规模,缺体系

中国有关信息安全的规范包括公安部、原信息产业部、原新闻出版广电总局、国家保密局、版权局、原质量技术监督局等众多部门制定的规章及规范性文件,全国人大及其常委会通过的有关信息安全的国家法律,以及国务院制定的行政法规,在数量上形成了一定的规模。然而也应看到,众多的法律法规并不能构成一个系统、条理清楚的体系,这是由于其制定者本身就是多方,没有做好统一协调工作;也由于网络信息安全是新出现的问题,许多法律法规的出台是针对现实中出现的法律盲点,在法律的制定上无法站在更高的高度上统筹考虑。

(3)增长迅速,修订频繁

信息安全问题是在信息技术和网络技术飞速发展,信息社会、知识经济渐趋形成的大环境下产生的,短短 20 年从无到有,中国的信息安全法律法规的数量可谓增长迅速。也正因为信息安全问题的趋多趋杂,导致一份规范产生没几年,又有可能因为新情况的发生而需做出修订。另一种现象是在制定一份法规后,常常伴随着该文件的补充或者暂行规定的出现。如国家保密局 1998 年制定了《计算机信息系统保密管理暂行规定》,2000 年初又发布了《计算机信息系统国际联网保密管理规定》;1996 年 2 月 1 日中华人民共和国国务院令第 195 号发布《中华人民共和国计算机信息网络国际联网管理暂行规定》,1997 年 5 月 20 日根据《国务院关于修改〈中华人民共和国计算机信息网络国际联网管理暂行规定〉的决定》对其又做出了修改。近年来,网络信息安全问题已引起中央和国务院领导的重视和社会各界的关注,完善计算机信息网络安全体系、制定信息安全法的呼声也越来越高。相关立法工作已经展开。

10.4.2 软件知识产权

1. 什么是知识产权

知识产权就是人们对自己的智力劳动成果所依法享有的权利,是一种无形财产。知识产权分为工业产权和版权两大类。工业产权包括专利权、商标权、地理标志等。

2. 计算机软件知识产权

目前世界上大多数国家都是通过著作权法来保护软件知识产权的。著作权法将包括程序和文档的软件作为一种作品。当然,软件还受到商标法、专利法的保护。如微软公司的很多产品名称包括特殊界面都申请了商标保护。与硬件关系密切的软件设计原理还可申请专利保护。软件作为一个作品受到保护,主要指程序和文档。程序包括源程序和目标程序。文档包括用户手册或设计手册等。

3. 软件著作权的内容

1)人身权,指发表权、开发者身份权。

2)财产权,指使用权、许可权、转让权。其中使用权指在不损害社会公共利益的前提下,以复制、展示、发行、修改、翻译以及注释等方式使用其软件的权利;许可权是指权利人许可他人行使上述使用权的部分权利或全部权利并同时获得报酬;转让权是指权利人向他人转让使用权和许可权,即将所有的财产权转让他人,仅保留人身权。

4. 软件侵权及其影响

世界范围内的每个企业无论大小,都面临盗窃、伪造、抢劫等问题。雇员偷窃如同商业风险随处可见。然而,计算机软件业面临的问题很独特,是其他行业所没有的风险,即软件产品很容易被复制。因此,"软件业是世界上唯一能够使每一个顾客成为其产品的制造工厂的行业。"软件的性质使每个最终用户可以在其计算机上准确地复制软件程序(如果不加密)。即使对一名初学者来说,复制过程也非常简单。具有讽刺意义的是,个人计算机和软件越容易使用,软件侵权就越容易。

5. 软件侵权行为对软件产业的危害

(1)软件侵权威胁着软件产业的发展

1994年全世界计算机软件业由于侵权造成的损失估计达80.8亿美元。方正公司电子排版系统在1993年开始被大肆盗版,给方正公司造成的损失累计达8000万元。可以看到,盗版给计算机软件产业带来的损失是其他任何一种产业所遭受的损失无法比拟的。

(2)盗版软件的存在影响着国内信息产业的发展

国内软件企业刚刚起步,资金、实力都很薄弱。产品的市场也处于发展阶段,多数产品局限于国内市场。市场的狭小影响了企业的生命力。它们投入大量的人力、物力开发软件,这些投入需要靠软件产品的销售来回收。盗版软件的存在,严重地影响着正版软件的销售,影响着投资的回收,影响着企业的生存。国外软件企业的市场在全球,国内盗版市场对其影响力较国内企业小。因此,盗版市场的存在对国内企业来讲伤的是"筋骨",对国外企业来讲伤的是"皮毛"。

(3)盗版软件的存在影响着正版软件消费者的利益

软件价格决定于软件投资成本与软件的销售量。盗版软件的存在影响了正版软件的销售量,正版软件销量小,单位软件的价格就高,使正版软件的用户承担了更多的成本。

盗版软件的存在影响了软件企业的发展,使他们无法为用户提供更多、更好的软件产品以及良好的售后服务。

(4)使用盗版软件的危害

传播计算机病毒,破坏有用数据是使用盗版软件的最大危害之一。盗版软件会迅速将计算机病毒传染给个人计算机、网络系统。病毒的传染,不仅使计算机陷于困境,还会破坏财务系统,造成多方面的损失:失去时间、失去金钱、失去信誉、失去生意。

使用盗版软件的危害还在于没有准确全面的文档,没有操作使用培训,没有技术支持和服务,用更高价格得到升级版本、网络系统或者整个商业操作系统,时间和金钱的损失,软件没有技术保障,无法帮助用户更有效地使用计算机提高工作效率,需要承担令人难堪的违法责任,减少了软件开发经费,阻碍了技术的进步,阻碍了软件质量的进一步提高。

6. 侵权行为

应当明确,下述行为是法律所禁止的,属于违法行为。

1)未经权利人同意,修改、翻译、注释其软件作品。

2)未经权利人同意,复制或者部分复制其软件产品。

3)未经权利人同意,向公众发行、展示其软件的复制品。

4)未经权利人同意,向任何第三方办理其软件的许可使用或者转让事宜。

5)未经许可协议特别许可,同时在两台或多台计算机上运行他人的软件作品。

6)单位有意或无意地允许、鼓励或强迫员工制作或分发非法复制的软件。

7)出租或出借软件作复制用途。

8)持有、使用、销售、出借、出租明知侵权的软件复制品。

7. 目前软件盗版的具体形式

1)购买单一的软件副本,违反许可协议的条款将软件装入几台计算机内。

2)随机赠送软件。

3)未经权利人许可,为他人提供副本软件收取费用。

4)未经权利人许可,将他人的软件汇集在一起,做成光盘复制、销售。

5)将他人的软件模块改头换面后当作自己的软件或作为自己软件的一部分进行销售。

8. 软件侵权应该承担的法律责任

如果有软件侵权行为,将依情节轻重承担下列责任:

民事责任:包括停止侵害、消除影响、公开赔礼道歉、赔偿损失等。

行政责任:包括责令停止制作和发行侵权复制品、没收非法所得、没收侵权复制品及制作设备、处以最高10万元人民币或者总定价的5倍罚款等。

刑事责任:复制、销售侵权产品违法所得数额较大,构成犯罪的,处3年以下有期徒刑、拘役,单处或者并处罚金;数额巨大的,处3年以上7年以下有期徒刑,并处罚金;单位有犯罪行为的,对单位判处罚金,并对直接负责的主管人员和其他直接责任人员处以刑罚。

▶ 10.4.3　依法使用正版软件

1. 正确理解软件购买的含义

购买软件的实质就是取得软件许可。软件属于一种技术,当购买软件以后,用户实际上是取得了该项技术的使用权。一般软件厂商在销售软件时都有一份许可协议。许可协议是由软件出版商与用户之间签订的,旨在指导和规范软件如何使用的合同。当购买软件时,用户仅获得了使用这个软件的许可,而软件出版商保留享有软件的全部权力,以及独家发行和复制生产的权利。

2. 正版软件用户的权利

正版软件用户的权利是由法律和许可协议共同规定的。

(1)法律给予用户的合法权利

合法持有软件复制品的用户在不经权利人同意的情况下享有以下权利:

1)根据使用的需要把该软件装入计算机内。

2)为了存档的需要而复制。但这些复制品不得通过任何方式提供给他人使用。一旦持有者丧失对该软件的合法持有权,这些备份副本必须销毁。

3)为了把该软件用于实际的计算机应用环境或者改进其功能、性能而进行必要的修改。但除另有协议外,未经该软件著作权人或者其合法受让者的同意,不得向任何第三方提供修改后的文本。

(2)遵守许可协议

法律不是万能的,它不可能涵盖所有的问题。对于具体的软件贸易来说,软件权利人与用户之间的《授权使用许可协议》是正版软件用户权利的重要来源。因此,凡是许可协议授予的权利,都是用户的合法权利。

3. 软件的合理使用

《计算机软件保护条例》规定,因课堂教学、科学研究、国家机关执行公务等非商业性目的的需要对软件进行少量复制,可以不经软件著作权人许可,也不必支付报酬。这种软件的合理使用是为了排除权利人的绝对垄断,促进技术进步。它具有严格的前提条件:

1)使用范围仅局限于教学、研究和执行国家公务。

2)使用目的是非商业性的。

3)使用程序必须是少量复制。

4)使用时应当说明该软件的名称、开发者,并不得侵犯软件著作权的其他权利。

5)使用的复制品用完后应当妥善保管、收回或者销毁,不得用于其他目的或向他人提供。

4. 使用正版软件的益处

使用正版软件可以使用户得到下列保证:

1)全面的操作使用培训。

2)可靠的技术支持和服务。

3)以优惠价格得到升级版本。

4)更有效地使用计算机,提高工作效率。

5)避免病毒的侵入和传播,避免数据的丢失、时间的浪费和金钱的损失。

6)不会有违法的危险,不会受到行政处罚、经济赔偿或刑罚的制裁。

5. 正版软件、盗版软件的鉴别方法

正版软件是指软件著作权人(或其合法受让者)自行复制或经软件著作权人授权复制的软件,也称原版软件。盗版软件是指未经软件著作权人(或其合法受让者)同意,擅自复制的软件。根据我国《计算机软件保护条例》以及有关国际公约的规定,盗版行为是法律禁止的,盗版者要承担相应的刑事、行政、民事责任。鉴别正版软件和盗版软件的基本方法如下:

（1）正版软件的特征

1）正版软件一般都具有完整的包装,包装中除了程序载体（磁盘或光盘）之外,还应具有使用说明书或操作手册以及用户登记（售后服务）卡等。

2）一般正版软件除具有第一条内容外,还都有一份许可协议。软件使用许可协议规定了用户的权利以及权利限制,如不能在许可权利之外进行复制、出租或出借软件等。

3）正版软件销售商销售软件,一般都取得了软件权利人的授权许可或由软件著作权人授权经销商出具供货证明。

4）正版软件的销售商对正版软件用户能够保证良好的售后服务以及软件升级服务。

5）正版软件一般是一个软件、一个厂商、一种包装（两个或两个以上软件厂商捆绑式销售和套件销售的除外）。

6）正版的光盘软件一般都有 SID 码。SID 码是在国家版权局备案的 CD 生产线的代码。

（2）盗版软件的特征

1）不具备上述正版软件应有的特征。

2）没有完整的和必要的使用文档,也不能保证售后服务和升级服务。

3）将众多软件厂商的不同产品非法汇集在一起,形成的所谓"软件仓库""软件精品"之类的光盘（没有 SID 码）软件。

4）非法为他人复制,收取软盘费而形成的软件复制品。

（3）盗版光盘法定鉴别方法

国家版权局出台鉴定盗版光盘的参考意见,非法制作的光盘如具有以下特点应推定为盗版:

1）制作质量差。一般表现为光盘表面粗糙,丝印色比较单一、粗糙,且不注明或假冒、编造出版、制作及生产单位,不注明版号等。

2）包装质量差。一般表现为包装纸张较次,印刷粗糙、字迹模糊,不注明或假冒、编造出版、制作及生产单位,不注明版号等。很多盗版光盘根本没有包装,直接出售"裸碟"。

3）价格低。一般在一二十至四五十元不等,只有取得合法授权光盘制品正常销售价格的十分之一甚至几十分之一。

4）拍录不同音乐制作公司的原人原唱歌曲制作的拼盘式光盘应视为盗版。

5）盗版软件光盘一般没有印刷精良、应随软件附带的系统说明书或安装说明书等。另外将国内国外不同软件公司所拥有的软件制作成拼盘或集锦式光盘,应视为盗版。

6）根据有关规定,通过合法委托关系交光盘制作单位加工的光盘,均应有 SID 码,否则应视为盗版。

7）光盘的出版、制作、生产及销售单位如不能出具著作权人或其授权人的生产、复制、发行授权书或委托书,视为盗版。

参 考 文 献

[1] 赵杉,赵春.大学计算机基础[M].北京:清华大学出版社,2018.

[2] 李健苹.计算机应用基础[M].北京:人民邮电出版社,2016.

[3] 段红.计算机应用基础(Windows 7+Office 2010)[M].北京:清华大学出版社,2016.

[4] 张虹霞,王亮.计算机网络安全与管理实训教程[M].北京:清华大学出版社,2018.

[5] 董宇峰,王亮.计算机网络技术基础[M].2 版.北京:清华大学出版社,2016.

[6] 刘瑞新.计算机应用基础[M].北京:机械工业出版社,2016.